하와이

HAWAII

오아후

마우이

빅아일랜드

카우아이

이진영 지음

지금 '핫한' 하와이 여행 뉴스

하와이의 아름다운 자연은 작년이나 올해나 다를 바 없지만, 하와이를 여행하고 즐기는 방식은 올해 사뭇 새로워졌다. 작년에는 없었던, 올해 새로워진 하와이의 면면을 소개한다.

1 카카아코의 반격

호놀룰루의 변두리 공업 지역으로 어떤 매력도 없던 카카아코(Kakaako)가 핫스팟으로 부상했다. 변화의 중심은 작은 쇼핑센터 솔트(SALT, www.saltatkakaako.com)다. 감각이 돋보이는 편집숍부터 최근에 문을 연 핫한 맛집과 커피숍 등이 입점해 있다. 주말이면 요가 클래스나 갖가지 팝업 매장이 열린다.

2 공유 자전거 시대

바야흐로 찾아온 공유 경제의 시대. 하와이에서도 공유 자전거부터 공유 자동차, 공유 숙박이 큰 인기를 끌고 있다. 하와이의 중심 도시 호놀룰루에 머무는 동안 렌터카를 빌리기는 부담스럽고, 대중교통을 이용하기는 번거로울 것 같다면 공유 자전거를 이용하는 것도 방법이 될 수 있다. 올해 들어 공유 자전거 비키(Biki, www.gobiki.org, p.97)의 인기가 대단하다. 가격도 합리적이고 거치대가 곳곳에 많이 있어 꽤 편리하다.

3 에코 투어리즘

◀ 홀푸즈 마켓(p.194)에서 75센트 주고 산 가방은 부직포라 가볍고 튼튼해 비치 갈 때 부담 없이 쓰기 좋다.

전 세계적으로 환경 문제에 대한 관심이 높아지면서 이른바 '에코 투어리즘(Eco Tourism)'이 각광받고 있다. 환경 파괴를 최소화하면서 자연을 있는 그대로 즐기고, 나아가 자연을 보호하는 여행을 하자는 취지다. 하와이 주정부 역시 그 흐름을 따라 얼마 전 주내 모든 슈퍼마켓과 상점에서의 비닐봉지 사용을 금지했다. 여행 중 마켓에 갈 때는 큼지막한 천 가방이나 에코백을 챙기는 것을 잊지 말자.

4 저가항공 열풍

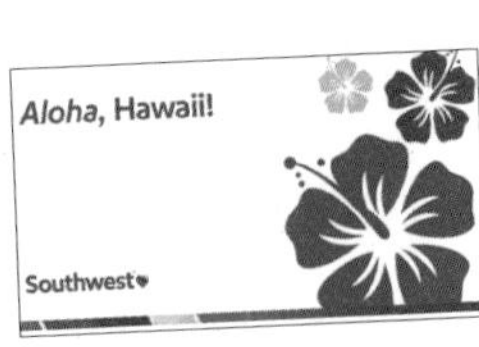

미국의 유명 저가항공사 사우스웨스트항공이 2019년 5월부터 오아후와 마우이, 그리고 빅아일랜드를 잇는 노선을 새롭게 취항했다. 기존에 하와이 주내선을 운영하던 하와이안항공에 도전장을 내민 것이다. 첫 취항 기념으로 편도 39달러에 항공권을 판매하면서 폭발적인 반응을 끌어냈다. 200달러를 웃돌던 기존 이웃섬 왕복 항공권 가격을 고려하면 그야말로 파격적이었다. 특가 항공권 판매가 언제까지 이어질지는 모르지만 프로모션 기간이 끝난 후에도 비교적 저가 항공권을 판매하리라는 예측이 우세하다. 이웃섬 방문 예정이라면 사우스웨스트항공의 홈페이지를 확인할 것.

홈피 www.southwest.com

5 호놀룰루 '신상' 맛집

핫 뜨거, 핫! 핫! 문 열자마자 입소문을 타고 지역 맛집 등극한 호놀룰루에 위치한 화제의 식당과 음식을 한꺼번에 소개한다.

★ 미노리의 콜라겐 나베

콜라겐이 덩이째 들어가 있어 일명 '뷰티 나베'로 불린다. 진한 국물에 원하는 소스와 채소, 고기를 골라 담아 끓여 먹는다.

전화 808-951-4444 홈피 www.minorihawaii.com

Minori

The Rice Place

★ 더 라이스 플레이스의 망고 라이스

한적한 오피스 빌딩 한편에 자리한 하와이식 밥집의 효자 메뉴. 알맞게 익은 망고와 달달한 코코넛 찰밥의 만남은 생소하지만 자꾸만 손이 간다. 디저트 메뉴로 양이 많지는 않다. 가격은 10달러 내외다.

전화 808-799-6959 홈피 www.thericeplace808.com

★ 케인즈의 치킨 핑거

올초부터 엄청난 인기몰이를 하고 있는 유명 치킨 프랜차이즈. 빵과 사이드가 함께 제공되는 짭조름한 치킨 핑거 네 조각 콤보 세트는 9.99달러에 판매하고 있다.

전화 808-465-3029 홈피 www.raisingcanes.com

Raising Canes

★ 홀푸즈 마켓의 푸드 바

홀프즈 마켓 개점으로 워드 지역(p.188)을 찾는 이들이 부쩍 늘었다. 특히 각종 샐러드부터 과일, 파스타, 커리, 피자, 디저트까지 다양하게 갖추고 있는 푸드 바가 인기 만점이다.

전화 808-379-1800 홈피 www.wholefoodsmarket.com

★ 피기 스몰의 치킨 포

다운타운의 인기 레스토랑, '피기 앤 더 레이디(Piggy and the Lady)'의 분점으로 모든 메뉴가 맛있지만 특히 치킨 쌀국수가 유명하다. 라임 대신 깔라만시, 고수 대신 다진 파가 잔뜩 들어 있다.

전화 808-777-3589 홈피 www.thepigandthelady.com

★ 파이프라인 베이크샵의 말라사다

하와이 말라사다의 원조인 레오나드는 맛있긴 하지만 좀 지저분하고 한참 기다려야 할 때가 많다. 새로 문을 연 파이프라인의 말라사다는 레오나드 못지않게 겉은 바삭하고 속은 포실포실한 맛으로 입소문을 타고 있다.

전화 808-738-8200 홈피 www.pipelinebakeshop.com

★ 낫츠 커피의 하와이안 칵테일

와이키키에 새로 문을 연 커피숍. 커피보다 칵테일이 더 유명하다. 새벽 7시 일출 무렵엔 향긋한 코나 커피와 함께, 해질 무렵엔 달콤한 칵테일과 함께 하와이 감성을 만끽하기 좋다.

전화 808-931-4482, 홈피 www.knotscoffee.com

이제,
진짜 하와이를 만날 시간

Aloha

알로하! 많고 많은 여행지 중에 하와이를, 많고 많은 하와이 책 중에 《하와이 100배 즐기기》를 택한 독자 여러분에게 하와이 인사를 건넵니다.

흔한 소개나 감상 말고, 구구절절한 하와이 자랑도 말고, 도움이 될 만한 이야기가 없을까 고민하다 10여 년 전 제가 처음 하와이를 여행할 때 알았더라면 좋았을 것을 이야기해보자 생각했어요.

첫째, 바다를 벗어난 하와이에도 시선을 돌려 보세요. 하와이는 바다 말고도 할 말이 많은, 그야말로 천 가지 빛깔을 지닌 섬이에요. 몸속에 쌓인 미세먼지를 모두 날려버릴 '초록초록한' 공간을 찾아보세요. 새소리 가득한 도심 속 수목원(p.140)이나 광활한 대자연의 정기를 가득 느낄 수 있는 산행로(p.347)가 대표적이죠. 카우아이는 아예 섬 전체가 당장 밀림의 왕자 타잔이라도 살 법한 수림으로 가득하고, 빅아일랜드에는 지금 이 순간에도 활활 타고 있는 세계 최대의 활화산과 일본 근해까지 뻗어 있는 해저 화산이 있어요. 하와이에 서식하고 있는 동식물의 90퍼센트는 이곳을 제외하고는 전 세계 어디에서도 발견되지 않는 하와이 고유종이고요. 크레파스로 그린 것처럼 또렷한 무지개 역시 하와이를 빛내는 주연 못지않은 조연이죠.

둘째, 하와이에 있는 동안 '알로하 스피릿'을 장착해보세요. 하와이 사람들은 헬로우나 굿바이 대신 알로하, 하고 인사하잖아요. 알로하 스피릿(Aloha Spirit), 우리말로는 알로하 정신이라고 흔히 이야기하는데요. 글자 그대로 해석하면 조건 없는 사랑, 세상 사람 모두를 편견 없이 사랑으로 대하는 마음을 의미해요. 지위의 높낮음, 나이의 많고 적음, 소유한 것의 많고 적음에 관계없이 누구나 사랑으로 대하는 마음 말입니다. 여행 중 간혹 속상한 일이 생기거나 섬사람들 특유의 말과 행동에 머릿속에서 김이 날 때마다 '참을 인' 대신 '알로하'를 새기며 인사했더니 더 큰 환대와 미소로 보상을 받을 수 있었어요. 여러분도 한번 해보세요. 확실한 효과를 보장합니다.

셋째가 가장 중요합니다. 하와이엔 오랜 속담이 있어요. "훌라를 추고 싶을 때는 수줍음과 망설임은 집에 두고 올 것!(A-A I KA HULA, WAIHO KA HILAHILA I KA HALE)" 새로운 것에 도전할 때는 온몸과 마음을 다하라는 의미로 읽을 수 있겠죠. 다시없을 신혼여행이어도 좋고, 오랫동안 계획했던 가족여행이어도 좋아요. 어릴 적 친구와 함께 하는 배낭여행이거나 스스로를 되돌아보기 위한 고즈넉한 솔로 여행이어도 좋고요. 온 열정을 다해 하와이를 가슴 가득 안으시길 바랍니다. 하와이의 바다와 산, 공기의 흐름에 자신을 던져보세요. 하와이는 두 배, 세 배, 열 배 더 큰 몸짓으로 답할 거예요. 이 책의 제목처럼 하와이를 100배 즐길 수 있는 가장 확실한 방법이라면 그것이라고 생각해요.

행복한 하와이 여행 되세요!

저자소개

이 진 영

이화여대 언론정보학과를 졸업하고 <얼루어> 에디터로 일하다가, 우연히 찾은 하와이의 매력에 빠져 이듬해 하와이로 삶의 터전을 옮겼다. 국내 최초의 하와이 여행서 《아이 러브 하와이》로 하와이 자유 여행을 선도했고 그 후 10여 년간 네 권의 하와이 여행서와 《론리 플래닛 인도편(공역)》을 펴냈다. 하와이에서의 삶을 소재로 한 에세이로 동서문학상 입선, 재외동포문학상 우수상을 수상했고 무라카미 하루키, 사라 장 등 하와이를 찾은 당대 최고의 인사를 인터뷰 했다. 하와이 생활 13년차에 접어든 현재, 현지 방송국 앵커로 뉴스를 진행하며 국내외 여러 매체에 글과 영상을 통해 '알로하 정신'을 나누고 있다.

oneweekinhawaii

일러두기

이 책의 모든 내용은 지은이가 직접 취재하면서 보고 느낀 사실에 기반하며 작성했습니다. 책에 실린 여행지 정보는 2019년 4월까지 취재한 내용을 바탕으로 하고 있습니다. 정확한 정보를 담기 위해 노력했지만 여행 가이드북의 특성상 책에 실린 정보와 현지 정보가 다를 수 있습니다. 특히 물가와 요금 정보는 수시로 바뀌므로 주의할 필요가 있습니다. 만약, 여행 중 새로운 정보나 바뀐 내용을 확인하신다면 편집부로 알려주시기 바랍니다.

알에이치코리아 편집부 | *kimyh@rhk.co.kr*

맵북 보는 방법

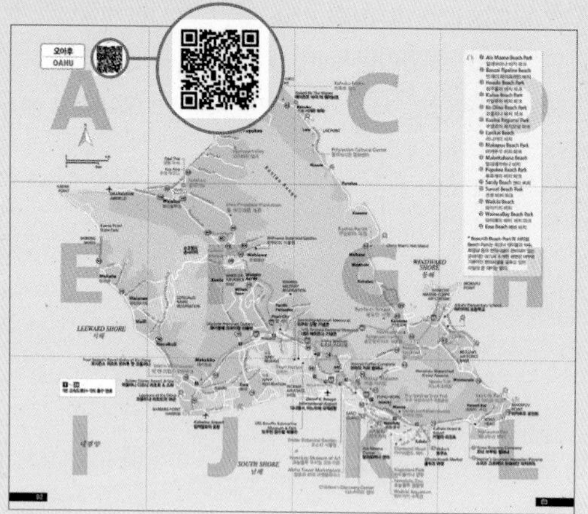

맵북은 구글 맵스와 연동됩니다. 맵북 페이지 상단에 있는 QR 코드를 스마트폰으로 스캔하면, 본문에 소개된 스폿이 찍혀 있는 구글 맵스로 연결됩니다. 일일이 스폿을 검색할 필요 없이 지역별 명소와 쇼핑 플레이스, 음식점 등의 위치를 한눈에 파악할 수 있습니다.

❶ 확대 아이콘을 누르면 구글 맵스 페이지로 이동합니다.

❷ 공유 아이콘을 누르면 지도 정보를 SNS에 공유할 수 있습니다.

지도 보기

Ⓗ 호텔 등 숙소 Ⓡ 레스토랑 Ⓢ 쇼핑 ✈ 공항 전망대 해변

본문 보는 방법

테마별로 정리한 본문 구성

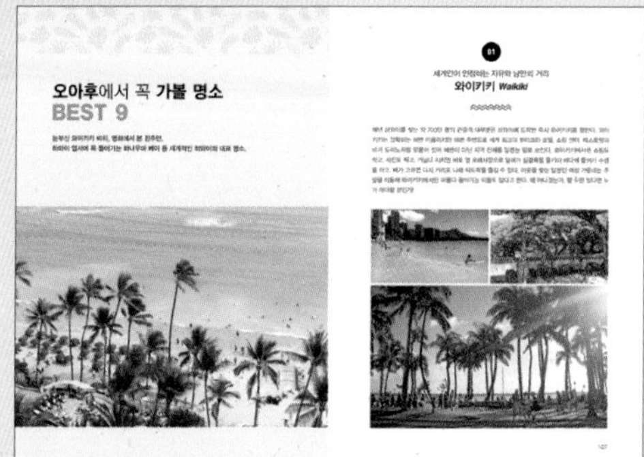

하와이를 여행하면서 가장 궁금한 정보들을 테마별 베스트로 모아 구성했습니다. 어떤 곳을 가보면 좋은지, 어떤 체험을 하면 즐거운지, 어떤 쇼핑몰이 매력적인지, 어떤 음식점이 맛있는지, 쉽게 찾아볼 수 있습니다.

'TIP과 SAVE MORE!'로 한 발짝 더 나아간 정보 제공

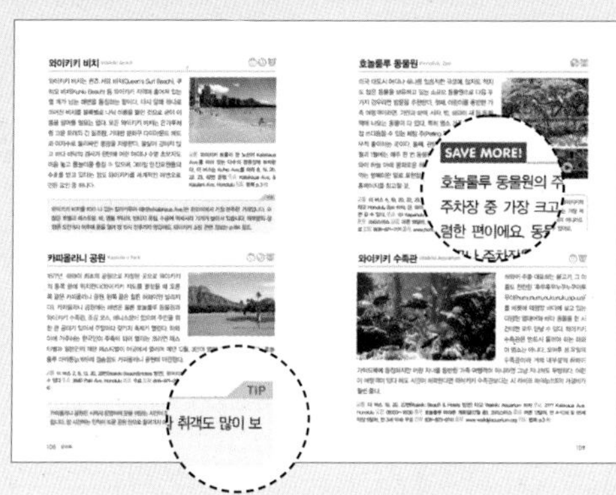

TIP
놓치기 쉬운 정보와 유용한 팁을 정리했습니다.

SAVE MORE
알찬 하와이 여행을 위해 절약할 수 있는 팁을 정리했습니다.

명소의 특성을 한눈에 파악할 수 있는 아이콘

- 널리 알려진 명소는 아니지만 하와이 현지인들이 즐겨 찾는 곳
- 자녀를 동반한 가족이 즐기기 좋은 곳
- 별도의 입장료가 필요 없는 곳
- 해당 명소를 즐기는 데 걸리는 예상 소요시간

CONTENTS

INSIDE **HAWAII**
인사이드 하와이

PLANNING **A TRIP**
여행 준비 및 교통 정보

OAHU
오아후

MAUI
마우이

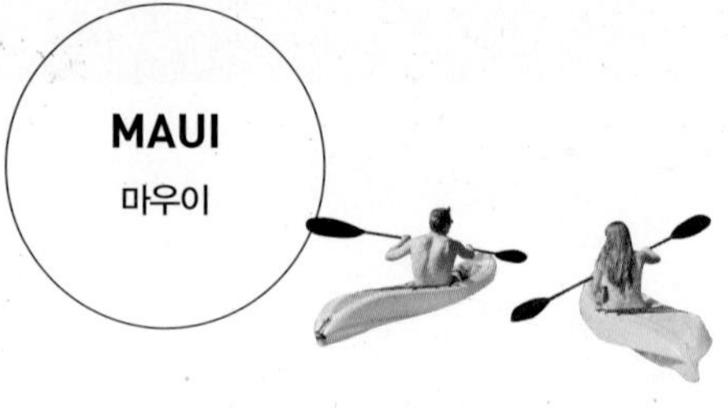

BIG ISLAND
빅아일랜드

KAUAI
카우아이

Aloh

INSIDE
HAWAII

인사이드 하와이

하와이 버킷 리스트 10

오직 하와이에서만 만날 수 있는, 하와이니까 가능한 행복. 평생 간직될 하와이 여행의 추억을 만들기 위한 버킷 리스트 열 가지.

1

태평양 바다에서 서핑 즐기기

Beach Surfing

하와이 하면 서핑, 서핑 하면 하와이. 하와이는 서핑의 발원지이자 세계적인 서핑 명소다. 하와이에서 단 한 가지 액티비티를 한다면 두말 할 것 없이 서핑이다. p.147

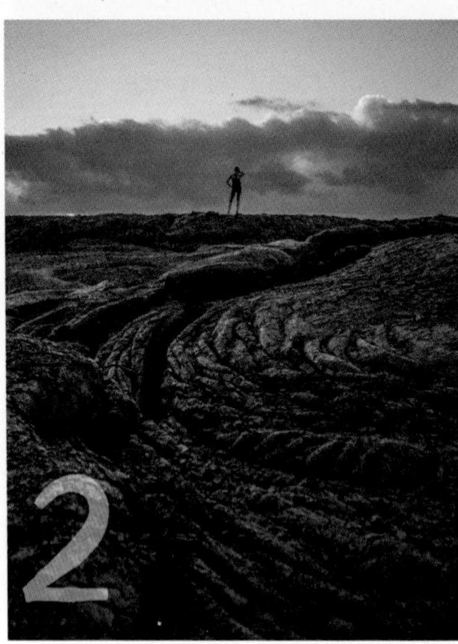

2

용암 트레킹

Lava Trekking

빅아일랜드 동쪽 끝, 킬라우에아 화산에서 흘러나온 용암을 바라보며 대자연의 숨결 느껴보기. p.324

3 천상의 스노클링 Molokini Snorkeling

마우이에서 배로 30분, 천상의 섬 몰로키니에서 스노클링 하기. p.267

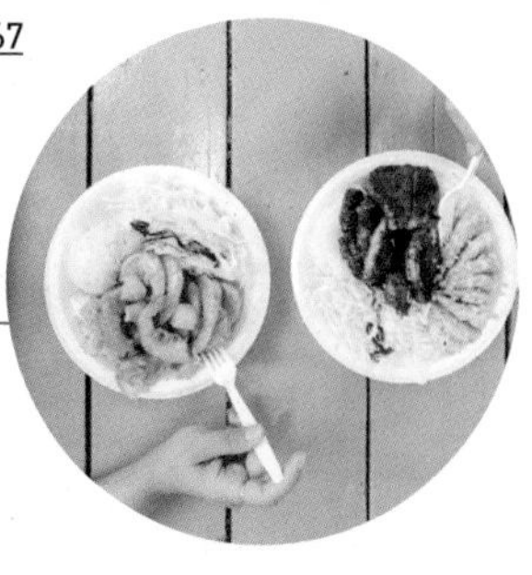

4 노스 쇼어 새우 맛보기 North Shore Shirmp

오아후 섬 노스 쇼어의 명물, 탱글탱글 짭조름한 갈릭 쉬림프 먹기. p.118

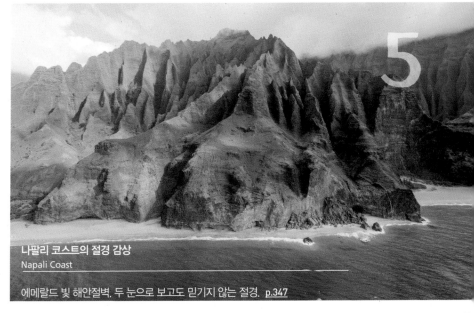

5 나팔리 코스트의 절경 감상 Napali Coast

에메랄드 빛 해안절벽. 두 눈으로 보고도 믿기지 않는 절경. p.347

6 파라다이스에서의 쇼핑

Ala Moana Center Shopping

미국 최대 규모의 야외 쇼핑몰 알라모아나 센터에서 '득템' 찬스 노리기. p.179

셰이브 아이스 인증샷 찍기

Shave Ice Selfie

하와이 인싸의 인생샷 필수 소품, 셰이브 아이스(shave ice). 하와이 전역 방방곡곡에서 파는 셰이브 아이스는 사실 맛이 뛰어난 편은 아니지만, 알록달록한 비주얼이 하와이 무지개를 닮아 예쁘다.

파머스 마켓 놀러가기
Farmers Market

하와이 섬 곳곳에서 열리는 파머스 마켓을 찾아 하와이 사람처럼 시간 보내보기. 하와이 망고랑 파인애플이랑 애플 바나나를 사먹고 착하고 인심 좋은 하와이 사람들과 이야기를 나누면서.

하와이 포케 맛보기
Hawaii Poke

하와이에서 꼭 먹어야할 음식이 있다면 그것은 바로 포케(poke). 하와이 근해에서 잡힌 신선한 참치를 갖은 양념에 버무린 포케는 특히 바닷가에 앉아 먹어야 제맛이다.

세계 최대의 휴화산에서 맞이하는 일출
Haleakala National Park

세계적인 일출 포인트, 할레아칼라 휴화산 정상에서 경치를 만끽하며 소망 빌기. p.299

오래 머물고 싶은 하와이 해변

처음 하와이에 온 여행객은 대부분 관광과 쇼핑에 많은 시간을 할애한다. 반면, 두세 번 하와이를 찾는 사람들 중에는 온전히 바닷가에서 시간을 보내는 이가 많다. 휴가를 마치고 다시 일상으로 돌아갔을 때, 한가롭고도 평화로운 해변에서의 오후가 가장 그립다는 사실을 알기 때문이다.

① 알라모아나 비치 파크
Ala Moana Beach Park

서울에 한강 시민공원이 있다면 호놀룰루엔 알라모아나 비치 파크가 있다. 아이들의 웃음소리, 낮게 나는 참새 떼, 그리고 폭신한 풀밭까지, 휴식이 필요할 때면 발길이 절로 이곳으로 향한다. p.127

② 라니카이 비치
Lanikai Beach

오아후에서 일출을 보기에 가장 좋은 해변으로 꼽히는 곳. 언제 가더라도 한적한 느낌을 준다. 바다 한가운데 모쿨루아(Mokulua)라는 이름의 작은 섬까지 떠 있어 이국적인 정취가 물씬 풍긴다. p.129

③ 와일레아 비치
Wailea Beach

와일레아 비치는 마우이 최고급 리조트 군락에 인접해 있다. 한없이 부드러운 모래와 잔잔한 수면, 뛰어난 풍광으로 각종 여론조사에서 세계 최고의 해변으로 종종 선정되곤 한다. p.247

④ 푸날루우 블랙 샌드 비치
Punaluu Black Sand Beach

빅아일랜드에서만 만날 수 있는 특별한 자연, 검은 모래 해변. 굳은 용암이 부서져 생성된 화산 모래로 이루어진 비치로 하와이 바다거북이 자주 등장한다. 반짝이는 검은 모래를 걷는 특별한 경험을 놓치지 말 것. p.317

오색찬란한 하와이 하늘

흔히 하와이 하면 바다를 가장 먼저 떠올리지만 하와이의 하늘도 바다만큼이나 특별하다. 하와이에 오기 전까지 공기 좋은 시골에 갔을 때 하늘 참 맑구나, 하고 감탄한 적은 있지만 하늘이 그토록 다양한 색으로 변화할 수 있다는 것을 알아차린 적은 없지 싶다.

아침 해가 서서히 밝아올 때, 깊은 잠에서 이제 막 깨어난 호놀룰루의 하늘은 차분한 보랏빛이다. 다운타운의 고층 빌딩들이 은은한 보랏빛을 머금고 반짝반짝 빛난다. 바다 너머로 아침 햇살이 고개를 내밀기 시작하면 하늘은 서서히 투명하게, 청명한 가을 하늘처럼 높고 푸르게 변한다. 구름 한 점 없는 맑은 날에 풀밭에 누워 하늘을 쳐다보고 있으면 문득 아찔해진다. 구름 너머 하늘 저편으로 빨려 들어갈 것만 같다. 저녁노을이 절정에 이르면 하늘은 진한 분홍빛으로 물든다. 해넘이는 보통 10분을 넘지 않는데 이때 하늘의 변화는 그야말로 한 편의 화려한 쇼와 같다. 오후의 찬란한 푸른빛에서 한 톤 가라앉은 코발트색으로, 다음에는 연한 주황빛으로 온 세상을 물들인다.

★ 하와이의 하늘을 한껏 느낄 수 있는 **하와이 명소**

다이아몬드 헤드 Diamond Head

황홀한 해돋이를 볼 수 있는 곳. 한때 활활 끓는 용암을 내뿜는 활화산이었던 다이아몬드 헤드를 오르기 가장 좋은 시간은 오전 6시 30분, 개방 직후다. 서서히 해가 떠오를 때 정상에 올라 360도 파노라마로 펼쳐지는 풍경을 바라보노라면 온몸을 휘감는 상쾌함이 몰려든다. p.130

쿠알로아 비치 파크 Kualoa Beach Park

반짝이는 오후에 탁 트인 아름다운 하와이 하늘을 볼 수 있다. 드넓은 잔디밭이 해변에 인접해 있는 점이 특징이다. 잔디밭에 누워 태닝을 할 수 있고, 그러다 몸에 열이 오르면 바다로 풍덩 뛰어들 수 있다. 쿠알로아 목장(p.116) 건너편에 위치해 있다.

★ 붉게 물든 선셋을 즐기기 좋은 **야외 칵테일 바**

마이 타이 바 Mai Tai Bar

위치 '핑크 호텔'로 유명한 로열 하와이안 호텔(Royal Hawaiian Hotel) 내 전화 808-923-7311 홈피 www.royal-hawaiian.com/dining/mai-tai-bar

하우스 위다웃 어 키 House without a Key

위치 할레쿨라니 호텔(Halekulani Hotel) 내 전화 808-923-2311 홈피 www.halekulani.com/dining/house-without-a-key

선셋 라나이 Sunset Lanai

위치 뉴 오타니 카이마나 비치 호텔(The New Otani Kaimana Beach Hotel) 내 전화 808-923-1555 홈피 www.kaimana.com/dining/hau-tree-lanai

하와이 축제 하이라이트

세계적인 휴양지답게 하와이에서는 1년 내내 크고 작은 축제가 펼쳐진다. 축제의 테마는 요리, 훌라, 와인, 하와이 전통예술 등 다양하다. 그중에서도 여행의 즐거움을 제대로 더해주고, 꼭 한번 가볼 만한 축제만을 선별했다.

① 가장 하와이다운 축제, 알로하 페스티벌 Aloha Festival

알로하 페스티벌은 하와이 원주민이 만드는 축제다. 1947년 '알로하 위크(Aloha Week)'라는 이름으로 일주일간 진행된 축제가 오늘날 약 100만 명이 참가하는 하와이 대표 축제로 자리 잡았다. 하와이 전통 놀이와 음악, 춤을 소재로 하는 100여 개 이벤트가 무려 두 달여에 걸쳐 하와이 전역에서 펼쳐진다.

일정 매년 8~10월 사이 전화 808-483-0730 홈피 www.alohafestivals.com

② 태평양 최대의 영화 축제, 하와이 국제영화제 Hawaii International Film Festival

하와이에는 전 세계 영화 팬들의 마음을 두근거리게 하는 축제도 있다. 바로 태평양 지역 최대 규모의 영화 축제 '하와이 국제영화제'다. 저명한 동아시아 문화 연구가와 영화 평론가들도 10월이면 하와이 국제영화제를 찾는다. 서구의 다른 영화제와 달리 40여 개국에서 출품한 200여 편의 영화 중 아시아 영화가 차지하는 비율이 비교적 높다. 그중에는 한국 영화도 십여 편 된다.

일정 매년 10월 전화 808-528-3456 홈피 www.hiff.org

③ 코나 커피에 관한 모든 것, 코나 커피 축제 Kona Coffee Festival

세계 3대 커피 중 하나로 꼽히는 코나 커피의 본고장에서 열리는 축제. 동네잔치 같은 친근한 분위기 속에서 다양한 농장의 코나 커피를 시음할 수 있다.

일정 매년 11월 홈피 www.konacoffeefest.com

④ 맛과 멋의 향연, 하와이 푸드 앤 와인 페스티벌
Hawaii Food and Wine Festival

세계적인 명성을 지닌 셰프 70여 명이 하와이의 신선한 재료를 사용해 눈앞에서 마법과도 같은 요리를 만들어 내는 축제. 한자리에서 다양한 음식을 맛볼 수 있어 전 세계 식도락들이 매년 손꼽아 기다리는 음식 행사로 자리 잡았다.

일정 매년 10월 전화 808-738-6245 홈피 www.hawaiifoodandwinefestival.com

⑤ 내가 아닌 내가 되는 날, 할로윈 데이
Halloween Day

할로윈 전야, 앙증맞은 드라큘라 망토를 두르거나 만화 캐릭터로 변장한 꼬마들, 깜찍한 바니걸, 피터팬과 해적, 팅커벨로 분장한 주민과 관광객으로 와이키키 거리는 발 디딜 틈이 없다. 할로윈 데이의 열기는 해 질 무렵부터 뜨거워지기 시작해 보통 새벽 두세 시까지 이어진다. 오아후에서는 와이키키, 마우이에서는 라하이나, 빅 아일랜드에서는 카일루아코나, 카우아이에서는 카파 지역이 할로윈을 즐기기에 가장 좋다.

일정 매년 9월 말부터, 할로윈 데이는 10월 31일

⑥ 스팸의 변신은 무죄, 스팸 잼 축제
Spam Jam Festival

스팸을 향한 하와이 사람들의 무한한 확인할 수 있는 축제. 와이키키 지역의 유명 셰프들이 참가해 스팸을 활용한 각양각색의 요리를 선보인다. 스팸과의 기념촬영이 가능한 사진 부스와 게임 등 다양한 이벤트도 함께 진행한다.

일정 매년 4월 홈피 www.spamjamhawaii.com

하와이 축제 캘린더

하와이에서는 연중 내내 각종 축제가 이어진다. 그중에서도 볼거리와 즐길 거리가 가득해 물어물어 찾아가도 후회 없는 축제만 모았으니, 그 영광의 주인공은 다음과 같다.

1월에는 큰 축제가 열리지는 않지만 지역 미술관이나 교회, 쇼핑몰 등에서 새해맞이 소소한 이벤트가 많이 열린다. 주간 이벤트 일정은 하와이닷컴을 통해 공지하므로 참고하자.
홈피 www.hawaii.com/events

• 고래의 날 축제 마우이
Maui's Whale Day Celebration
홈피 www.greatmauiwhalefestival.org

• 와이메아 타운 축제 카우아이
Waimea Town Celebration
홈피 www.waimeatowncelebration.com

• 호놀룰루 도시 축제 오아후
Honolulu Festival
홈피 www.honolulufestival.com

• 레이 퀸 선발대회 오아후
Lei Queen Selection

• 마우이 문화축제 Art Maui 마우이
홈피 www.artmaui.com

• 윈드서핑 세계선수권대회 마우이
Professional Windsurfers Association Hawaii Pro
홈피 www.pwaworldtour.com

• 코나 맥주축제 빅아일랜드
Kona Brewer's Festival
홈피 www.konabrewersfestival.com

• 하와이 국제재즈축제 마우이
Hawaii International Jazz Festival
홈피 www.hawaiijazz.com

• 메리 모나크 축제 빅아일랜드
Merrie Monarch Festival
홈피 www.merriemonarchfestival.org

• 레이의 날 축제 하와이 전역
Lei Day Celebration
홈피 www.honolulu.gov/parks/program/.../1685-lei-day.html

• 마우이 양파 축제 마우이
Whalers Village Maui Onion Festival
홈피 www.whalersvillage.com/onionfestival.html

• 랜턴 플로팅 하와이 오아후
Lantern Floating Hawaii
홈피 www.lanternfloatinghawaii.com

• 킹 카메하메하 기념 퍼레이드 오아후
King Kamehameha Celebration Floral Parade and Hoolaulea
홈피 www.hawaii.com/kamehamehaday

• 하와이 예술축제 오아후
Pan Pacific Festival
홈피 www.pan-pacific-festival.com

• 마우이 영화제 마우이
Maui Film Festival
홈피 www.mauifilmfestival.com

• 한국문화축제 오아후
Korean Festival
홈피 ko-kr.facebook.com

• 우쿨렐레 축제 오아후
Ukulele Festival
홈피 www.ukulelefestivalhawaii.org/en/oahu

• 프린스 랏 훌라 축제 오아후
Prince Lot Hula Festival
홈피 moanaluagardensfoundation.org

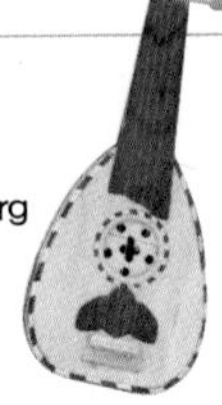

8월

• 알로하 페스티벌 하와이 전역
Aloha Festivals
홈피 www.alohafestivals.com

• 메이드 인 하와이 페스티벌 오아후
Made in Hawaii Festival
홈피 www.madeinhawaiifestival.com

9월

• 알로하 페스티벌 하와이 전역
Aloha Festivals
홈피 www.alohafestivals.com

10월

• 알로하 페스티벌 하와이 전역
Aloha Festivals
홈피 www.alohafestivals.com

• 하와이 국제영화제 오아후
Annual Louis Vuitton Hawaii International Film Festival
홈피 www.hiff.org

• 하와이 푸드 앤 와인 페스티벌 오아후 마우이
Hawaii Food and Wine Festival
홈피 www.hawaiifoodandwinefestival.com

• 할로윈 데이 하와이 전역
Halloween Day, 10월 31일

※오아후는 와이키키, 마우이는 라하이나, 빅아일랜드는 카일루아코나, 카우아이는 카파가 즐기기에 좋다.

• 서핑 세계선수권대회 오아후
Vans Triple Crown of Surfing
홈피 www.vanstriplecrownofsurfing.com

• 코나 커피축제 빅아일랜드
Kona Coffee Festival
홈피 www.konacoffeefest.com

• 하와이 국제영화제 빅아일랜드
Hawaii International Film Festival
홈피 www.hiff.org

• 크리스마스 점등식 오아후
Honolulu City Lights
홈피 honolulucitylights.org

• 호놀룰루 국제마라톤대회 오아후
Honolulu Marathon
홈피 www.honolulumarathon.org

• 12월 31일 밤 새해맞이 행사 하와이 전역

※오아후는 와이키키, 마우이는 라하이나, 빅아일랜드는 코나, 카우아이는 포이푸가 여럿이 어울려 새해 카운트다운 행사에 참여하기 좋다.

안 먹으면 손해, 하와이 로컬푸드

하와이는 사실 맛있는 음식으로 유명한 여행지는 아니라고 알고 있다. 하지만, 잘 살펴보면, 한 번 먹으면 자꾸 생각나는, 이른바 중독성 '갑'인 음식들이 꽤 있다.

① 포케 Poke

하와이 참치를 비롯한 생선회를 깍둑썰기하여 갖은 양념에 무쳐내는 포케는 하와이에서 가장 사랑받는 음식이 아닐까. 일반적인 오리지널 포케의 양념은 간장과 참기름이고 스파이시 아히 포케에는 마요네즈와 스리라차 소스가 들어간다.

꿀 조합 맥주나 화이트 와인

② 로코 모코 Loco Moco

따뜻한 밥에 두툼한 햄버거 패티와 달걀프라이를 차례로 얹는다. 마지막으로 그레이비 소스를 잔뜩 부어 먹는 음식이 바로 하와이의 로컬푸드 로코 모코다. 하와이 사람들은 여기에 스팸 한두 장까지 곁들인다. 자, 다이어트는 내일부터.

꿀 조합 스리라차나 핫 소스

③ 라우 라우 Lau Lau

두툼한 돼지고기를 타로 잎에 싸서 오랜 시간 서서히 익혀내는 라우 라우는 하와이언들의 영혼을 살찌우는 음식이다. 과거엔 땅굴에 파묻은 다음 불을 지펴 지열로 익혔다. 요즘은 대개 화덕이나 오븐을 이용한다. 부드러운 수육 같은 맛이 난다.

꿀 조합 갓 지은 흰 쌀밥

④ 무수비 Musubi

스팸 무수비는 나들이나 소풍날 빠질 수 없는 하와이를 상징하는 간식이다. 달콤 짭조름한 간장 양념에 재웠다가 그릴에 구운 스팸을 사용하는 경우가 많다. 무수비 전문점에 가면 달걀이나 아보카도, 베이컨 등으로 업그레이드한 '럭셔리 무수비'를 맛볼 수 있다.

⑤ 말라사다 Malasada

호놀룰루의 랜드마크가 된 레오나드(p.217)의 말라사다도 꼭 먹어봐야 한다. 식으면 맛이 없으므로 반드시 만들어서 막 나온 따끈한 말라사다여야 한다. 가게 안에 앉을 공간이 없으므로 앉아서라도 곧바로 맛보자.

꿀 조합 향긋한 코나 커피

⑥ 파인애플 아이스크림 Pineapple Icecream

새콤달콤한 하와이 파인애플은 그냥 먹어도 맛있지만, 아이스크림과 함께라면 맛은 배가 된다. 많이 달지 않으면서 상큼한 파인애플 향기가 진해 남녀노소 모두에게 인기다. 돌 파인애플 농장(p.141)에서 파는 파인애플 아이스크림이 원조다.

파라다이스의 맛, 하와이 칵테일

따사로운 햇볕 아래 모래사장에 누워 하와이안 칵테일 한 잔을 손에 들고 있으면 한 모금도 채 마시기 전에 긴장이 풀어지면서 온몸 가득 행복감이 퍼진다. 하와이 최고급 호텔 카할라 리조트의 수석 바텐더 카이노아 호후(Kainoa Hohu) 씨가 소개하는 맛 좋고 빛깔 고운 하와이 칵테일의 진수.

"파인애플이나 파파야, 코코넛 같은 열대과일이 하와이 트로피컬 칵테일 재료로 많이 쓰여요. 기본 리큐어는 럼을 많이 쓴답니다. 럼은 사탕수수 즙을 발효해 만든 술이라 감미로운 향이 나고 그 향이 달콤한 열대과일과 잘 어울리거든요."

로열 파인 Royal Pine

하와이 하면 파인애플, 파인애플 하면 하와이! 로열 파인은 하와이 칵테일계의 대모다. 맛도 맛이지만 좌중을 압도하는 화려한 외모 덕에 하와이 칵테일을 소개할 때면 빠지는 법이 없다. 파인애플 속을 파내고 그 안에 파인애플과 파파야, 바나나, 그리고 럼을 함께 갈아 만든 상큼한 칵테일을 가득 담아낸다.

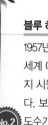

블루 하와이 Blue Hawaii

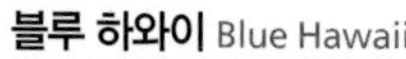

1957년에 하와이 힐튼 호텔의 바텐더가 개발한 블루 하와이는 오늘날 전 세계 애주가들이 하와이를 그리워하며 마시는 칵테일이 됐다. 가슴속까지 시원해지는 맛은 어릴 적에 즐겨 먹던 아이스크림 '폴라포'와 비슷하다. 보드카와 럼이 한꺼번에 들어가기 때문에 보통 칵테일보다 알코올 도수가 높다.

No.2

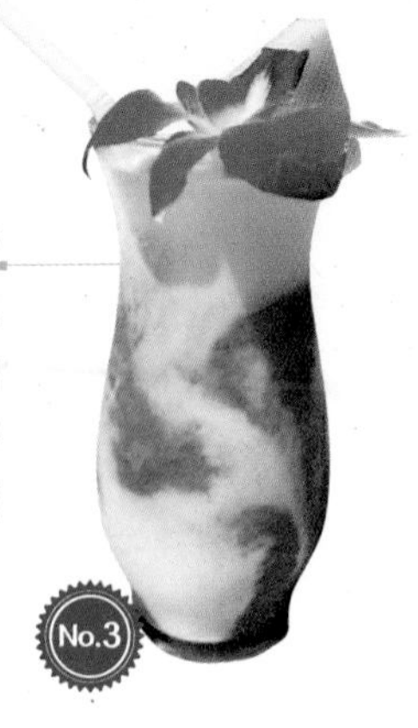

라바 플로 Lava Flow

붉은 용암이 흘러내리는 하와이 화산을 칵테일 잔에 옮겨 담은 라바 플로는 하와이에서만 맛볼 수 있는 특별한 칵테일이다. 파인애플과 코코넛, 럼을 기본으로 하는 피나 콜라다를 만든 후에 위에서부터 생딸기 시럽을 부어 달콤하고 부드러운 맛을 완성한다. 무알코올(Virgin)로 마셔도 맛있기 때문에 알코올류를 좋아하지 않는 여성들에게 좋다.

마이 타이 Mai Tai

피나 콜라다나 라바 플로가 숙녀의 칵테일이라면 마이타이는 신사의 칵테일이다. 타히티 말로 '좋다'라는 의미인 마이 타이는 미국인들이 가장 즐겨 마시는 칵테일의 하나다. 평범하기 이를 데 없는 투박한 잔에 담겨 나오지만 톡 쏘는 오렌지향의 강렬한 맛은 오래도록 진한 여운을 남긴다.

코코 헤드 Koko Head

코코 헤드는 로열 파인 다음으로 포토제닉한 하와이 칵테일이다. 카할라 리조트에서만 맛볼 수 있는 이 바닐라 맛 칵테일은 생코코넛과 바닐라아이스크림, 럼, 브랜디로 만든다. 경우에 따라 칵테일을 다 마시고 난 '코코넛 잔'은 기념품으로 집에 가져갈 수 있다.

하와이안 모히토(Hawaiian Mojito) 레시피

누구나 재료만 있으면 집에서 간단하게 만들 수 있는 수제 하와이안 모히토 레시피.

재료 코코넛 럼 1.25oz(약 35g), 레모네이드 0.5oz(약 14g), 파인애플 주스 1.5oz(약 42g), 민트 잎 5장, 얼음 10~15개

만드는 법 큰 컵에 재료를 순서대로 담고 뚜껑을 닫아 위아래로 흔들어 섞는다.

주의할 점

• 흔히 모히토를 만들 때 민트 잎을 칼로 다져 넣는데 그렇게 하면 음료가 지저분해진다. 섞는 동안 민트 잎과 얼음이 부딪치면서 즙이 나오기 때문에 미리 다질 필요는 없다.

• 취향에 따라 스프라이트나 레몬 조각, 설탕 시럽, 보드카 약간을 더해도 좋다.

핫한 하와이 슈퍼마켓 탐험하기

낯선 곳을 여행할 때면 도서관이나 공원, 슈퍼마켓에 한번쯤은 가보려고 노력한다. 그런 일상의 공간에서 현지 사람들을 만나 이야기를 나누다 보면 그 나라 사람들의 평범한 삶을 간접적으로나마 경험할 수 있다. 하와이에서도 마찬가지다. 도서관이나 공원, 특히 슈퍼마켓에 가면 와이키키 비치나 리조트에서와는 또 다른 하와이의 이면을 만날 수 있다.
규모 면에서 웬만한 초등학교 운동장을 앞지르는 하와이 대형 슈퍼마켓들은 어느 곳이나 쇼핑하기 좋게 카테고리가 나누어져 있고, 진열장 앞머리에 해당 상품 목록이 상세히 적혀 있어 편리하다. 시리얼이나 샐러드 드레싱, 와인, 아이스크림 등 인기 품목은 각각 종류가 100여 가지나 된다.

하와이 대표 슈퍼마켓 p.194

★ 슈퍼마켓에서 찾은 **하와이 기념품**

하와이 기념품을 살 때도 슈퍼마켓만 한 곳이 없다. 와이키키의 기념품 숍이나 공항의 면세점보다 슈퍼마켓이 훨씬 저렴하며, 구비한 상품군도 다양하다. 슈퍼마켓 구석구석을 보물찾기하듯 돌아다니다 보면 독특하고 알찬 선물을 찾을 수 있다.

빅아일랜드 코나에서 재배한 코나 커피 원두

$ 29.99

파파야 샐러드 드레싱 믹스

$ 2.59

하와이산 마카다미아 초콜릿 6개 세트

$ 29

고소한 마카다미아 너트 6개 세트

$ 32

망고 향과 파인애플 향 와이키키 티백, 20개 들이

$ 7.69

하와이 소리를 들려주는 우쿨렐레

$ 15

하와이 소금 · 후추 통

$ 16

망고 및 코코넛 향, 핸드메이드 마우이 유기농 비누

$ 8

방사능 걱정 없는 하와이 소금

$ 9.5

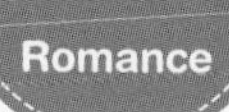

낭만가득, 하와이 로맨틱 스폿

와이키키 거리에서는 척 봐도 신혼여행 중인 연인을 만나기 쉽다. 주름진 손을 마주 잡고 함께 황혼을 즐기는 노부부도 많다. 모르긴 몰라도 친구 사이로 왔더라도 하와이에 있다가 연인으로 발전한 이들도 꽤 될 것이다. 그러니 어설프게 친한 사이라면 감히 하와이 여행을 꿈꾸지 말 일이다. 하와이의 낭만적인 풍광과 분위기에 취하면, 스쳐 지날 인연도 내 사람 내 운명으로 보이는 수가 있으니까 말이다. 사랑하는 사람과 로맨틱한 시간을 보내기 위한 아이디어를 소개한다.

① 해질 무렵의 크루즈 여행

수평선 너머로 지는 해, 분홍빛으로 물든 마우이, 장난스레 헤엄치며 따라오는 돌고래 떼가 있는 로맨틱한 하와이 여행의 진수를 보여주는 두 시간의 크루즈 여행을 떠나보자. 퍽퍽한 스테이크나 질긴 랍스터가 포함된 디너 크루즈보다는 상큼한 칵테일이 포함된 저렴한 '선셋 크루즈(칵테일 크루즈라고도 한다)'를 추천한다. 1인당 평균 60~70달러 선.

둘만의 해안 드라이브

1년 365일 활기찬 와이키키도 좋지만 오붓한 시간을 즐기고 싶다면 피크닉 도시락 사서 다이아몬드 헤드(Diamond Head) 방향으로 달려보세요. 카이마나 비치(Kaimana Beach), 마칼레이 비치(Makalei Beach), 와이알라에 비치(Waialae Beach) 모두 각각의 평온함과 아름다움을 지닌 바닷가예요.

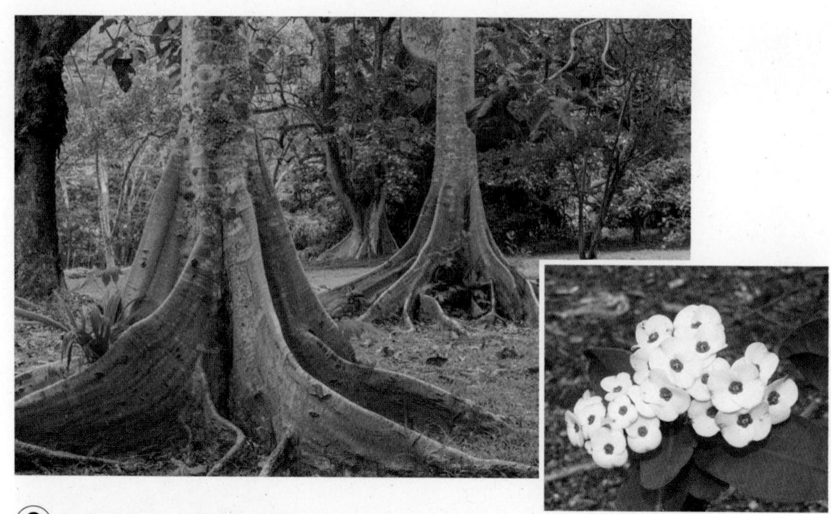

② 녹음 짙은 숲 속 오솔길 산책

150년의 역사를 자랑하는 포스터 식물원(Foster Botanical Garden p.141)에는 사랑하는 연인과 산책하기 좋은 오솔길과 연인의 무릎을 베고 낮잠 자기 좋은 잔디밭이 많다. 열대기후에서만 자라는 수많은 꽃과 식물, 과일 나무를 마음껏 보고 만지고 향기에 취할 수 있다. 입장료 5달러만 내면 이 모든 것이 가능하다. 호놀룰루 다운타운에 위치해 있다.

③ 재즈 바에서 칵테일 한 잔

그윽한 사랑의 눈길을 주고받기엔 해질 무렵 바닷가가 최적의 장소지만 해가 지고 난 후에는 르워스 라운지와 블루 노트가 좋다. 르워스 라운지는 와이키키의 고급 호텔인 할레쿨라니에 아담하게 자리해 있는 바(bar)로, 상시 라이브 연주를 감상할 수 있다. 블루 노트 하와이는 본격적인 공연 무대가 준비되어 있는 재즈 클럽이다. 칵테일을 비롯한 주류는 물론 식사 메뉴도 준비되어 있다(단, 가성비가 좋지 않은 식사 메뉴는 권하고 싶지 않다). 홈페이지를 통해 사전에 15달러 내지 50달러 선에서 티켓을 구매할 수 있다.

르워스 라운지 Lewers Lounge
주소 2199 Kalia Road Honolulu, HI 96815 전화 808-367-2343 홈피 www.halekulani.com

블루 노트 하와이 Blue Note Hawaii
주소 2335 Kalakaua Ave. Honolulu, HI 96815 전화 808-777-4890 홈피 www.bluenotehawaii.com

④ 꽃내음 가득한 커플 스파

로맨틱한 하와이 여행의 대미를 우아하게 장식하려는 사람들에게는 천연 오일 마사지로 시작해 꽃잎 목욕으로 마무리하는 커플 스파를 추천한다. 와이키키의 수많은 1급 호텔은 모두 멋들어진 스파 시설을 갖추고 있다.

스파 스위트 Spa Suites

주소 The Kahala Hotel & Resort, 5000 Kahala Ave. Honolulu 전화 808-739-8888 홈피 www.kahalaresort.com

스파 할레쿨라니 Spa Halekulani

주소 Halekulani Hotel, 2199 Kalia Rd. Honolulu 전화 808-923-2311, 800-367-2343 홈피 www.halekulani.com

나호올라 스파 Na Ho'ola Spa

주소 Hyatt Regency Waikiki Beach Resort & Spa, 2424 Kalakaua Ave. Honolulu 전화 808-923-1234 홈피 www.waikiki.hyatt.com

스파 루아나 Spa Luana

주소 Turtle Bay Resort, 57-091 Kamehameha Hwy. Kahuku 전화 808-447-6868 홈피 www.turtlebayresort.com

SAVE MORE!

위 스파들은 서비스와 시설, 전망, 분위기, 메뉴의 다양성에서 그야말로 세계 최고를 달리지만 비용 역시 1인당 최소 150달러에서 수백 달러까지 합니다. 시설이나 분위기는 상관없이 오로지 마사지가 목적이라면 그루폰(www.groupon.com/local/honolulu) 같은 소셜 커머스 사이트의 호놀룰루 지역 상품을 살펴보세요. 와이키키 곳곳의 단출하지만 깨끗한 시설에서 1인당 35달러 전후로 서비스를 받을 수 있는 상품이 자주 등장합니다.

Surfing

제대로 즐기는 하와이 서핑

하와이 사람들에게 서핑은 스포츠라기보다 문화의 일부분이라고 하는 것이 더 정확한 표현일 것이다. 하와이 사람들은 바다도 영혼이 있으며 주체적이고 의식적으로 파도의 방향을 결정한다고 믿어왔다. 서핑이 스포츠로서 세계적인 명성을 얻게 된 것은 1900년대 중반으로, 하와이 태생의 스포츠맨인 듀크 카하나모쿠(Duke Kahanamoku)의 활약 덕분이다. 그는 올림픽에서 금메달을 세 번이나 획득한 전설적인 수영 선수다. 서핑에도 일가견이 있어 호주와 유럽 각지의 바다를 다니며 서핑의 매력을 알렸다고 한다. 사후 40여 년이 흐른 지금도 사람들은 와이키키 비치 중심에 우뚝 서 있는 그의 동상에 레이를 바치며 아름다운 서퍼를 그리워하고 있다. 또 그의 이름을 딴 듀크스 레스토랑(Duke's Restaurant)도 와이키키의 오래된 명소로 사랑받고 있다.

서핑은 1950년대와 1960년대에 미국 전역과 호주에서까지 엄청난 인기를 끌며 가장 트렌디한 스포츠의 대명사가 되었다. 1970년대 들어서는 젊음을 상징하는 라이프스타일로 자리 잡았다. 엘비스 프레슬리를 위시해 당시 시대의 아이콘이라 불린 많은 이들도 하와이에서 파도를 타며 자신의 매력을 유감없이 발휘하여 뭇 여성들의 마음을 훔쳤다고 한다.

자타공인 서핑의 메카 하와이에는 세계적으로 유명한 서핑 비치가 여럿 있다. 특히 오아후 섬의 와이키키 비치(Waikiki Beach)와 마우이 섬의 케알리아 비치(Kealia Beach), 또 카우아이 섬의 포이푸 비치(Poipu Beach) 역시 비교적 파도가 높지 않아 1년 내내 초보 서퍼들이 부담 없이 서핑을 배우고 즐길 수 있는 곳이다. 중급 이상의 서퍼라면 카우아이의 하날레이 베이(Hanalei Bay)도 시도해볼 만하다.

▶오아후에서 서핑 즐기기 p.147

⊕ 듀크스 레스토랑

하와이 서핑의 전설, 듀크 카하나모쿠의 이름을 딴 와이키키 레스토랑

주소 2335 Kalakaua Ave. 전화 808-922-2268

해변의 깜짝 손님, 하와이 바다 동물

간간이 수면 위로 얼굴을 불쑥 내보이는 순둥이 거북들, 삼삼오오 떼 지어 다니며 공중묘기를 선보이는 돌고래 떼, 반질반질한 대머리가 매력 포인트인 하와이 바다표범, 그리고 하와이 최고의 인기스타 혹등고래. 바다동물이 만드는 낙원 같은 바다 풍경은 보고만 있어도 미소가 번진다. '뭐 그렇게 호들갑을 떨 것까지야' 하고 짐짓 고상을 떨던 나도 혹등고래가 연출하는 장관을 몇 번 마주한 뒤로 광적인 팬이 되고 말았다. 고요한 해수면을 뚫고 일순간 거대한 몸 전체를 부웅 띄웠다가 사방으로 엄청난 양의 물을 튀기면서 물속으로 사라지는 혹등고래의 화려한 실루엣을 보고 있노라면 머리부터 발끝까지 전율을 느껴 고래고래 소리를 지르게 된다.

바다거북

하와이에서 비교적 가장 흔히 볼 수 있는 바다거북은 울퉁불퉁한 산호에서 자라는 미역을 먹어서 녹색을 띠는 녹색거북(Green Sea Turtle) 종이 대부분이다. 자그마치 150만 년 전부터 지구에 살기 시작한 이들 녹색거북은 사람을 무서워하지 않는 데다 수가 많아서 스노클링을 하거나 해변에서 태닝을 할 때, 크루즈 여행을 즐기다가도, 눈을 동그랗게 뜨고 찾아보면 어디선가 열심히 헤엄을 치고 있는 모습을 발견할 수 있다.

돌고래

애교 덩어리 돌고래 떼도 거북만큼은 아니지만 비교적 눈에 쉽게 띄는 편이다. 주로 배를 타고 바다에 나갔을 때, 운이 좋으면 공중회전 묘기를 부리고 있는 스피너(Spinner, 공중회전의 귀재여서 한 번 점프에 여섯 번까지도 회전한다), 점박이(Spotty), 줄무늬(Striped) 등 다양한 돌고래를 만날 수 있다.

▶ 돌고래와 수영하기 p.154

바다표범

하와이 말로는 '일리오 홀로 카이(Ilio holo kai)', 바다의 강아지라고 불리는 몽크 바다표범(Monk Seal)은 웬만해서는 만나기 힘들다. 전 세계에 2000여 마리밖에 남지 않았는데 이들 모두 하와이 연안에 서식하고 있다고 한다. 사람 근처엔 잘 오지 않지만 카우아이와 오아후의 해변에 누워 있는 모습이 드물게 목격되기도 했다.

혹등고래

하와이에 사는 혹등고래(Humpback Whale)는 5월이 되면 플랑크톤이 가득한 물을 찾아 알래스카로 떠났다가 11월에 다시 하와이로 돌아와 짝을 만나 사랑을 나누고 가족을 이룬다. 그런데 3000여 마리에 불과한 혹등고래의 인기가 얼마나 높은지, 겨울만 되면 여행객이 세계 곳곳에서 이 혹등고래를 보기 위해 하와이로 날아든다. 혹등고래만 전문으로 찍는 사진가도 있을 정도. 매년 2월에는 2주간 마우이에서 '고래 축제(Maui's Whale Day Celebration)'가 열리기도 한다. 혹등고래를 보기 위한 크루즈 여행 프로그램과 혹등고래를 보호하는 단체, 혹등고래를 연구하는 기관도 수십 개에 이른다.

▶ 고래 관람 투어 p.160

하와이의 마스코트, 무지개 감상하기

하와이에서는 무지개를 자주 만날 수 있다. 여름철보다 비가 잦은 겨울철에, 햇빛 좋은 날 여우비가 내린다거나 비 내린 직후, 주변을 열심히 둘러보면 하늘 어딘가에 봉긋 솟아 있는 무지개를 발견할 가능성이 높다. 게다가 크기는 또 얼마나 큰지, 왼쪽 오른쪽으로 도리질을 해야 무지개 전체를 감상할 수 있을 정도다. 생김새도 다양하다. 어릴 적 즐겨 하던 고무줄놀이의 고무줄처럼 옆으로 길게 늘어진 것도 있고, 무지개의 한 면이 발끝으로 뚝 떨어진 것처럼 경사가 가파른 것도 있다. 그중에는 일곱 색깔 층을 셀 수 있을 정도로 선명한 무지개도 있다. 가끔이지만 운 좋은 날 아침엔 말로만 듣던 '쌍무지개'를 마주할 수 있다.

무지개는 하와이의 마스코트다. 하와이의 공식 별명도 무지개 주(Rainbow State)이고, 운전면허증과 자동차 번호판, 슈퍼마켓 창문과 호놀룰루를 누비는 시내버스 외관에도 무지개가 가로누워 있다. 무지개가 하와이의 마스코트가 된 건 아름다운 겉모습 때문만은 아니다. 하와이는 지리적으로는 미국에 속하나 약 120만 명의 거주 인구 중 백인은 약 20퍼센트에 불과하다. 하와이 원주민이 22퍼센트, 일본인 18퍼센트, 중국인 4퍼센트, 한국인 1.5퍼센트로 어느 인종도 전체의 25퍼센트를 넘지 않는다. 다시 말해 하와이에 사는 사람들은 모두가 소수인종이며, 또 모두가 비주류여서 애초에 인종차별의 실마리가 존재하지 않는다.

하와이의 '알로하 정신(Aloha Spirit)'이야말로 하와이 문화를 가장 잘 나타내주는 말이라고 할 수 있다. 맑은 눈빛 하나로 천 냥 빚을 갚을 수 있다고 믿는 순수함, 이방인도 가족처럼 대하는 따스한 마음을 일컫는 말인데, 그 느낌과 정서가 꼭 우리의 '정(情)'과 닮았다. 우리네 '정'이 그런 것처럼 알로하 정신도 혈육을 넘어, 이웃을 넘어, 그리고 인종을 넘어 이 아름다운 섬 전체를 아우른다. 빨 · 주 · 노 · 초 · 파 · 남 · 보의 일곱 색이 모여 조화로운 하나의 빛을 내는 무지개와 같이, 전 세계에서 모여든 사람들이 하와이라는 개성만점의 조화로운 공간을 만들고 있는 것이다.

꽃목걸이 걸어보기

하와이에 처음 왔을 때, 공항에 마중 나온 하와이 친구가 내 목에 레이를 걸어주었다. 목에 건 꽃목걸이가 생소하게 느껴져 어떻게 하면 친구가 무안해하지 않게 벗어버릴 수 있을까 고민하는 사이에 향긋한 꽃향기가 코끝을 스쳤다. 진하고 매혹적인 향기가 화사한 하와이의 풍경과 아주 잘 어울렸다. 그 후로 어쩌다 레이를 받으면 하루 종일 레이를 목에 걸고 있다가 집 안의 양지 바른 곳에 놓아두고 향기와 아름다운 자태를 즐긴다.

레이의 사전적 의미는 '하와이 꽃이나 조개, 깃털 등을 엮어 만든 목걸이와 팔찌, 화관 등을 아우르는 액세서리'다. 그러나 하와이에서 레이는 단순한 장신구 이상이다. 알로하 정신으로 압축되는 하와이 문화의 상징이랄까. 레이는 전통적으로는 상대에게 충성심을 표현하는 용도로 쓰였지만, 오늘날 하와이에서는 사랑을 표하거나 축

하할 일이 있을 때, 위로의 마음을 전할 때 레이를 주고받는다.

레이는 하와이의 거의 모든 꽃집이나 대형 슈퍼마켓에서 판매한다. 그중 비용과 신선도 면에서 레이를 가장 사기 좋은 곳은 호놀룰루 차이나타운이다. 차이나타운에서는 슈퍼마켓이나 꽃집의 반값 정도인 8달러 내외에 레이를 구입할 수 있다. 그런가 하면 고가의 명품 레이도 있다. 하와이의 유명 레이 디자이너들은 적게는 이틀, 길게는 한 달에 걸쳐 레이를 만들고 가격도 수백 달러를 호가한다. 이들의 고객 목록에는 유명 연예인이나 대통령 같은 셀러브리티도 있지만 일생에 한 번, 특별한 레이를 선물하거나 받기 위해 거액을 투자하는 사람들도 많다.

단, 고가의 레이라고 해서 더 큰 의미를 지니는 것은 아니다. 하와이의 레이 전문가이자 《카 레이(Ka Lei)》의 저자, 마리 맥도널드(Marie McDonald)는 "세상에 그저 그런 레이는 없어요. 모든 레이는 아름답지요. 레이를 주는 것은 경의를 표하거나 사랑을 의미하기 때문입니다. 중요한 것은 어떤 레이냐가 아니라 어떤 마음으로 레이를 건네느냐는 것이지요"라고 말했다.

하와이가 세계적인 여행지로 인기가 많은 이유는 눈부신 모래사장과 청명한 하늘도 한몫하지만 친절한 하와이 사람들을 만나는 즐거움도 빼놓을 수 없다. 하와이에 있는 동안 한 번쯤 레이를 주거나 받는다면 그 따뜻한 마음을 조금이나마 느껴볼 수 있을 것이다.

▶ **저렴하고 신선한 레이 사기 p.136**
▶ **레이 만들기 p.176**

파라다이스에서의 골프

하와이는 세계적인 골프 여행지이기도 하다. 〈골프 매거진(Golf Magazine)〉이 선정한 세계 최고의 25개 골프 리조트 중 8개, 〈콘데 나스트 트래블러(Conde Nast Traveler)〉가 선정한 미국의 65개 골프 코스 중 18개가 모두 하와이에 있다.

굳은 용암의 흔적이 그대로 남아 있는 빅아일랜드 골프장부터 밀림 같은 카우아이 골프장, 매끈한 그린 너머로 춤추는 고래가 보이는 마우이의 골프장까지, 하와이의 주요 섬에 골고루 퍼져 있는 90여 개 골프장은 각 섬의 특성을 고스란히 살려서 만들어 다른 그 어느 곳에서도 찾아볼 수 없는 장관을 연출한다. 이들 골프장은 미국프로골프(PGA) 투어 및 미국여자프로골프(LPGA) 투어를 포함한 세계적인 골프 대회의 개최지이기도 하다.

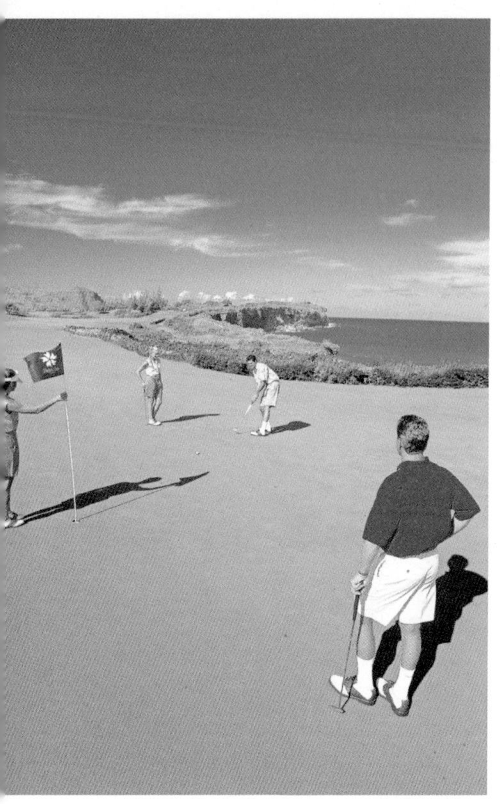

미국프로골프 투어는 한 달에 4~5회, 1년 동안 총 50회가량 열린다. 그중 하와이에서 열리는 대회는 대부분 1월부터 4월에 집중되어 있다. 기후 조건을 고려할 때 그 기간 동안 하와이만큼 쾌적하고 아름다운 환경에서 골프 경기를 진행할 수 있는 곳이 많지 않기 때문이다. 열혈 골퍼가 아니라도 좋다. 하와이를 찾는다면 한번쯤 골프장을 찾아보길 권한다. 가장 좋은 것은 직접 18홀을 돌며 플레이를 하는 것이지만 때마침 프로골프 투어가 열린다면 갤러리로 경기를 지켜보는 것도 즐거운 경험이 될 것이다.

골프에 대한 지식이 전혀 없어도 괜찮다. 넘실대는 태평양 바다가 보이는 클럽 하우스의 테라스에 앉아 브런치를 즐기고 주변을 산책하는 건 어떨까. 높은 산자락과 파란 바다로 둘러싸인 골프장의 조붓한 오솔길을 걷노라면 오랫동안 머릿속 여기저기에 흩어져 있던 온갖 상념이 자연스레 정리될 것이다.

▶ 오아후 대표 골프 코스 p.162
▶ 마우이 대표 골프 코스 p.275
▶ 빅아일랜드 대표 골프 코스 p.331
▶ 카우아이 대표 골프 코스 p.367

★ 매년 하와이에서 열리는 **프로 골프 대회**

소니 오픈 PGA 골프 토너먼트 the Sony Open in Hawaii 오아후 1월
홈피 www.sonyopeninhawaii.com

현대PGA 골프 챔피언스 토너먼트 마우이 1월
Hyundai Tournament of Champions
홈피 pgatour.com/hyundai

미츠비시 PGA 골프 챔피언 투어 빅아일랜드 1월
Mitshubishi Electric PGA Champions Tour at Hualalai
홈피 www.hualalairesort.com

LPGA 롯데 챔피언십 LPGA Lotte Championship 오아후 4월
홈피 www.lpga.com/golf/tournaments/lpga/lpga-lotte-championship.asp

하와이와 우리나라
골프 문화 전격 비교

골프는 신사 숙녀의 우아한 놀이라고 한다. 품위 있는 스포츠의 대명사인 골프를 제대로 즐기려면 경기 규칙은 기본이고 그에 따르는 매너와 격식도 제대로 익혀야 한다. 하와이는 우리나라만큼 격식을 중시하지 않는다고 생각하지만 몇 번 라운딩을 해보면 약간의 차이만 있을 뿐 결코 격식이 덜하지 않다는 것을 알 수 있다. 로마에서는 로마법을 따르는 것이 현명할 터, 기본적인 차이점은 알아두는 것이 좋겠다.

캐디

하와이 골프장에는 캐디가 없다. 골퍼가 직접 카트를 운전해야 하며 플레이 전반에 대한 모든 책임을 져야 한다는 것을 의미한다. 캐디가 없는 대신 페어웨이 안으로 카트를 몰 수 있으며, 보통 퍼팅 그린 가까이까지 카트로 이동하는 것을 허용한다.

목청껏, Fore!

캐디가 없는 하와이 골프장에서는 안전에 더욱 주의를 기울여야 한다. 홀과 홀의 간격이 넓지 않은 코스라면 특히 어디서 날아들지 모르는 공을 주의해야 한다. 예컨대 현재 7번 홀에서 치고 있다면 앞뒤 혹은 양옆으로 붙어 있는 6번이나 8번 홀에서 누군가 친 공이 내 쪽으로 날아올 수도 있고, 반대로 내가 친 공이 다른 골퍼의 플레이 영역을 침범할 수도 있다.

두 번째 샷을 완료할 때(Par 3홀일 경우에는 앞 팀이 퍼팅 그린에서 완전히 나갈 때)까지 기다렸다가 티오프를 하는 것은 기본이다. 때린 공이 페어웨이 바깥으로 날아가거나 너무 멀리 가서 다음 홀까지 갔을 때는 큰 소리로 "포어(Fore)!" 하고 외쳐 공을 피하라는 신호를 해야 한다. 신호를 하지 않은 상태에서 공이 누군가의 몸이나 그 가까이에 떨어지기라도 하면 싸움으로 번지기도 하고 심지어 소송까지 진행하는 경우가 부지기수다.

플레이어 수

우리나라에서는 거의 무조건 네 명이 한 팀을 이루어 치는 것이 일반화되어 있지만 미국에서는 혼자든 둘이든 플레이어 마음대로인 곳이 많다. 티타임 시간으로 정해지는 팀 간의 간격도 한국에 비해 훨씬 넉넉한 편이어서 한층 여유롭게 즐길 수 있다.

드레스 코드

하와이에서는 골프화가 아닌 일반 운동화를 신고 골프를 치거나 여성 골퍼 중에는 민소매 셔츠나 핫팬츠를 입는 경우도 많다. 그러나 리조트를 끼고 있는 유명 골프 코스는 대개 드레스 코드를 정해두고

카트

우리나라에서는 카트를 이용하는 것이 필수처럼 되어 있지만 하와이를 비롯한 미국 대부분의 주에서는 카트 이용을 선택할 수 있는 골프장도 많다. 카트를 이용하지 않을 경우, 골프채를 싣고 다닐 수 있도록 클럽 캐리어(club carrier)를 빌리면 편하다. 카트를 이용하지 않으면 골프장 이용료를 말하는 그린피(Green Fee)가 절반 이하로 줄어든다.

있다. 남자 골퍼의 경우, 칼라가 있는 셔츠(평범한 폴로셔츠를 연상하면 된다)를 입도록 하며, 여자의 경우는 어깨끈이 없는 톱이나 핫팬츠 등 노출이 심한 옷은 금지하는 것이 보통이다.

SAVE MORE!

하와이 골프장의 그린피는 미국 본토에 비해 저렴한 편은 아닙니다. 로버트 트렌트 존스나 아널드 파머같이 유명한 설계가가 디자인한 코스라면 라운딩 가격은 평균 200달러를 호가하는 곳이 많은데, 알고 보면 할인된 가격으로 플레이를 즐길 수 있는 방법이 많아요. 티타임을 예약할 때 다음의 할인 혜택을 받을 수 있는지 확인하세요.

트와일라이트 요금(Twilight Fee)

오후에 라운딩할 때 적용되는 요금으로 보통 20퍼센트 내지 30퍼센트 할인된다. 기준 시간은 골프장과 시즌마다 차이가 있지만, 오후 1시 전후에 트와일라이트 요금 혜택을 적용하는 곳이 많다.

세컨드 라운드 디스카운트(Second-round Discount)

한 번 플레이를 마치고 두 번째 라운딩을 할 때 저렴하게 적용되는 요금. 50퍼센트까지 할인되기도 한다.

시니어 디스카운트(Senior Discount)

일정 연령 이상일 경우 받을 수 있는 할인 혜택. 대개 20퍼센트 내외의 할인 혜택을 제공한다. 기준 나이는 골프장마다 다르지만 보통 60세 전후. 트와일라이트 요금이나 세컨드 라운드 디스카운트처럼 일반적이진 않다.

리조트 게스트 디스카운트(Resort Guest Discount)

골프 코스가 있는 리조트라면 할인받을 확률이 높다. 리조트 안에 골프 코스가 없더라도 인근 골프장과 연계해 할인하는 곳도 많다. 그린피와 숙박료를 묶은 골프 패키지가 있는지도 문의해볼 것.

PLANNING **A TRIP**

여행 준비 및 교통 정보

신이 머무는 섬, 하와이 기본 정보

하와이(Hawaii)는 폴리네시아 말로 '신이 있는 장소'를 뜻한다. 미국의 가장 남쪽에 위치한 주(州)로, 140여 개의 크고 작은 섬으로 이루어진 군도(群島)다. 그중 여행자들이 쉽게 접근할 수 있는 곳은 오아후와 마우이, 빅아일랜드, 그리고 카우아이가 대표적이다. 이들 섬만이 마을 단위 이상의 군을 형성하고 있으며 주요 항공사도 이들 섬 위주로 운항한다.

인구

약 143만 명(오아후 95만, 빅아일랜드 19만, 마우이 15만, 카우아이 7만)

별명

레인보우 스테이트(Rainbow State), 알로하 스테이트(Aloha State)

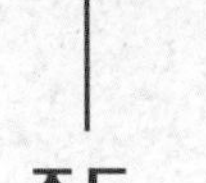

주도

오아후 섬의 호놀룰루(Honolulu)

시차

한국보다 19시간 느리다 (서울이 화요일 오후 2시면 하와이는 월요일 저녁 7시).

언어

공식 언어는 하와이 고유어, 실생활에서 통용되는 것은 영어

날씨

열대 기후. 비교적 일교차가 적어 활동하기 편한 날씨가 주를 이룬다.

지역번호

808. 같은 섬 내로 전화할 때는 지역번호를 누르지 않아도 되지만 이웃섬으로 전화할 때는 반드시 눌러야 한다. 예를 들어, 마우이 섬에서 오아후 섬으로 전화할 때는 808-XXX-XXXX를 눌러야 한다(혼동된다면 그냥 매번 누르면 됨).

화폐

달러($). 미국은 주마다 세금이 다른데 하와이의 경우 소비세는 4%로 비교적 낮은 편이다. 하지만, 숙박세는 미국에서 두 번째로 높은 9.25%로 숙박 요금 계산 시 총 약 13.25%의 세금을 부과한다.

전압

110V. 미국의 다른 주와 동일하다.

지형

화산, 열대 우림, 해안 절벽, 협곡, 사막, 모래 언덕 등. 태평양에서 가장 높은 산인 빅아일랜드의 마우나 케아(Mauna Kea, 해발 약 4,206m)에 가면 스키와 스노보드를 즐길 수 있다. 카우아이의 와이알레알레(Wai'ale'ale) 협곡에는 우리나라 연평균 강우량의 10배가 넘는 비가 쏟아져 지구상에서 가장 습한 지역으로 알려져 있다.

한눈에 보는 하와이

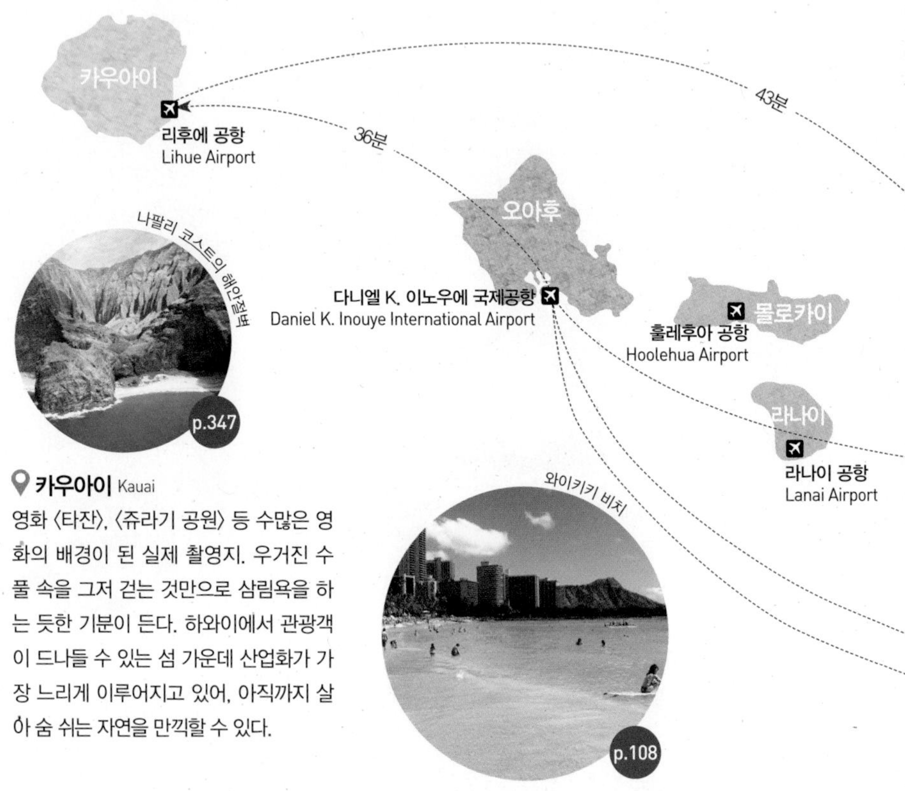

카우아이 Kauai

영화 〈타잔〉, 〈쥬라기 공원〉 등 수많은 영화의 배경이 된 실제 촬영지. 우거진 수풀 속을 그저 걷는 것만으로 삼림욕을 하는 듯한 기분이 든다. 하와이에서 관광객이 드나들 수 있는 섬 가운데 산업화가 가장 느리게 이루어지고 있어, 아직까지 살아 숨 쉬는 자연을 만끽할 수 있다.

오아후 Oahu

하와이에서 가장 큰 국제공항이 이곳에 자리한다. 하와이 여행의 시작점으로, 와이키키 비치를 비롯한 세계적인 해변과 명소가 밀집해 있어 하와이 여행객이 가장 많이 몰리고, 그만큼 가장 길게 머무는 곳이기도 하다. 오아후는 하와이의 정치 · 경제 · 문화의 중심지로서, 하와이 섬 중 유일하게 대형 쇼핑몰과 콘서트홀, 경기장, 주정부 주요 건물 등이 있어 다양한 문화 행사와 이벤트가 자주 열린다. 특히 매년 겨울이면 세계적인 서핑 대회가 북부 해변에서 줄지어 개최된다. 수족관이나 동물원 등 아이들이 즐길 거리도 많아서 신혼여행객은 물론 가족 단위 여행객이 여행하기에도 좋다.

마우이 Maui

하와이 섬 중에 신혼여행지로 가장 인기가 많은 마우이는 전체적인 풍광이 아기자기하고 예쁘다. 세계적인 신혼여행지답게 최고급 리조트와 호텔이 이곳에 자리한다. 또 마우이 하면 빼놓을 수 없는 곳이 할레아칼라(Haleakala) 국립공원이다. 할레아칼라는 세계 최대의 휴화산이며 산 정상에서 맞이하는 해돋이가 일품이다.

할레아칼라 국립공원의 일출

p.241

카훌루이 공항
Kahului Airport

마우이

31분

48분

54분

코나 국제공항
Kona International Airport

힐로 국제공항
Hilo International Airport

빅아일랜드

빅아일랜드 Big Island

하와이 섬 중 가장 덩치가 크다. 그래서 이름도 '빅(Big)'아일랜드다. 뜨거운 용암이 흐르는 활화산을 만날 수 있고 세계적인 천문대도 둘러볼 수 있다. 특히 "하와이에 간다면 뭐니 뭐니 해도 불타는 화산을 봐야지!" 하는 여행자들이 선호하는 곳이다.

하와이 화산 국립공원

p.299

하와이 여행에서 자주 묻는 질문

하와이 여행은 비싸서 엄두도 못 낸다? 자유여행은 힘들고, 신혼여행으로나 갈 수 있다? 에메랄드빛 투명한 바다와 연중 따사로운 햇살이 내리쬐는 최고의 휴양지, 하와이 여행에서 자주 갖는 궁금증을 풀어본다.

하와이 물가, 비싸도 너무 비싸다?!

한국과 비교적 가깝고 물가도 저렴한 동남아 지역에 비해 분명 하와이는 거리도 멀고 비용도 꽤 많이 드는 여행지다. 모든 것을 수입에 의존하는 섬나라 특성상, 물가는 미국 내에서도 가장 비싼 축에 속하며, 평균 호텔비도 뉴욕 다음으로 비싸다. 하지만 하와이는 빌 게이츠나 오프라 윈프리 같은 갑부가 호화로운 휴가를 즐기는 곳인 동시에 자신의 키만 한 배낭을 둘러멘 나 홀로 여행자가 텐트 치고 낚싯대를 드리우는 곳이기도 하다.

와이키키나 마우이에는 세계적인 호텔과 리조트가 줄지어 있지만 조용한 골목에 위치한 유스호스텔이나 민박집도 생각보다 많다. 또 대부분의 관광 명소는 시나 주에서 운영하기 때문에 별도의 입장료가 없는 곳이 많고, 하와이의 해변은 24시간 누구에게나 열려 있기에 적은 예산으로도 얼마든지 하와이에서 휴가를 보낼 수 있다. 마음먹기에 따라, 또 주머니 사정에 따라 다양한 여행을 즐길 수 있는 곳이 하와이다.

SAVE MORE!

하와이 여행을 계획하고 있다면 그루폰(www.groupon.com), 리빙소셜(www.livingsocial.com) 등에 가입해 하와이 지역의 상품 거래를 눈여겨보세요. 스노클링 투어부터 맛집 이용권, 서핑 레슨, 하와이안 스파 서비스 등을 50퍼센트 이상 할인된 가격에 즐길 수 있는 기회가 많습니다.

하와이는 패키지 여행이 더 좋다?!

하와이를 여행하는 방법은 크게 두 가지로 나눌 수 있다. 여행사에서 제공하는 일정에 맞춘 패키지 상품을 이용하거나 항공권과 숙소만 미리 예

약해두고 자유롭게 한두 섬에 머물며 여행을 하는 것이다. 물론 두 경우 모두 장단점은 있다. 일정에 대해 고민하지 않아도 되는 패키지만큼 편리한 것도 없다. 유명한 곳만 콕콕 집어서 데려가 주니 모이는 시간이나 자유 시간만 잘 지키면 일주일 동안 확실하게 하와이 요점 정리를 끝낼 수 있다.

하지만 하와이는 주요 명소만 둘러보고 가기엔 너무도 다양한 해변과 절벽 등 곳곳에 숨겨진 아름다움이 무척 많은 곳이다. 튼튼한 렌터카와 내비게이션, 그리고 여행 책 한 권만 있으면 누구라도 자신의 입맛에 꼭 맞는 자유여행을 즐길 수 있기 때문이다.

물론 자유여행을 하다가 지치면 언제라도 현지에서 호텔을 통해 손쉽게 옵션 투어를 신청할 수 있다. 한국에서 예약을 하고 오는 것보다 하와이 현지에서 무료 관광 책자 등에 실린 광고를 보고 전화로 예약하는 것이 선택의 폭도 더 크고 값도 저렴하다. 한인이 운영하는 곳도 꽤 있어서 한국어로 안내를 받는 것도 가능하다. 하와이 한인관광협회(www.ktah.org) 홈페이지에 접속하면 한인이 운영하는 현지 여행사 연락처를 찾을 수 있다.

TIP

데이터 무제한 로밍 서비스를 이용한다면 하와이에 있는 동안 지도 애플리케이션을 다운받아 내비게이션 대용으로 사용할 수 있어요. 또한 하와이 곳곳에 있는 스타벅스와 맥도널드 전 지점, 알라모아나 센터(p.179) 내 반스 앤 노블에 가면 무선 인터넷(WiFi)을 무료로 이용할 수 있어요.

운전을 못하면 하와이 자유여행은 포기?!

운전을 하지 않고 대중교통만으로도 충분히 하와이의 매력을 만끽할 수 있다. 특히 오아후 섬에는 '더 버스(The Bus, p.96)'라는 꽤 체계적인 시영버스 시스템이 마련되어 있고, 와이키키에서 출발해 오아후 섬 주요 명소를 누비는 '와이키키 트롤리(Waikiki Trolley, p.97)'라는 관광버스가 있기 때문에 렌터카 없이 얼마든지 알뜰하게 여행을 즐길 수 있다.

그러나 오아후를 제외한 마우이나 빅아일랜드, 카우아이 섬에서는 다소 제약이 따른다. 이들 이웃섬에는 오아후만큼 편리하게 이용할 수 있는 대중교통이 없다. 물론 공항-호텔 간 이용할 수 있는 셔틀버스가 있으며, 주요 쇼핑몰에서 호텔이 모여 있는 지역까지를 오가는 무료 버스가 많다. 또 마우이의 할레아칼라 국립공원이나 빅아일랜드의 볼케이노 주립공원 등 주요 명소를 방문하는 투어를 신청하면 호텔에서부터 픽업하는 것이 보통이다. 그렇기 때문에 이웃섬에 머무는 동안 가고자 하는 곳이 명확하고, 숙소 주

변의 해변이나 쇼핑몰을 이용할 것이라면 차가 없어도 큰 무리 없이 여행할 수 있다.
다만 섬 곳곳을 자유롭게 둘러보고 싶다면 얘기가 달라진다. 대중교통만으로는 분명 놓치는 부분이 있을 수밖에 없다. 그렇다고 현지 투어 상품을 선택하는 것도 쉬운 일은 아니다. 특히, 택시나 교통편이 포함된 투어 비용은 상당한 고가이며, 렌터카 비용에 비해 결코 저렴하지 않다. 이웃섬의 도로는 오아후에 비해 훨씬 한산하기 때문에 운전 중의 스트레스가 덜하니 해외 운전 경험이 없더라도 도전해볼 만하다.
그럼에도 불구하고 운전을 하지 않고 하와이를 여행하고자 할 때는 오아후 섬이 가장 좋다. 더 버스와 와이키키 트롤리와 같은 편리한 대중교통 수단이 있기 때문이다. 마우이와 빅아일랜드, 카우아이 섬은 차를 이용하지 않고서는 제대로 여행하기가 쉽지 않은데, 그래도 이웃섬 중에선 마우이의 대중교통이 다른 섬보다는 나은 편이다.

하와이가 괌이나 사이판과 비슷하다고?!

천만의 말씀! 물론 괌과 사이판도 아름다운 여행지이긴 하지만 하와이와는 크기부터 크게 차이 난다. 괌은 제주도 면적의 3분의 1 정도이고, 사이판은 괌보다도 작다. 반면 하와이의 주요 섬은 각각 제주도와 비슷하거나 더 크다. 놀거리와 할거리도 굉장히 다양해서 각 섬을 제대로 즐기려면 최소 일주일은 투자해야 한다. 흔히 하와이 하면 바다만 떠올리기 쉽지만 불타오르는 용암과 깎아지른 듯한 해안절벽, 지구상에서 가장 많은 별을 볼 수 있다는 천문대 등 다채로운 자연 경관을 즐길 수 있다.

하와이는 겨울에 가야 한다?!

우리나라를 비롯해 전 세계의 많은 여행자가 겨울철에 하와이를 찾는 것은 하와이가 겨울철에 유난히 더 좋아서가 아니라 자국이 겨울에 춥기 때문에 따뜻한 하와이를 찾는 이유가 더 크다. 하와이 기후만 봤을 때 딱히 하와이를 찾기에 좋지 않은 때란 없다.

세계의 관광객이 하와이를 찾는 이른바 하와이의 여행 성수기는 12월과 1월, 그리고 7월과 8월이다. 그래서 4월에서 6월 또는 9월에서 12월에 하와이를 방문하면 한가한 이국 섬의 매력을 만끽할 수 있다. 단, 성수기에도 오아후의 와이키키나 마우이의 라하이나를 제외하고는 크게 붐비지 않는다.

그 외 매년 4월 마지막 주는 일본 최대의 연휴인 '골든 위크(Golden Week)'로 하와이의 주요 관광 명소에 일본인 여행객이 많다. 이때 하와이를 여행할 계획이라면 호텔 예약을 서둘러야 한다.

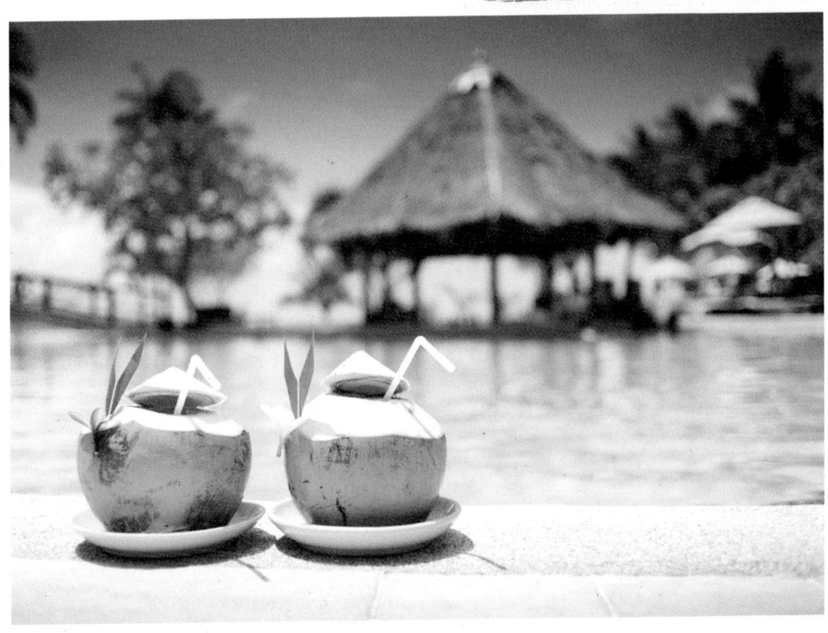

하와이 여행의 최적기 알아보기

높은 하늘과 맑은 공기를 자랑하는 하와이는 언제 방문하더라도 날씨 때문에 실망할 일이 없는 여행지다. 다만, 여행 목적에 따라 분명 보다 더 좋은 때는 있다.

날씨 및 계절

'하와이=지상 낙원'이라는 공식을 탄생시킨 일등 공신은 바로 하와이의 날씨가 아닌가 싶다. 따사로운 햇살과 서늘한 산들바람, 쾌적한 공기, 1년 365일 내내 이 세 가지는 변함이 없다. 연중 한낮 온도는 섭씨 26도 내지 29도로 한국의 여름과 비슷하지만, 햇빛이 강한 날이라도 습도가 높지 않고 살랑살랑 바람이 불기 때문에 날씨로 인해 불쾌지수가 높아지는 일은 없다. 그래서인지 하와이에선 유난히 공원에서 피크닉을 즐기

TIP

하와이는 늘 날씨가 좋은 편이기 때문에 기상청 예보에 그리 귀를 기울이지 않게 돼요. 하지만 서핑 같은 해양 스포츠를 즐길 계획이라면, 날씨에 따라 파도의 방향이나 세기가 달라지기 때문에 날씨를 꼭 확인해야 해요. 또, 하와이의 허리케인 시즌인 6월부터 11월 사이에도 날씨를 확인할 필요가 있어요. 허리케인이라고는 하지만 항상 비가 내리는 건 아니고 내내 맑다가 열대성 저기압이 발생하는 날 전후해서 집중 호우가 쏟아지는 경우가 대부분이니 크게 걱정할 건 없어요. 다만, 일기 예보를 미리 챙길 필요는 있답니다.

호놀룰루 기후 그래프

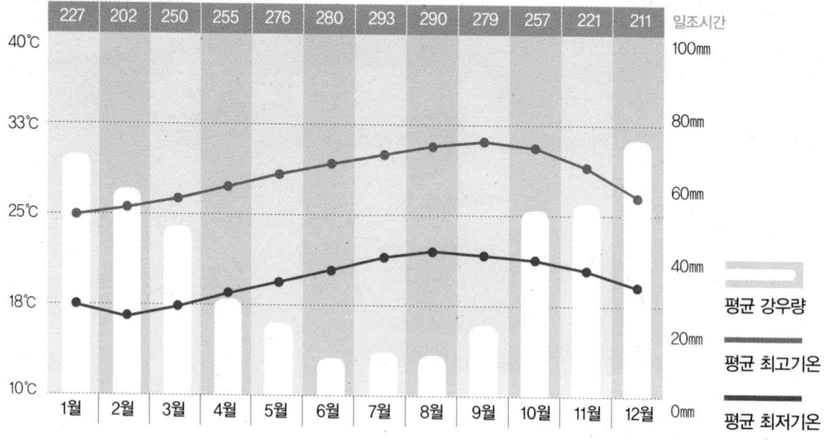

는 가족이 많고, 야외에 테이블을 마련해 놓은 레스토랑이 참 많다.
연중 아침과 밤 기온이 모두 섭씨 15도 내지 20도로 일교차도 그리 큰 편이 아니다. 그러나 강우량은 11월부터 3월에 현저히 많아진다. 여우비처럼 잠깐 내리고 그칠 때가 많지만 간혹 며칠씩 비가 이어지기도 한다.

성수기 vs 비수기

12월 중순부터 1월까지, 7월부터 8월 중순까지가 흔히 말하는 성수기다. 우리나라를 포함한 전 세계 많은 나라의 휴가철인 이때를 제외하고는 미국의 가장 큰 명절 가운데 하나인 추수감사절 연휴(11월 넷째 주 목요일)와 봄방학 기간인 3월 말부터 4월 중순 사이에도 하와이를 찾는 여행객이 급격히 증가한다. 일본 최대 연휴인 골든위크가 있는 4월 마지막 주에는 일본인 여행객이 많다. 이때는 사람도 많거니와 항공료, 숙박비 등 주요 경비가 10퍼센트 내지 15퍼센트 가량 인상되므로 가능하면 피하는 것이 좋다. 어쩔 수 없이 성수기에 하와이를 여행하더라도 낙심할 건 없다. 하와이는 넓고 갈 곳은 많다. 제아무리 성수기라 해도 새소리만 가득한 외딴 하이킹 코스나 파도 소리만 들리는 해변이 여기저기 숨어 있으니 말이다.

쇼핑 시즌

하와이를 포함한 미국 전역에서 1년에 두 번 대대적인 세일 행사를 진행한다. 추수감사절(11월 마지막 주 목요일) 연휴와 크리스마스(12월 25일) 연휴가 바로 그때다.
대부분의 상점이 10퍼센트에서 최대 80퍼센트까지 세일 행사를 진행하는 추수감사절 다음 날에 미국인들은 집중적으로 연말연시 선물을 구매한다. 일명 '블랙 프라이데이(Black Friday)'로 불리며, 이때 상점들이 엄청난 흑자를 기록하는 데에서 유래한 말이다. 하와이의 모든 쇼핑센터와 상점도 추수감사절 당일은 거의 모두 문을 닫지만 블랙 프라이데이에는 일찍부터 문을 열고 손님을 맞는다.
하와이 제일의 쇼핑센터인 알라모아나 센터(p.179)는 새벽 6시면 모든 상점이 문을 열고 인터넷 홈페이지에서 쿠폰을 출력하면 무료로 발레 파킹 서비스를 이용할 수 있는 등 지칠 때까지 쇼핑할 수 있도록 아낌없는 지원사격을 펼친다. 하와이의 유일한 아울렛인 와이켈레 아울렛(p.187)은 추수감사절 밤, 자정부터 영업을 시작한다. 문 열기 두세 시간 전부터, 아울렛 부근의 고속도로가 쇼핑 인파로 막히기 시작해 밤 10시에는 이미 고속도로 한가운데에서 빼도 박도 못하는 상황이 된다. 상황이 이런데도 해마다 쇼핑객이 줄기는커녕 배로 느는 까닭은 세일을 많이 하지 않는 브랜드들도 추수감사절 당일이나 다음 날에는 전 품목 50퍼센트 이상 화끈한 세일 행사를 벌이기 때문이다. 그러니 쇼핑이 하와이 방문의 주요 목적 중 하나라면 추수감사절 연휴 기간에 하와이를 방문할 수 있는지 알아볼 것.

▶ **쇼핑에 관한 자세한 정보는 p.192 참조**

SAVE MORE!

사야 할 항목을 구체적으로 정해놓았다면 쇼핑에 앞서 비패즈 홈페이지(www.bfads.net)에 접속해보세요. 유명 브랜드의 추수감사절 세일 상품이 상점별, 항목별로 세세하게 정리되어 있어 발품 파는 시간과 비용 모두 크게 절약할 수 있어요.

나에게 꼭 맞는 일정 짜기

하와이를 여행하는 이들의 고민은 결국 한 가지로 귀결된다. 어느 섬에서 며칠을 보낼까? 가장 이상적이며 또한 가장 효율적으로 여행할 수 있는 핵심 코스와 여행 노하우를 소개한다.

내가 찾는 그 섬은 어디에

하와이에 살면서 가장 흔히 또 많이 받는 질문은 바로 어느 섬이 제일 좋으냐는 것이다. 하와이의 핵심 여행지인 네 개 섬은 저마다 색다른 개성과 분위기를 갖고 있다. 풍광이나 볼거리, 할거리가 서로 다르기에 전혀 다른 독립된 여행지처럼 느껴질 정도다. 한적하고 아름다운 숲 속에서 글을 쓰고자 했던 소설가 무라카미 하루키는 카우아이 섬을 최고의 섬으로 꼽았는가 하면, 쇼핑과 서핑, 나이트라이프를 포기할 수 없다는 드류 배리모어와 패리스 힐튼은 매년 오아후 섬을 찾는다. 다음 표를 참고해 여행 목적과 선호도에 부합하는 섬을 찾아보자.

구분		오아후	마우이	빅아일랜드	카우아이
자연	해변	★★★	★★★	★★★★	★★★★
	화산	★	★★	★★★★	★
	열대우림지	★★	★	★★	★★★★
액티비티	쇼핑	★★★★	★★	★★	★
	맛집	★★★★	★★	★★	★
	박물관	★★★★	★	★★	★
	나이트라이프	★★★★	★★	★	★
레포츠	서핑	★★★★	★★	★★	★★
	스노클링	★★	★★★	★★★★	★★
	윈드서핑	★★	★★★★	★★	★
	하이킹	★★	★★★★	★★★★	★★★★
	골프	★★	★★★	★★★★	★★★
숙소	고급 리조트형	★★★★	★★★★	★★★★	★★
	베이케이션 렌털	★★★	★★	★★★	★★★
	저렴한 호스텔	★★★★	★★	★★	★★

후회 없는 일정 짜기

시나리오 1 | 오아후 7일

모든 일정을 오아후에서

멋진 해변과 환상적인 쇼핑과 다양한 맛집, 나이트 라이프를 모두 즐길 수 있는 섬은 오아후 섬뿐이다. 많이 보기 보다는 깊이 보고 싶은 당신이라면 다음 소개하는 오아후 7일 일정을 참고삼아 기호에 꼭 맞는 여행 일정을 세워볼 것.

Day 1 와이키키 비치 → 알라모아나 비치 파크 → 알라모아나 센터
Day 2 하나우마 베이에서 스노클링 → 뵤도인 사원 → 카일루아 비치 파크
Day 3 파머스 마켓 → 서핑 → 다이아몬드 헤드 하이킹
Day 4 호놀룰루 다운타운 → 호놀룰루 뮤지엄 오브 아트 → 칵테일 크루즈
Day 5 폴리네시안 문화센터 → 와이메아 베이 비치 파크 → 새우트럭 → 돌 파인애플 농장
Day 6 진주만 → 와이켈레 아울렛 → 워드센터
Day 7 시 라이프 파크 → 와이마날로 베이 → 호놀룰루 공항

시나리오 2 | 오아후 5~6일+이웃섬 2~3일

오아후를 주 여행지로 삼고 이웃섬에서 1~2박

조금 빠듯한 일정을 소화해낼 수 있다면 하루 이틀 정도 이웃섬에 다녀오는 것도 좋다. 이웃섬에서는 너무 많은 것을 하려고 하기 보다는 꼭 가고 싶은 곳, 하고 싶은 것을 미리 정해두는 것이 좋다.

- p.102에 제시한 오아후 상세 일정에서 4~5일을 고르고, 나머지 2~3일로 이웃섬 계획을 세우면 된다. 마우이의 추천 일정은 p.238, 빅아일랜드는 p.297, 카우아이는 p.345에 소개했다.
- 이웃섬에서 2~3박을 한다면 카우아이, 마우이나 빅아일랜드 중 어느 곳이든 가볼 만하다. 다만 빅아일랜드는 나머지 세 섬을 합한 것보다 면적이 넓기 때문에 이동거리가 꽤 길다. 어린 자녀와 함께 간다면 차에서 보내는 시간을 잘 견딜 수 있을지 생각해봐야 한다.
- 하루 일정으로 빅아일랜드나 마우이에 다녀오는 상품도 있지만 권하고 싶지는 않다. 이웃섬 어디라도 비행기 이착륙에 걸리는 시간이 적어도 한 시간, 공항에서 대표적인 명소까지 적어도 한 시간은 걸린다. 왕복 네 시간은 이동하는 데 할애해야 하니 '천국 같은 하와이 휴가'와는 거리가 멀다.

시나리오 3 | 이웃섬 5~6일+오아후 2~3일

이웃섬 중 한 곳을 주 여행지로 삼고 오아후에서 1~2박

시나리오 2와 반대로 일정의 대부분을 오아후가 아닌 이웃섬에서 보내고, 오아후에서 2~3일 보내는 일정을 계획한다면 아래 내용을 참고하자.

- 마우이와 빅아일랜드는 일주일을 모두 할애해도 아쉽지 않을 정도로 할거리와 볼거리가 많다. 가능한 일정이 일주일 미만이라면 마우이와 빅아일랜드 중 한 곳을 택해 주 여행지로 삼는 것이 좋다.
- 이웃섬에서 4~5일을 보냈다면 오아후에서는 활기 넘치는 와이키키에서 1~2박을 하길 추천한다. 주요 버스 노선이 와이키키를 지나고 와이키키 트롤리 역시 편리하게 이용할 수 있어 굳이 차를 빌리지 않아도 된다.

▶오아후의 버스와 트롤리 정보는 p.97 참조

TIP 오아후에는 명소가 특히 많아서 일정이 짧다면 고심해서 계획을 짜야 해요. 그 중에서도 와이키키는 하와이 전역에서 서핑을 배우기에 가장 적합하고 또 저렴하게 강습을 받을 수 있는 곳이고, 스노클링 명소인 하나우마 베이(p.110)도 세계적으로 유명한 비치예요. 예술과 문화를 사랑한다면 비숍 뮤지엄(p.142쪽)을, 쇼핑 마니아라면 와이켈레 아울렛(p.187)을 기억하세요. 맛집으로는 노스 쇼어의 새우 트럭(p.118)과 하와이 최고의 셰프로 손꼽히는 앨런 웡이 운영하는 레스토랑 앨런 웡스(p.210)의 테이스팅 메뉴도 오아후에서만 경험할 수 있는 행복이랍니다.

꿀팁 가득
웹사이트 다섯

든든한 여행 도우미, 하와이 관광청

www.gohawaii.com 하와이 관광청
www.gohawaii.com/kr 한국사무소
@gohawaiikr 인스타그램

하와이 관광청 한국사무소의 홈페이지는 하와이 여행을 계획할 때 첫째로 들러봐야 할 곳이다. 온라인으로 신청하면 하와이 관광 소책자를 우편으로 보내주며, 매달 이메일로 '알로하 뉴스레터'도 보내준다. 수시로 들러 새로운 내용을 확인하고, 적극적으로 도움을 요청하면 얻을 것이 많다.

생생한 후기 총집합, 옐프

www.yelp.com

실제 이용자들의 후기가 올라오는 리뷰 사이트. 지역을 설정하고 검색어를 입력하면 맛집과 공연, 액티비티 등이 별점 순위에 따라 정리된 목록을 확인할 수 있다. 하와이 뿐 아니라 미국 여행 시에도 매우 유용하다.

가장 빠르고 쉬운 길 찾기, 구글 맵스

www.google.com/maps

여행 일정에 맞추어 가장 빠른 길 리스트를 출력해가면 편하다. 휴대폰 무선데이터를 무제한으로 사용 할 수 있는 로밍 서비스를 신청했다면 구글 맵스 애플리케이션을 이용하여 길도 찾고 내비게이션 용도로도 사용할 수 있어 편리하다.

미리 보는 하와이 명소 Virtual Tour Hawaii

www.vthawaii.com

하와이 명소를 360도 각도로 보여주는 여행 사이트. 갈까 말까 망설여지는 명소가 있을 때 미리 사진으로 확인할 수 있어 여행 계획을 세울 때 유용하다.

미리 보는 하와이 도로 Hawaii Highways

www.hawaiihighways.com

사진과 함께 하와이 주요 도로의 설명을 게재한 웹사이트. 하와이에 있는 거의 모든 주요 하이웨이를 소개하고 있다. 해외에서 처음 운전한다면 들러보고 참고하기 좋다.

저가 항공권 확보하기

여행 경비에서 큰 부분을 차지하는 항공권만 잘 해결해도 떠나는 마음이 한결 가볍다. 인천에서 8시간 30분 정도 소요되는 호놀룰루까지, 같은 항공사의 항공권이라도 언제 어떻게 사느냐에 따라 가격이 천차만별이다.

항공사 홈페이지

한국과 하와이를 오가는 항공기를 운항하는 항공편은 10곳 내외다. 대한항공과 하와이안항공이 상시적으로 직항편을 운행하며, 진에어의 경우 시즌별로 직항편을 운행한다. 델타항공, 유나이티드에어라인, 중화항공, 일본항공 등 외국 항공사는 도쿄나 타이베이를 경유해 호놀룰루 국제공항으로 이동한다.

직항편을 운행하는 대한항공과 하와이안항공 모두 비정기적으로 저렴한 항공권을 판매하는 경우가 많으며, 그럴 경우 자사 홈페이지에 스페셜 요금을 게재한다. 하와이 여행을 계획한다면 이들 항공사의 홈페이지에 자주 접속하여 프로모션이나 스페셜 요금이 있는지 확인하는 것이 좋겠다. 진에어는 2015년부터 호놀룰루-인천 편을 운항하기 시작한 후발주자지만 대한항공과 하와이안항공에 비해 훨씬 저렴한 항공권을 서비스하면서 큰 인기를 모으고 있다.

하와이의 섬과 섬을 잇는 주내선의 경우 하와이안항공과 사우스웨스트항공이 매일 수차례 항공편을 운항한다. 사우스웨스트항공은 미국의 대표적인 저가 항공사로 2019년 초 하와이에 진출하여 저렴한 주내선 항공권을 선보이고 있다.

주요 항공사 정보

호놀룰루 취항 항공사	홈페이지	전화번호
대한항공	www.koreanair.co.kr	1588-2001
진에어	www.jinair.com	1600-6200
델타항공	www.delta.com	02-754-1921
사우스웨스트항공	www.southwest.com	1-800-435-9792
유나이티드에어라인	www.kr.united.com	02-751-0300
일본항공	www.jal.co.kr	02-757-1711
중화항공	www.china-airlines.co.kr	02-317-8888
하와이안항공	www.hawaiianairlines.co.kr	02-775-5552

항공권 가격 비교 사이트

불과 몇 년 전만 해도 국내 여행사를 통해 항공권을 구매하는 방법이 일반적이었지만, 지금은 가격 비교 사이트가 대세라고 할 수 있다. 목적지, 가는 날짜와 오는 날짜, 인원 정도만 입력하면 수십 건의 항공권 정보가 한눈에 들어온다. 대표적인 곳은 스카이스캐너(www.skyscanner.co.kr)와 세계 최대 온라인 여행사 프라이스라인의 자회사인 카약(www.kayak.co.kr)이다.

다만, 가격 비교 사이트가 무조건 좋은 것은 아니다. 저렴한 항공권을 찾다보면 외국계 여행사를 통할 때도 있는데, 그럴 경우 일정 변경이나 환불이 안 될 수도 있기 때문이다. 예약할 때는 항상 이용약관과 환불 조건 등을 꼼꼼하게 확인해야 한다.

하와이 전문 여행사 홈페이지

출발 날짜가 가까워 저렴한 항공권을 구하기 어렵다면 항공권과 숙박비가 포함된 호텔 패키지가 더 저렴할 수 있다. 여행사에서 미리 확보해 둔 항공권을 이용하는 것이므로 숙박비까지 포함된 가격이지만 여행 날짜를 코앞에 두고 사는 항공권에 비하면 오히려 저렴할 수 있다. 하와이 전문 여행사의 경우 다양한 패키지 상품을 보유하고 있으며 영어에 자신이 없을 경우 한국인 가이드가 있는 옵션 투어를 이용할 수 있어 편리하다. 다음 카페 하와이 사랑(cafe.daum.net/hawaiilove)은 하와이 관련 최대 온라인 커뮤니티로 항공, 관광, 숙박 전반에 관한 정보를 얻을 수 있다.

투어넷 하와이 홈피 www.tnhawaii.com
하와이 투어 홈피 www.hawaiitour.co.kr

여행 경비를 반으로 줄여주는 해외 사이트

비앤비(B&B)를 제외한 호텔이나 리조트 예약, 이웃섬 또는 하와이와 미국 본토를 오가는 항공권, 렌터카 예약은 해외 사이트를 이용하는 것이 훨씬 저렴하다. 트래블로시티(travelocity.com), 익스피디아(expedia.co.kr), 오비츠(orbitz.com)는 알뜰한 여행객들이 사랑하는 할인 여행사 트리오. 호텔과 항공, 여행 패키지, 현지 옵션 투어 예약 등 여행에 관한 모든 상품을 판매한다. 영어로 설명하고 있지만 예약 방식은 한국 사이트와 크게 다르지 않아서 일정 정도의 영어 실력이면 누구나 쉽게 예약할 수 있다. 항공권 예약은 칩티켓(cheaptickets.com), 호텔 예약은 호텔스닷컴(hotels.com)도 시도해볼 만하다.

프라이스라인(priceline.com)과 핫와이어(hotwire.com)는 가장 큰 폭의 할인율을 기대할 수 있는 사이트다. 단점이라면 티켓 구입 전까지는 비행 날짜와 호텔 등급, 그리고 렌터카를 예약하는 경우 자동차 사이즈만 알 수 있고 정확한 비행시간이나 호텔명, 자동차 종류는 알 수 없다는 것. 하지만 가장 저렴한 비용으로 구매할 가능성이 높다. 경매 방식으로 진행하는 프라이스라인을 이용할 때 한 가지 주의할 점은 제시한 가격에 낙찰되면 환불이나 일정 수정이 불가능하다는 것이다.

이웃섬을 방문할 계획이라면 하와이 현지 항공사 홈페이지에서 항공권을 알아보는 게 가장 저렴하다. 대표적인 하와이 현지 항공사로는 하와이안항공(www.hawaiianairlines.co.kr)과 아일랜드에어(www.islandair.com) 그리고 최근 운항을 시작한 사우스웨스트항공(www.southwest.com)이 있다. 한국에서 호놀룰루 경유하여 이웃섬으로 바로 가는 일정이라면 하와이안항공이 저렴할 수 있다. 그렇지 않고 호놀룰루에 머물면서 이웃섬 왕복 항공권을 구매한다면 저가 항공사인 사우스웨스트항공의 운임이 더 저렴할 확률이 높다. 운임은 실시간으로 변동되므로 홈페이지를 확인하는 것이 가장 정확하다.

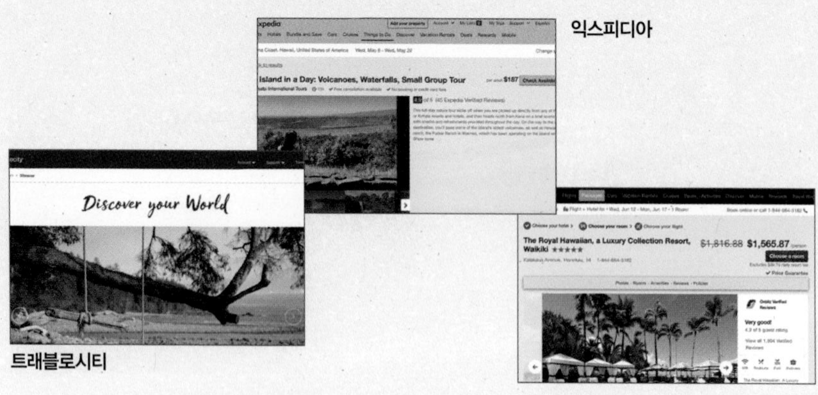

익스피디아

트래블로시티

오비츠

프라이스라인(Priceline) 앱으로 최저가 호텔 예약하기

프라이스 라인 앱 접속 후 'Hotels' 클릭

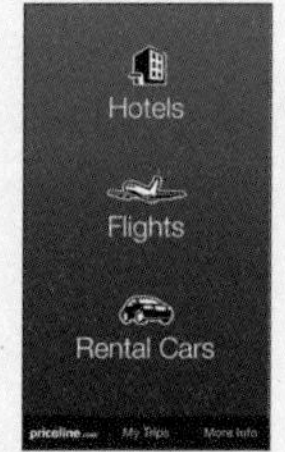

지역, 체크인, 체크아웃 날짜 입력 후, 'Search Hotels'을 클릭하면 해당 날짜에 가능한 호텔 목록이 화면에 나온다.

호텔 리스트 하단에서 'Name Your Own Price' 클릭

❶ 세부 지역 선택 ❷ 호텔 등급 선택 ❸ 원하는 가격대 선정

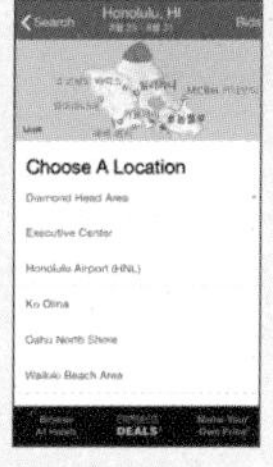

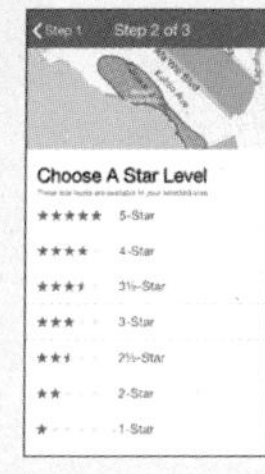

'Waikiki Beach Area', 'Waikiki City Central', 'Waikiki Marina Area' 세 곳을 체크하면 와이키키 전 지역이 포함된다. 입력할 가격은 1단계 검색 결과를 참조한다. 프라이스라인 홈페이지에서는 20퍼센트 내지 30퍼센트 낮게 입력하면 성공 확률이 높다고 나오지만, 경험상 45퍼센트 정도 낮은 가격에도 낙찰이 가능하다. 1박당 200달러 내지 300달러였다면 최소 가격의 반을 웃도는 100달러에서 110달러 정도에 시작할 것을 권한다. 단, 성공할 경우 세금과 각종 수수료가 약 18퍼센트 부과된다.

이름, 주소, 신용카드 정보 입력 후 'bid now' 클릭

성공할 경우 신용카드 결제가 이루어지며 예약 수정은 불가능하다. 받아들여지지 않을 경우, 호텔 등급이나 입실 날짜 등 조건을 변경해야 한다. 조건 변경 없이 재도전하고 싶다면 24시간 후, 또는 입실자 명을 바꾸어 다시 시도할 수 있다. 신용카드는 원칙적으로는 미국, 캐나다 주소로 등록된 카드만 쓸 수 있지만, 경험상 한국에서 발급한 신용카드도 더러 이용 가능하다. 신용카드 주소 입력란에는 미국 지인의 주소가 있다면 사용하면 되고, 임의로 주소를 입력해도 비딩 성공 여부에 큰 영향을 미치지 않는다.

똑소리나게 짐 싸기

하와이 여행 가방에 꼭 챙겨야 할 아이템은 무엇일까? 전자여권처럼 반드시 필요한 것부터 수영복, 좋아하는 음악 등 하와이 여행을 더욱 여유롭고 즐겁게 해줄 아이템을 모았다.

유효기간이 6개월 이상 남은 전자여권

미국은 별도의 비자 발급 없이 90일까지 여행할 수 있다. 단, 전자여권을 소지해야 하며 출국 72시간 전까지 전자여행 허가 사이트(esta.cbp.dhs.gov/esta)를 통해 입국 승인을 받아야 한다. 전자칩이 내장된 전자여권은 기존 종이 여권의 유효기간이 남아 있더라도 교체 발급받을 수 있으며 가까운 구청에 신청하면 된다. 하와이에 입국한 다음에는 90일 이상 체류할 수 없고, 중도에 체류 자격을 바꾸어서도 안 된다. 과거에 비자발급을 거절당했거나 미국에서 추방당한 경력이 있는 사람, 그리고 90일 이상 여행하고자 할 때는 종전과 같이 미국 대사관에 목적과 일정에 알맞은 비자를 신청해야 한다.

TIP

여권이나 항공권 등의 분실에 대비해 여권 사본(여권 번호가 있는 면과 비자가 있는 면), 여권용 사진 2매(여권 분실 시 재발급에 필요), 항공권 사본이나 예약 확인서, 여행자 보험 가입 영수증 등을 준비하세요.

돌아오는 비행기 티켓

하와이 공항에 내려 입국 절차를 밟을 때 필요하다. 미국에 불법 체류하지 않을 것임을 증명하기 위한 비행기 티켓, 다시 말해 한국으로 돌아오는 항공권이나 다음 목적지가 명시돼 있는 항공권을 소지해야 한다.

국제운전면허증과 신용카드

렌터카를 운전하려면 한국에서 발급받은 국제운전면허증과 국내운전면허증을 소지해야 한다. 또 신용카드도 필요하다.

자외선 차단제, 태닝 로션

하와이는 햇볕이 무척 강해서 바닷가에서는 물론 일상적으로 꼭 자외선 차단제를 발라야 한다. 비치웨어와 용품은 현지에서도 저렴하게 구입할 수 있다. 태닝 로션이나 애프터 선 케어 같은 제품은 현지에서도 쉽게 구할 수 있으므로 짐을 가볍게 하고 싶다면 현지에서 구매해도 괜찮다.

수영복

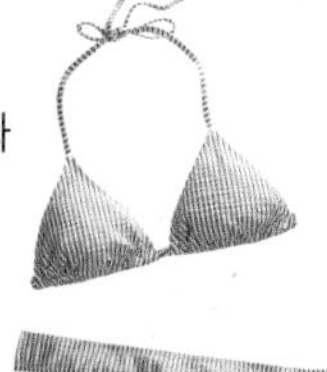

바다를 자주 찾을 예정이라면 수영복 한 벌로는 부족하다. 아직 덜 말라 축축한 수영복을 입지 않으려면 두 벌은 챙겨 가야 언제라도 보송보송한 수영복을 입을 수 있다. 와이키키 비치에 앉아 있으면 자신있게 비키니를 차려입은 예쁜 할머니도 많이 볼 수 있다. 기왕이면 밝고 화사한 색의 비키니로 고를 것. 수영복을 새로 장만해야 한다면 하와이에 도착해서 쇼핑해도 늦지 않다.

TIP

대부분의 호텔에서 비치용 타월을 무료로 빌려주기 때문에 부피 큰 비치 타월은 굳이 챙겨 올 필요가 없어요. 돗자리도 마찬가지입니다. 하와이 곳곳의 슈퍼마켓이나 와이키키에 흔한 ABC 스토어에 가면 5달러 이하의 저렴한 가격에 구입할 수 있어요.

얇은 긴팔 재킷이나 카디건

바람이 불 때, 또는 냉방이 심한 쇼핑센터에서 요긴하다. 마우이의 할레아칼라 국립공원이나 빅아일랜드의 마우나 케아 등 고도 3000미터 이상 되는 높은 산 정상은 평지에 비해 최소 섭씨 15도 정도 기온이 급강하한다. 일출과 일몰을 보러 가거나 캠핑을 할 거라면 두툼한 겨울옷 한두 벌을 챙기는 것도 좋다.

전압 변환기

하와이는 한국과 달리 110볼트 전압을 사용한다. 충전기 등을 쓰려면 볼트를 전환해주는 일명 '돼지코'를 챙겨 가야 한다. 이때 전압을 변환해 쓸 때는 볼티지 영역대를 반드시 확인해야 한다.

TIP

USB 케이블도 챙겨가세요. 인천-호놀룰루를 잇는 대한항공 항공기에는 좌석마다 USB 포트가 있고, 호텔에도 USB 포트가 있는 알람시계나 텔레비전이 있는 경우도 많아요. 또 호텔 내 비즈니스 센터의 컴퓨터를 이용하면 USB 케이블을 이용한 충전이 가능하므로 챙겨 가면 요긴하게 쓸 수 있어요.

멀미약

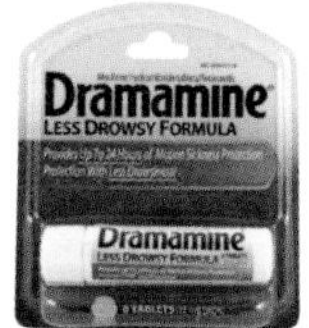

하와이에서 크루즈, 스노클링, 돌고래 투어, 고래 관람 투어 등을 위해 배를 탈 예정이고 평소 멀미를 많이 한다면 멀미약을 미리 준비하는 것이 좋다. 깜빡 잊었다면 하와이 약국이나 슈퍼마켓에서 '드라마민(Dramamine)'을 달라고 하면 된다.

좋아하는 음악

스마트폰에 좋아하는 음악을 가득 담아 오면 더욱 행복한 하와이 드라이브를 즐길 수 있을 것이다. 대부분의 렌터카에는 USB 포트나 블루투스 장치가 있어 차량 스피커를 통해 음악을 들을 수 있다.

하와이 패션 공식

일주일간의 하와이 여행, 어떤 옷을 가져가야 할까? 365일 햇볕이 쨍쨍하다니 민소매 셔츠에 핫팬츠 차림이면 될까? 남녀노소 할 것 없이 누구나 사랑하는 하와이 패션은 민소매나 면 셔츠에 반바지, 그리고 '쪼리'다. 여기에 조금 멋을 낸다면 알로하 패션, 커다란 꽃송이들이 덩이째 수놓인 '알로하 셔츠'나 하와이안 전통 원피스 '무무(muumuu)'를 입는다.

일주일 여행의 기본 옷차림

면 셔츠 서너 벌에 반바지 한두 벌, 샌들 한 켤레, 운동화 한 켤레면 무난하다. 와이키키의 패션 코드를 한마디로 정리하면 '생기발랄', 환한 컬러와 패턴이 대세이니 옷은 기왕이면 화사한 스타일로 챙기는 것이 좋다. 또 가벼운 긴팔 니트나 재킷도 유용하다. 서점이나 슈퍼마켓, 박물관, 쇼핑센터 등은 냉방을 강하게 하는 편이다.

고급 레스토랑이나 바, 공연장에 방문할 경우

미국의 다른 주에서라면 턱시도나 정장에 드레시한 구두라도 챙겨 가야겠지만, 하와이에서라면 여자는 산들거리는 꽃무늬 원피스에 샌들, 남자는 알로하 셔츠에 면바지면 충분하다. 하와이는 휴양지인 까닭에 복장 규정에 상대적으로 관대하다. 격식을 차린 자리라도 단골 드레스 코드는 편안한 알로하 패션, 즉 알로하 셔츠나 무무 등을 입는다.

비 내리는 하와이에 대비하기

하와이의 비는 감질나게 살짝 내리다 말 때가 많아서 우비나 대용량 쓰레기봉투를 착착 접어 배낭의 옆구리 주머니에 쏘옥 넣어 다니는 것만으로도 충분하다. 하지만 비가 상대적으로 많이 내리는 12월부터 2월 사이에 방문하거나 비 맞는 것이 싫다면 휴대가 간편한 삼단 우산을 챙기는 것이 좋겠다.

현명하게 돈 쓰기

마음먹기에 따라, 또 주머니 사정에 따라 수백수천 가지 색다른 여행을 즐길 수 있는 여행 하와이. 아래 내용을 참고하여 하와이 여행 예산을 현명하게 계획하고 알뜰하게 지출을 관리해보자.

하와이 물가, 감 잡았어!

항목	비용
항공료(유류세 포함, 이코노미석 기준)	60~130만 원(비수기 60만 원, 성수기 100만 원 이상)
숙박료(와이키키 더블 베드룸 평균가)	125~300달러
렌터카(인터넷 예약 시)	25~70달러 (비성수기 컴팩트 사이즈 30달러, 컨버터블 50달러)
주유비	1갤런당 3.50달러(중형차 가득 채웠을 때 40~60달러)
점심식사	7~20달러
저녁식사	15~75달러
택시비(호놀룰루 국제공항 – 와이키키)	35달러
버스비	2.5달러
청량음료(슈퍼마켓, 편의점 구입 시)	2.5달러
사과주스	3.5달러
커피	1~3.5달러
테마파크 입장료	10~40달러
하와이안 워터 어드벤처 파크 입장료(어른/어린이)	42달러 / 32달러
쿠아 아이나(Kua Aina) 햄버거	5~8달러
영화 티켓(어른/어린이)	13~20달러

SAVE MORE!

예산에 여유가 없다면 국립공원이나 해변 등을 찾아보세요. 하와이의 수많은 해변과 공원 등 주정부가 운영하는 곳은 이용료가 없거나 있어도 5달러 이하로 저렴한 경우가 많습니다. 하지만 크루즈나 스노클링 보트, 헬리콥터 탑승처럼 투어 업체가 운영하는 옵션 투어를 신청하려면 1인당 투어마다 대략 50달러에서 120달러가 소요된다고 예상해야 해요.

여행 경비 챙기기

여행 경비는 신용카드와 현금을 반반씩 준비하는 방법을 추천한다. 거액의 현금을 소지하는 것이 불안하다면 현금을 최소한으로 준비하고 대신 신용카드를 두세 장 여유 있게 준비하는 것이 좋다. 은행이나 슈퍼마켓, 주요 관광지 등 하와이 전역에 ATM 기기가 설치되어 있기 때문에 현금 인출이 어렵지는 않다. 현지에서 신용카드 사용은 매우 보편적이다. 단돈 1달러짜리 소액 결제도 신용카드로 하는 경우가 다반사다. 다만 런치 트럭이나 벼룩시장, 파머스 마켓 등은 현금 거래가 통상적이며 일부 커피숍이나 규모가 작은 소매점에는 간혹 '5달러 이상 구매 시 신용카드 이용 가능하다'는 안내문이 설치되어 있기도 하다. 인출 시 드는 수수료는 금액에 관계없이 1회에 2~5달러 정도다.

팁, 얼마나 어떻게?

하와이에서 돈을 쓸 때는 항상 팁을 염두에 두어야 한다. 얼마를 어떻게 주느냐는 순전히 서비스가 얼마나 만족스러웠느냐에 달려 있지만 미묘한 차이를 보이는 만족도를 매번 숫자로 환산하는 것도 보통 일이 아닐 터, 일반적으로 통용되는 정도는 다음과 같다.

레스토랑

전체 금액의 15~20퍼센트의 팁을 준다. 패스트푸드점이나 푸드 코트에서는 팁을 줄 필요가 없다. 레스토랑에서의 팁은 음식 값의 일부로 간주될 정도로 당연한 것으로 여겨지기 때문에 서비스가 심하게 나빴을 경우가 아니라면 반드시 지불해야 한다.

TIP

많은 레스토랑이 6명 이상의 그룹 손님에게는 아예 전체 비용의 18퍼센트를 팁으로 부과합니다. 단체로 레스토랑을 찾을 때는 계산 전에 반드시 계산서를 확인하세요. 팁이 포함되어 있는지 잘 모르겠다면 "이즈 팁 인클루디드 인 더 빌?(Is tip included in the bill?)"이라고 물어보면 됩니다. 팁이 포함되어 있으면 계산서의 팁란에 '0'을 표기하고 내지 않아도 됩니다.

택시

12~15퍼센트. 짐이 있을 때는 하나당 약 50센트 추가. 짐이 있는 경우 운전기사가 미터기에 추가 입력하는 수도 있으므로 내릴 때 확인해보고 이미 추가되어 있다면 짐에 따른 팁은 주지 않아도 된다.

렌터카 셔틀

짐을 들어주었다면 짐 1개당 1~2달러 정도 주면 된다.

호텔에서 짐 들어준 벨보이

짐 하나당 1달러. 짐이 하나뿐일 때는 최소 2달러, 5개 이상일 땐 하나 당 2~3달러를 주기도 한다.

호텔룸

1인당 1~2달러. 하우스키퍼가 날마다 바뀌는 곳도 있으므로 매일 놓고 나오는 것이 좋다. 베개에 올려두거나 탱큐 노트를 남길 것. 아니면 가지고 가지 않는 경우가 많다.

발레 파킹(Valet Parking)

자가용 한 대당 3~5달러

TIP

팁을 줄 잔돈이 없는 경우, 주고자하는 팁 액수를 말하고 잔돈을 돌려 달라고 해도 괜찮아요. 가령 5달러를 주고 2달러만 팁으로 주고 나머지를 돌려받고 싶다면 간단히 "캔 아이 해브 쓰리 달러즈 백, 플리즈?(Can I have $3 back, please?)"라고 하면 됩니다.

신용카드로 계산하기

우리나라 식당에서는 보통 식사가 끝나면 손님이 테이블의 주문서를 가지고 카운터로 가서 계산을 하는데, 하와이에서는 식사가 끝나면 담당 웨이터가 테이블로 영수증을 가져다준다. 현금으로 계산할 때는 팁을 더한 금액을 테이블 위에 놓고 나오면 되지만, 신용카드로 계산할 때는 몇 단계를 더 거쳐야 한다.

담당 웨이터가 가져다준 영수증 옆에 신용카드를 둔다.

웨이터가 신용카드와 영수증을 가져갔다가 두 장의 종이를 들고 온다.

3단계 두 장의 종이에는 각각 'Customer Copy'와 'Merchant Copy'라고 적혀 있는데, 이 중 'Merchant Copy'라고 적힌 종이에 팁과 합계액을 적고 서명한다. 'Customer Copy'는 고객 보관용이다. 가격을 적을 때는 $ 표시에 바로 붙여 적든가 금액 앞에 '–' 표시를 해서 신용카드 범죄를 방지하는 것이 좋다. 아주 가끔이지만 고객이 적은 금액 앞에 1같이 간단한 숫자를 덧붙여 청구액을 뻥튀기하는 악덕 업주들이 저녁 뉴스에 등장하기도 한다.

Card Type: Visa
Acct #: XXXXXXXXXXXX2204
Exp Date: 05/10
Auth Code: 037785
Check: 1390
Table: 74/2
Server: 2156 Cheyne
SEKON NON

Subtotal: 259.68
Tip: $39.00
Total: $298.68
Signature

I agree to pay above total according to my card issuer agreement.
* * * * Customer Copy * * * *

중장기 여행자를 위한 숙소 찾기

2주 이상 하와이에 머물기로 결심한 장기 여행자를 위한 둥지 찾기 프로젝트. 언제 다시 올지 모를 하와이에서의 시간, 마음에 쏙 드는 보금자리를 찾기 위해 고려해야 할 점들은 다음과 같다.

활기찬 오아후 vs 고요한 이웃섬

먼저 오아후에 대해 얘기해보자. 오아후는 하와이의 중심 섬으로 하와이 섬 중 가장 많은 아파트와 호텔, 관광객, 사업체, 건물, 레스토랑이 모여 있다. 전체 하와이 주민의 75퍼센트는 오아후에 거주하며 병원과 은행, 학교도 호놀룰루에 집중되어 있다. 호놀룰루는 복잡한 대도시인 것 같지만 실제 면적은 272.1제곱킬로미터로 서울(605.33㎢)의 반도 안 된다. 사실 호놀룰루만 놓고 보면 다른 섬에 비해 오아후는 '하와이다운' 느낌이 덜하지만 고속도로를 타고 20분만 달리면 고요한 바닷가와 울창한 수풀림 등 전형적인 하와이 풍경이 나타난다.

다음은 이웃섬. '이웃섬'이라고 뭉뚱그려 표현한 마우이, 빅아일랜드, 카우아이 섬은 진정한 은둔 생활을 경험하고자 하는 이에게 적합하다. 도로 대부분이 2차선이고 야자수보다 높은 건물은 찾아보기 힘들다. 어떤 해변을 가도 와이키키만큼 붐비지 않는다. 단점은 여행객의 수가 상대적으로 적은 만큼 오아후에 비하면 아파트, 호텔이 적고 슈퍼마켓이나 주유소 같은 편의시설의 수도 적다는 것. 만약 오아후와 이웃섬을 두루 여행하고 싶다면, 일단 오아후에 터를 잡고 일주일

에서 이 주일 정도 살면서 하와이와 좀 친해진 다음, 이웃섬으로 일주일씩 여행을 가는 거다. 가서 좋으면 그때 눌러앉으면 그만이다. 오아후에서 이웃섬까지는 비행기로 한 시간이면 갈 수 있고 항공권은 왕복 기준 약 100달러 선에서 구매할 수 있다.

와이키키 안 vs 와이키키 밖

와이키키가 너무 상업적이라는 말도 많지만 와이키키는 역시 와이키키, 세계적인 비치이며 관광지로 인정받는 데에는 다 그만한 이유가 있다. 365일 내내 따사롭게 내리쬐는 햇살과 적은 강우량, 수영에 적합한 잔잔한 파도와 고운 모래, 최고 수준의 쇼핑과 레스토랑, 편리한 교통, 다양한 숙박 시설 등 와이키키에 머물러서 좋은 점에 대해서는 몇 시간이고 술술 얘기할 수 있다.

그럼에도 불구하고 평온하고 고요한 하와이 생활을 꿈꾼다면 물론 와이키키는 답이 아니다. 와이키키는 오랜 기간 머물기에 너무 번잡하다고 느낄 수 있다. 그렇다면 평화로운 이웃 마을이 좋겠다. 호놀룰루 내에서는 와이키키에서 자동차로 10분 거리에 있는 워드 센터 근처가 공원도 가깝고 쇼핑센터도 가까워 살기 편리하다. 와이키키에서 자동차로 15분 거리의 마키키(Makiki)와 푸나후(Punahou)는 조용한 주거지역으로 와이키키보다 10퍼센트 정도 저렴한 가격에 머물 수 있고, 와이키키에서 차로 약 30분 거리에 있는 마노아(Manoa)는 시원하고 조용한 산 아래 마을로 하와이대학이 가까워 홈스테이를 운영하는 가정도 많다. 하와이 홈스테이(www.hawaiihomestay.com)에는 하와이의 영어연수 프로그램과 홈스테이 정보가 일목요연하게 정리되어 있다.

호놀룰루 바깥까지 레이더망을 넓혀보면, 섬 남동쪽에 위치한 하와이카이(Hawaii Kai)는 학군이 좋고 바다가 가까워 중상류층 가정이 많이 거주한다. 카일루아(Kailua)는 대학생과 전문 서퍼들이 많이 사는 자유로운 바닷가 마을이다. 호놀룰루 국제공항을 지나 아울렛 근처에 있는 와이켈레(Waikele)에서는 마당이 있는 연립주택을 와이키키의 방 하나 딸린 호텔 가격에 빌릴 수 있다. 와이키키까지는 차로 30분에서 40분 정도 소요된다.

일주일 이상 머문다면 공유 숙박

체류 기간이 일주일 이상이라면 공유 숙박을 고려해보는 것도 좋다. 현지에서는 흔히 베케이션 렌털(Vacation Rental)이 가능한 숙소는 에어비앤비(www.airbnb.co.kr) 또는 VRBO(www.vrbo.com)에 가장 많이 올라와 있다. 사이트에서 '호놀룰루(Honolulu)', '와이키키(Waikiki)' 등 지역을 입력하고 원하는 날짜를 선택하면 예약 가능한 숙소 목록이 나온다.

최소 숙박일 수가 있는 곳도 있고 1박만도 가능한 곳이 있다. 다만 청소비가 많게는 100불 이상인 경우도 있으므로 하루 이틀만 머문다면 호텔비보다 비싸질 수 있어 주의해야한다. 일주일 이상이 머문다면 주방이 딸린 동급 호텔과 비교해 베케이션 렌털의 가성비가 단연 훌륭하다. 같은 건물에 있는 베케이션 렌털 숙소라도 시설의 품질에 따라 가격이 다르므로 사진과 후기를 꼼꼼하게 확인하는 것이 관건이다.

하와이에서 운전하기

낯선 땅에서 운전하기를 꺼릴 수도 있지만 도로가 비교적 단순하고 한산한 하와이에서라면 걱정할 필요 없다. 렌터카 고르기부터 교통 법규, 셀프 주유까지 하와이에서 운전할 때 반드시 알아야 할 모든 것을 담았다.

더 저렴하고, 더 좋은 렌터카 찾기

시간에 구애받지 않고 섬 구석구석을 즐기고 싶다면 차를 빌리는 것이 좋다. 하와이 여행에 날개를 달아주는 고맙고도 중차대한 여행 동반자인 렌터카를 더욱 저렴하고, 보다 확실하게 대여하는 노하우를 알아보자.

국제 운전면허증 발급받기

하와이에서 운전하려면 한국에서 발급받은 국제운전면허증(International Driving Permit)이 반드시 있어야 한다. 렌터카 대여 시 신용카드가 꼭 필요하다. 국제운전면허증은 전국 운전면허시험장에서 발급받을 수 있고, 각 경찰서 민원실에서도 발급받을 수 있다. 국제운전면허증을 발급받기 위해서는 발급수수료 8500원과 여권, 운전면허증, 여권용 사진이 있어야 한다. 대리인이 발급받으려면 위임장과 신청자의 여권(사본 가능)과 운전면허증 그리고 대리인의 신분증을 추가로 지참해야 한다. 국제운전면허증 취득 관련 자세한 정보와 국제운전면허증 취득 후 외국에서 운전 시 유의사항은 경찰청 공식블로그(polinlove.tistory.com/5708)에서 확인할 수 있다.

차종별 렌트 요금

차종	요금
이코노미(Economy)	승용차 중 가장 작은 경차. 하루 20달러 선
컴팩트(Compact)	아반떼와 비슷한 크기. 하루 22달러 선
미드 사이즈(Midsize or intermediate)	소나타와 비슷한 크기. 하루 28달러 선
풀(Full)	그랜저와 비슷한 크기. 하루 32달러 선
밴(Van)	카니발 같은 승합차. 하루 55달러 선
컨버터블(Convertible)	지붕을 열 수 있는 차종. 하루 45달러 선

렌터카 종류

하와이 렌터카 회사에서 대여 가능한 차량은 이코노미 사이즈부터 SUV 차량까지 10여 종이 있는데, 그중 가장 많이 대여하는 차종과 평균 일일 요금은 위와 같다.

두 명 기준으로 컴팩트나 미드 사이즈면 무난하다. 경우에 따라, 컨버터블, 일명 '오픈카'를 추천하기도 한다. 컴팩트 차종에 비해 2.5~3배가량 비싸긴 하지만 다른 비용을 줄이더라도 한 섬에서는, 아니면 최소 하루라도 컨버터블을 이용하길 권한다. 안전벨트 옆쪽에 붙어 있는 강낭콩만 한 버튼을 누르면 '지잉' 하고 자동차 천장이 내려가면서 동시에 눈부신 햇빛 아래 살랑살랑 몸을 흔드는 야자수들이 반기는데, 컨버터블의 묘미가 바로 여기에 있다. 보조석에 앉아 의자를 한껏 뒤로 젖힌 채 얼굴에 닿는 싱그러운 대지의 냄새를 느껴보시라.

단, 아침저녁으로 교통체증이 발생하는 오아후나 비가 자주 오는 카우아이보다는 마우이나 빅아일랜드 등에서 컨버터블 차량을 빌리는 것이 본전 생각이 덜 난다. 컨버터블은 렌터카 회사를 막론하고 크라이슬러 세브링(Chrysler Sebring) 모델이 가장 흔하다.

렌터카 예약하기

항공사, 호텔과 마찬가지로 렌터카도 언제 어떻게 예약하느냐에 따라 가격 차가 크다. 일주일 이상 예약할 때는 100달러까지도 차이가 나는데 가장 좋은 방법은 역시 인터넷을 이용하는 것이다. 가장 저렴하게 예약할 수 있는 방법을 소개한다.

호텔, 렌터카, 비행기 예약 대행 사이트 트래블로시티(www.travelo city.com)나 오르비츠(www.orbitz.com) 홈페이지에서 가격 비교를 해본다. 이들 사이트는 수수료가 있으므로 가격 비교만 하고 해당 회사 홈페이지로 직접 가서 예약해야 수수료를 조금이나마 아낄 수 있다.

TIP

예약 시 확인할 것!

❶ 렌터카 비용은 일주일 단위로 대폭 할인됩니다. 일주일로 예약했을 때 적용되는 할인 가격이 평균 5일 가격과 비슷하기 때문에, 5~6일 이용하더라도 일주일 대여료를 꼭 비교, 확인해보는 것이 좋습니다.

❷ 렌터카 픽업은 공항에서 하는 것을 추천합니다. 업체를 막론하고 공항에 위치한 지점이 보유한 차량 수도 가장 많고 가격도 가장 저렴한 편입니다. 공항에 도착해 바로 차를 빌려 호텔로 이동하면 되기 때문에 호텔까지 이동비를 절약할 수 있어 합리적입니다.

❸ 렌터카 비용은 렌터카 업체의 보유 차량 수에 따라 가격 변동이 심하기 때문에 예약한 후에도 자주 확인해봐야 합니다. 호텔이나 항공 예약과 달리 미리 비용을 지불하지 않고, 차량을 인수할 때 결제를 하기 때문에 더 저렴한 곳을 발견했다면 규정에 따라 예약을 변경할 수도 있습니다.

렌털 일자와 차종, 픽업 위치 입력 후 차종에 따른 렌터카 회사별 비교 가격이 나오면 원하는 종류의 차를 가장 저렴한 가격에 내놓은 업체를 확인한다.

해당 렌터카 업체 홈페이지를 찾아 동일한 조건으로 예약하고 예약 확인서를 출력한다.

주요 렌터카 업체 홈페이지

허츠 www.hertz.co.kr

내셔널 www.nationalcar.co.kr

알라모 www.alamo.co.kr

버짓 www.budget.com

쓰리프티 www.thrifty.com

렌터카 픽업하기

픽업 시 필요한 서류는 국제운전면허증, 국내운전면허증, 신용카드(한도 약 50만 원 이상), 여권이다. 운전자가 차에 손상을 입히거나 기한이 지난 뒤에 차를 반납하는 경우, 렌터카 회사는 운전자의 신용카드로 해당 요금을 추가 청구한다. 이런 때를 대비해 신용카드 앞면을 복사해두고 차를 반납할 때까지 보관한다. 또 국제운전면허증은 국내운전면허증과 함께 있어야 효력이 발생한다. 자동차를 빌릴 때나 경찰의 검문에 걸렸을 때 국내운전면허증을 요구하는 경우가 종종 있으므로 꼭 챙기도록 한다.

차량 픽업 시, 현지에서 'GPS'로 부르는 내비게이션을 빌릴 수 있다. 렌터카 회사에 따라 하루 약 10달러에서 15달러를 부과한다. 목적지의 주소나 이름만 입력하면 가는 방법이 상세히 나와 초행길도 쉽게 찾을 수 있다. 특히 오아후는 이웃섬에 비해 도로가 복잡하므로 '타고난 방향치'라면 내비게이션은 필수다.

보험 가입 및 마일리지 서비스

인터넷이나 전화로 렌터카를 예약할 때 나오는 금액은 보험료가 포함되지 않은 가격이다. 보험료는 차량을 픽업할 때 가입 여부를 결정한 뒤에 구체적인 가격을 알 수 있다. 보험료는 쌍방보험, 가해자 보험 등 보험 종류에 따라 다르지만 적게는 하루 5달러 이하부터 많게는 렌터카 비용과 비슷한 정도로 다양하다.

렌터카 회사들은 대부분 많은 항공사와 파트너십을 맺고 있어서 렌터카 이용 고객에게 해당 항공사 마일리지를 지급한다. 항공사 회원번호를 알아두었다가 예약 전에 물어볼 것. "캔 아이 리시브 프리퀀트 플리어 마일리지 포 마이 렌털 카 레저베이션?(Can I receive frequent flier milege for my rental car reservation?)"이라고 하면 된다.

TIP

• 해외 데이터 무제한 서비스를 이용한다면 GPS를 대여하지 않고 구글 맵스와 같은 애플리케이션을 이용하세요.

• 신용카드 이용객이 해외여행 중 렌터카를 이용할 경우, 여행자 보험에 가입해주는 서비스를 제공하는 경우가 꽤 있습니다. 떠나기 전, 이용 중인 신용카드 회사에 보험 가입 여부를 확인해보세요.

한국과 다른 교통법규 살펴보기

하와이와 우리나라의 교통법규는 대체로 대동소이하지만, 하와이는 미국의 법률 체계에 따르기에 분명한 차이가 존재한다. 혼동하기 쉬운 하와이 교통법규와 운전할 때 주의할 점을 살펴보자.

제한 속도 규정

하와이를 포함한 미국 전역의 도로에서는 킬로미터가 아닌 마일(Mile) 표기를 원칙으로 한다. 1마일은 1.6킬로미터로, 하이웨이의 제한속도와 자동차의 속도계 모두 마일로 표기되어 있다. 오아후 고속도로의 제한 속도는 55~65마일(88~104㎞) 선으로 앞뒤 차량의 흐름에 맞춰, 표기되어 있는 속도보다 5마일 정도는 상회해도 큰 무리는 없다. 그러나 20마일 이상 상회하다 잡힐 경우, 현장에서 연행될 수 있으니 유의해야 한다. 하와이에는 우리나라와 같은 과속 카메라는 없지만 경찰이 하이웨이 갓길에 숨어서 스피드 건으로 단속하는 경우가 적지 않다.

고속도로 진입 방법

한국에선 고속도로에 진입할 때 일단 섰다가 차가 뜸할 때 들어서지만 하와이의 고속도로는 속도를 크게 줄이거나 멈추지 않고 깜빡이를 켠 뒤 속도 조절을 하면서 눈치껏 비집고 들어가도록 되어 있는 곳이 많다. 별도로 진입 차선이 있고, 진입 후 곧 도로 차선과 병합되는지(하와이 고속도로 대부분), 아니면 별도의 진입 차선 없이 곧바로 고속도로로 들어가는지(한국 고속도로 대부분)는 진입하기 전에 있는 도로 사인을 통해 확인해야 한다.

소방차 · 구급차 · 경찰차

처음 하와이에서 운전할 때 멀리서 구급차가 달려오면 내 차와 함께 달리던 모든 차량이 일사분란하게 길을 열어주는 것을 보고 하와이 운전자들의 의식 수준은 놀랍구나 싶어진다. 이는 한편, 소방차나 구급차, 경찰차와 접속 사고가 발생할 경우 엄청난 액수의 벌금을 부과하는 하와이의 법률이 만든 문화이기도 하다. 여행자 역시, 소방차나 구급차, 경찰차가 사이렌을 울리고 다가오면 반드시 속도를 늦추고 지나갈 길을 만들어줘야 한다.

히치하이킹은 금물

영화에선 낭만적으로 보이기도 하지만 히치하

이킹을 하다가 사고로 이어지는 경우가 허다하다. 히치하이킹은 시도하지도, 히치하이커를 태우지도 않는 것이 안전하다.

렌터카가 고장 및 사고 대처 방법

사고가 발생했을 때, 보험에 가입되어 있지 않다면 렌터카 회사에 연락하고, 보험에 가입되어 있다면 가입한 보험 회사와 렌터카 회사에 연락을 취해야 한다. 에어컨이나 스테레오 시스템 같은 자동차 내부 문제가 있을 때는 렌터카 회사에 문제를 전달하고 해결을 요청하면 된다. 여행자 보험에 가입했다면 강도, 도난, 병원 치료나 입원 등을 했을 경우, 한국에 돌아와 보험금을 신청할 수 있으므로 관련 서류를 잘 보관해야 한다.

어린이 카시트 규정

만 7세 이하 어린이가 있다면 하와이 여행 내내 카시트 이용은 선택이 아니라 필수다. 만 4세 미만 어린이는 반드시 카시트를 이용해야 하며, 만 4~7세 어린이는 부스터 또는 카시트를 이용해야 한다. 또한 어린이는 조수석에 앉을 수 없고 뒷좌석에 앉아야 한다. 아무리 잠깐이라도 어른 없이 어린 아이만 차에 두고 내리는 것도 불법이다. 지나가는 누군가 보고 신고할 수도 있으며, 아이의 안전을 위해서라도 아이를 차에 혼자 두어서는 안 된다.

안전벨트 및 휴대폰 사용 규칙

앞뒤 좌석 모두 연령에 관계없이 안전벨트를 반드시 해야 한다. 운전 중 휴대전화는 손에 쥐고 사용할 수 없다.

경찰 단속에 걸린 경우

경찰이 사이렌을 울리고 따라온다면 속도를 늦추고 길 가장자리에 차를 세워야 한다. 과속, 신호위반, 정지 표지판 위반 등의 경우가 많다. 단속에 걸리면 경찰은 운전면허증과 자동차등록증, 보험증 세 가지를 요구하는데, 이때 국제운전면허증과 국내운전면허증, 렌터카에서 받은 서류와 보험증을 보여주어야 한다. 서류를 받은 경

찰은 경찰차로 돌아가 문서 조회를 한 후 돌아온다. 과태료 티켓을 경찰이 가지고 돌아오는 경우도 있고, 경고만 하고 돌려보내는 경우도 있다.

도난 사고에 유의할 것

차에서 내릴 땐 항상 가방이나 지갑, 카메라 등을 보이지 않는 곳, 이를테면 의자 밑이나 트렁크로 옮기는 것이 좋다. 특히 거리 주차를 했다거나 한밤중에 공용 주차장에 주차했을 땐 더욱 주의해야 한다. 동전 몇 개라도 그냥 두고 나오면 자동차 유리창을 깨고 훔쳐가는 사고에 노출될 수도 있다.

음주운전 관련 규정

음주운전은 엄격하게 금지되어 있다. 심지어 운행 중인 차 안에 개봉된 술을 소지하고 있는 것도 불법이다. 옆 사람이 마시고 있었다는 말도, 어제 마시다 남은 쓰레기라는 말도 절대 통하지 않는다. 슈퍼마켓에서 맥주나 와인 등을 사서 호텔로 이동한다면 트렁크에 넣어두어야 한다.

보행 신호기

사람이 많이 다니지 않는 횡단보도 중에는 횡단보도 초입에 있는 버튼을 눌러야 신호가 바뀌는 곳이 많다. 호놀룰루는 물론이고 와이키키, 라하이나 등 유동인구가 많은 곳에도 이렇게 버튼을 눌러야 녹색등이 켜지는 신호등이 꽤 있다. 신호등의 녹색등이 오래 켜지지 않는다 싶으면 횡단보도 앞에 버튼이 있는지 확인해 보아야 한다.

익혀두어야 할 교통 표지판

정지 신호 'STOP'

팔각형의 'STOP' 사인이 있는 곳에선 무조건 멈춰야 한다. 종종 사거리의 네 방향 모두에 'STOP' 사인이 있는 경우도 있는데 그럴 땐 사거리 에 도착한 순서대로 출발한다. 신호등이 없는 교차로에서 우리나라는 직진차가 우선이고 우회전, 좌회전 순인데 반해, 하와이에서는 교차로에 조금이라도 먼저 온 차가 먼저 지나가게 되어 있다. 애매한 경우에는 손짓으로 양보하는 것이 좋다.

양보 신호 'Yield'

말 그대로 '양보' 사인으로 인터체인지에 진입할 때나 고속도로를 나와 주요 도로에 진입할 때 볼 수 있다. 교차로 근방에 여러 방향으로 차가 움직일 경우, 이 표지판을 보는 운전자가 양보해야 한다는 의미로, 반드시 멈추어 설 필요는 없지만 먼저 진행하고 있는 자동차나 자전거, 오토바이, 보행자가 있을 경우 정지해야 함을 의미한다.

러시아워 관련 표지판

러시아워(보통 06:30~08:30, 15:00~18:00)에는 차선이 변경되기도 하고 일시적으로 좌회전이 금지되기도 한다. 도로에 무릎 높이의 원뿔 모양의 표지판이 세워져 있으면 그에

따라 차선이 변경되기도 하고, 좌회전이 일시적으로 금지되기도 한다.

정차 후 우회전 신호

정차 후 이동 차량이 없을 경우, 빨간 불에도 우회전이 가능하다. 별도의 표지판이 없는 경우, 빨간 신호는 'STOP' 사인으로 간주해 교차로에 3초 이상 서서 주행하는 차량이나 보행자가 없는지 확인한 다음, 천천히 우회전하면 된다. 교차로에서 파란 직진 신호등이 켜져 있다면 정차할 필요 없이 서행하며 우회전하면 된다. 물론 보행자가 있다면 양보해야 한다.

비보호 좌회전 신호

LEFT ON
GREEN
ARROW
ONLY

하와이에서는 비보호 좌회전이 가능하다. 단, 'LEFT TURN ONLY ON ARROW(좌회전 신호가 켜질 때만 좌회전 가능)' 표지판이 있을 때를 제외하고 가능하다. 차량이 많은 호놀룰루에서는 초록등에 가지 못했을 경우 일반적으로 노란등에 한두 대가 좌회전하는 것이 일반적이다. 그런데 가끔 신호위반 카메라가 지키고 있는 경우도 있고 반대편 차량이 양보하지 않을 수도 있으니 상황에 맞춰 적절히 대응해야 한다. 사고가 날 경우에는 대부분 비보호 좌회전 차량의 과실로 처리하기 때문에 더욱 주의를 기울여야 한다.

마일 마커 표지판

마일 마커는 어느 한 지점에서 특정 목적지까지의 거리를 표시해둔 표지판이다. 호놀룰루나 코나 같은 도시에서는 찾아보기 힘들고 마우이의 하나로 가는 길, 빅 아일랜드의 하와이 화산 국립공원처럼 한적한 지역에 많다. 인적이 드문 곳에는 표지판이 많지 않기 때문에 '마일 마커 3과 4 사이에 있습니다'라고 마일 마커를 이용해 길을 설명하는 경우가 많다. 마우이의 '하나로 가는 길(p.256)' 본문에 소개한 명소 역시 마일 마커를 이용해 표기했다.

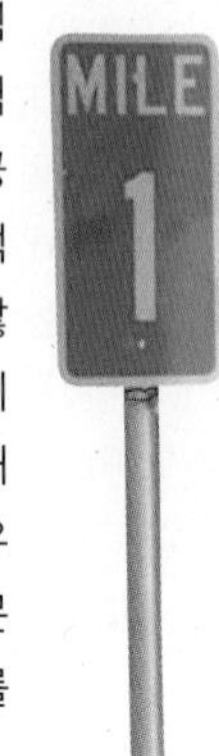

횡단보도 관련 운전 수칙

길을 건널 때는 반드시 횡단보도를 이용해야 한다. 하지만 보행자가 횡단보도를 이용하지 않을 때에도 운전자는 보행자의 안전을 최우선시해야 할 의무가 있다. 다시 말해 하와이에서는 무조건 보행자가 우선이다. 횡단보도가 아니라도 길을 건너려는 보행자가 있으면 일단 정지한다. 보행자도 차가 멈출 것이라고 생각하기 때문에 더욱 주의해야 한다.

견인지역 알림 표지판 'TOW AWAY ZONE'

'No Parking'이면 주차 금지라는 게 확실하지만, 간혹 'TOW AWAY ZONE'라는 표지판이 이를 대신하기도 한다. '견인지역'이라는 뜻이니 절대 주차하면 안 된다.

카풀 차선

오아후의 일부 고속도로에는 카풀 차선이 있다. 고속도로의 제일 안쪽 차선에 위치하며 한 차 안에 두 명 혹은 표지판에 명기된 인원 이상이 타고 있는 경우에만 이 차선을 달릴 수 있다. 지키지 않았을 경우, 벌금이 꽤 높은 편이므로 주의해야 한다.

스쿨버스가 앞에서 정차했을 경우

노란색에 검은 줄무늬의 스쿨버스는 하와이에서 운전하다 보면 아침과 오후에 심심치 않게 만나게 된다. 학생들을 태우고 내려주기 위해 스쿨버스가 정차하면 뒤따라가던 차들은 모두 일시정지해야 한다. 학생들이 오르내리느라 시간이 걸려도 안전을 위해 무조건 기다려야 하며, 'STOP' 표지판이 작동하고 있는 스쿨버스를 질러 운전하는 것은 불법이다.

하와이안처럼, 하와이 말 알아보기

하와이의 공용어는 영어지만 간단한 인사말이나 단어는 하와이 말로 할 때가 많다. 거리의 표지판이나 레스토랑의 메뉴판에서 생소한 단어가 보일 때는 다음의 단어장을 활용하시길. 하와이 사람처럼, 알로~하!

인사말

- **Aloha** [알로하] 안녕하세요(Hello와 같은 쓰임새), 사랑해요
- **Kokua** [코쿠아] 협조, 도움(Mahalo for your kokua, 협조해주셔서 고맙습니다
- **Ono** [오노] 맛있어요
- **Luau** [루아우] 하와이식 정찬
- **Mahalo** [마할로] 고맙습니다

사람을 가리키는 말

- **Haole** [하올레] 백인
- **Kamaaina** [카마아이나] 현지 주민(Kamaaina Discount, 하와이 현지 주민 할인 혜택)
- **Ohana** [오하나] 가족
- **Kane** [카네] 남자
- **Wahine** [와히네] 여자
- **Keiki** [케이키] 어린이

여행지에서 유용한 말

- **Honu** [호누] 하와이에 서식하는 녹색거북(green sea turtle)
- **Lanai** [라나이] 베란다
- **Mauka** [마우카] 산
- **Makai** [마카이] 바다
- **Mokulele** [모쿨렐레] 비행기
- **Wailele** [와일렐레] 폭포
- **Pali** [팔리] 절벽

아는 만큼 보이는 하와이 메뉴판

하와이 레스토랑의 메뉴판에 단골로 등장하는 하와이 식재료 아홉 가지.

- **Ahi** [아히]

참치. 제주도에 가면 전복을 먹고, 안면도에 가면 왕새우를 먹어야 하는 것처럼, 하와이에 가면 참치를 먹어야 한다. 참치는 하와이 근해에서 많이 잡히는 생선으로 하와이의 해산물 레스토랑치고 메뉴판에 아히가 없는 곳은 찾아보기 힘들다. 비교적 저렴한 가격에 매우 싱싱한 참치를 맛볼 수 있는 기회를 놓치지 말 것.

- **Edamame** [에다마메]

삶은 완두콩. 음식으로 먹고, 술안주, 간식으로도 즐기는 에다마메는 원래 일본인이 즐겨 먹었지만 이미 오래전에 하와이에도 뿌리내린 전 국민 간식이다. 참기름과 고춧가루, 마늘 등으로 양념을 만들어 버무려 먹기도 한다.

- **Mahimahi** [마히마히]

비교적 단단한 흰 살 생선으로 가장 대중적인 하와이 생선이다. 잘게 부순 마카다미아를 입혀 오븐에 굽는 요리법이 잘 어울린다.

- **Onaga** [오나가]

수심 1000피트(300m) 아래에서 잡히는 도미류 생선으로 많이 잡히지는 않아 도미 중에서도 고급에 속한다.

- **Opah** [오파]

날것으로도 먹고 쪄서도 먹는, 부드러운 질감이 최고인 흰 살 생선.

- **Opakapaka** [오파카파카]

역시 도미류 생선으로 수분이 많아 촉촉하다.

- **Poke** [포케]

생선회를 깍두기 크기로 잘라 간장, 파, 마늘 등 갖은 양념을 해서 버무린 음식. 주로 참치, 연어, 문어 등의 생선회를 사용하는데 포케의 지존은 역시 아히(참치)다.

- **Saimin** [사이민]

멸치 육수를 기본으로 하는 하와이식 국수로, 하와이 전역에서 맛볼 수 있다. 슈퍼마켓, 길거리에서 간단한 스낵을 판매하는 트럭, 맥도날드에서도 판다.

- **Taro** [타로]

하와이의 대표적인 식물. 이파리는 찌거나 삶아서 먹고(우리나라의 시래기와 맛이 비슷하다), 뿌리는 빻아서 보랏빛을 띠는 크림 형태의 포이*로 만들어 먹는다.

*포이 Poi: 밍밍한 맛이 특징이며 그 옛날 하와이 섬을 발견한 쿡 선장은 포이를 가리켜 '영 납득이 안 가는 음식'이라고 했다고 전해진다.

OAHU

하와이 여행의 중심
오아후

ABOUT OAHU

오아후는 어떤 곳일까?

하와이의 정치, 경제, 문화의 중심이라 할 수 있는 오아후(Oahu)는 하와이를 대표하는 섬이다. 오아후, 마우이와 빅아일랜드, 그리고 카우아이 순으로 많은 방문객의 발길이 이어진다. 오아후에는 하와이 국제공항이 위치해 있으며, 제2차 세계대전 당시 일본의 침략을 받은 진주만, 미국 유일의 왕궁인 이올라니 궁전 같이 역사적으로 큰 의미가 있는 명소도 여럿 있다. 여기에 와이키키 해변, 다이아몬드 헤드같이 하와이를 전 세계에 알린 관광 명소와 아름다운 자연이 있으며, 하와이에서 가장 많은 주민과 여행객이 머무는 섬이니만큼 다양한 쇼핑 공간과 레스토랑, 문화시설 등도 겸비하고 있다. 제주도보다 약간 작아 차로 섬 한 바퀴를 도는 데 세 시간이 채 걸리지 않지만, 곳곳에 숨어 있는 오아후의 매력을 충분히 만끽하려면 일주일은 잡아야 한다.

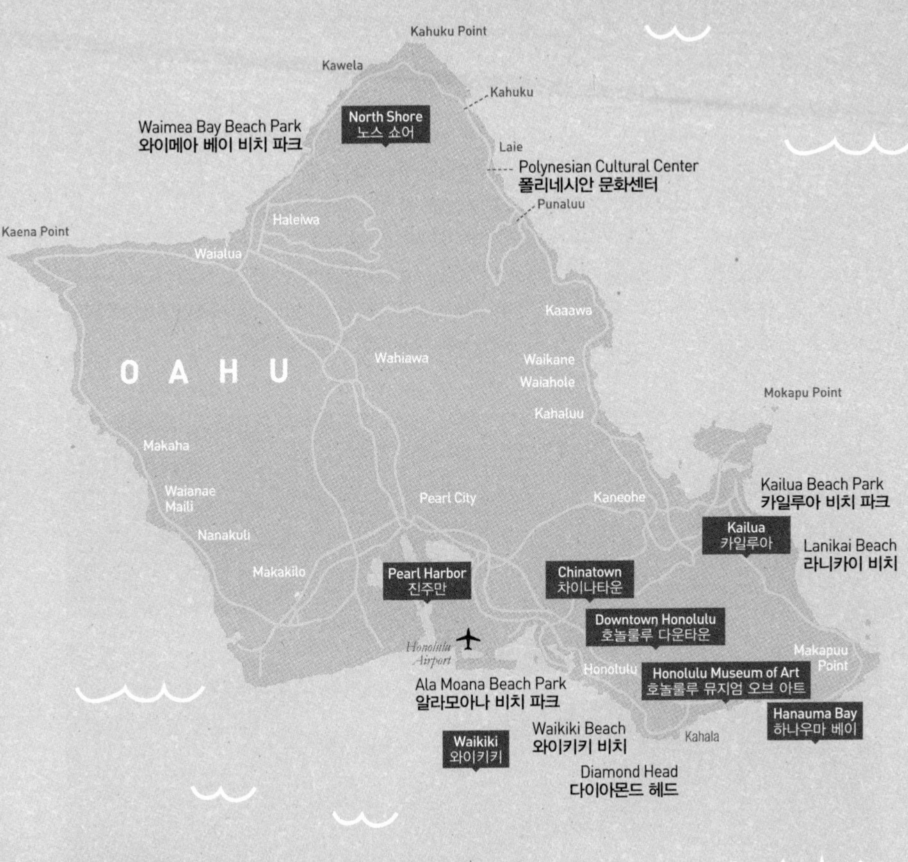

ALL ABOUT OAHU

별명 모이는 섬(Gathering Island), 대부분의 하와이 여행객이 일정 기간 오아후에 머물기 때문!

면적 약 600제곱마일(1550㎢). 제주도보다 약 16퍼센트 작다. 하와이 제도 중에서 빅아일랜드와 마우이 다음으로 크다.

인구 약 95만 명

주요 도시 호놀룰루(Honolulu)

오아후의 매력 다양한 이벤트와 맛집, 공연, 쇼핑

HOW TO GO TO OAHU

오아후 가는 방법

한국에서 출발하는 하와이행 비행기는 모두 최종 목적지에 관계없이 하와이에서 가장 큰 국제공항인 호놀룰루의 다니엘 K. 이노우에 국제공항(Daniel K. Inouye Airport)에 도착한다. 도착 후에는 공항 셔틀버스를 탑승하거나 도보를 이용해 터미널까지 이동한다. 터미널 입국 심사장에 있는 일반 여행객 창구 앞에 줄을 서 기다리다가 차례가 오면 창구에 여권, 항공권, 입출국 카드, 세관 신고서를 제출하고 심사를 받는다. 심사가 끝나면 짐을 찾아 공항 밖으로 나오면 된다.

마우이나 빅아일랜드, 카우아이 등 이웃섬으로 이동하기 위해 환승할 예정이라면, 바로 인터아일랜드 터미널(Interisland Terminal)로 이동한다. 인터아일랜드 터미널까지는 걸어서 약 10분이면 갈 수 있지만 호놀룰루 국제공항의 무료 셔틀버스인 '위키위키(Wiki-Wiki)'를 이용해도 된다.

TIP

하와이 각 섬의 공항에는 여행에 도움이 되는 각종 정보지가 진열되어 있습니다. 서핑 강습, 디너 크루즈, 잠수함 투어 등의 할인 쿠폰이 가득한 쿠폰북, 운전에 필요한 지도, 매주 발행되는 종합 문화 소식지 등을 종류별로 한 권씩 챙겨두세요. 쿠폰북으로는 〈This Week〉, 운전용 지도는 〈Weekly〉를 추천해요. 〈101 Things to do〉는 각 섬의 놀 거리와 즐길 거리 101가지를 모아둔 무료 정보지로 해변에 누워 가볍게 읽어보기 좋아요. 일본어로 된 무료 정보지 뒷장에 유용한 쿠폰이 있는 경우가 많아요.

호놀룰루 국제공항 1층(도착층)

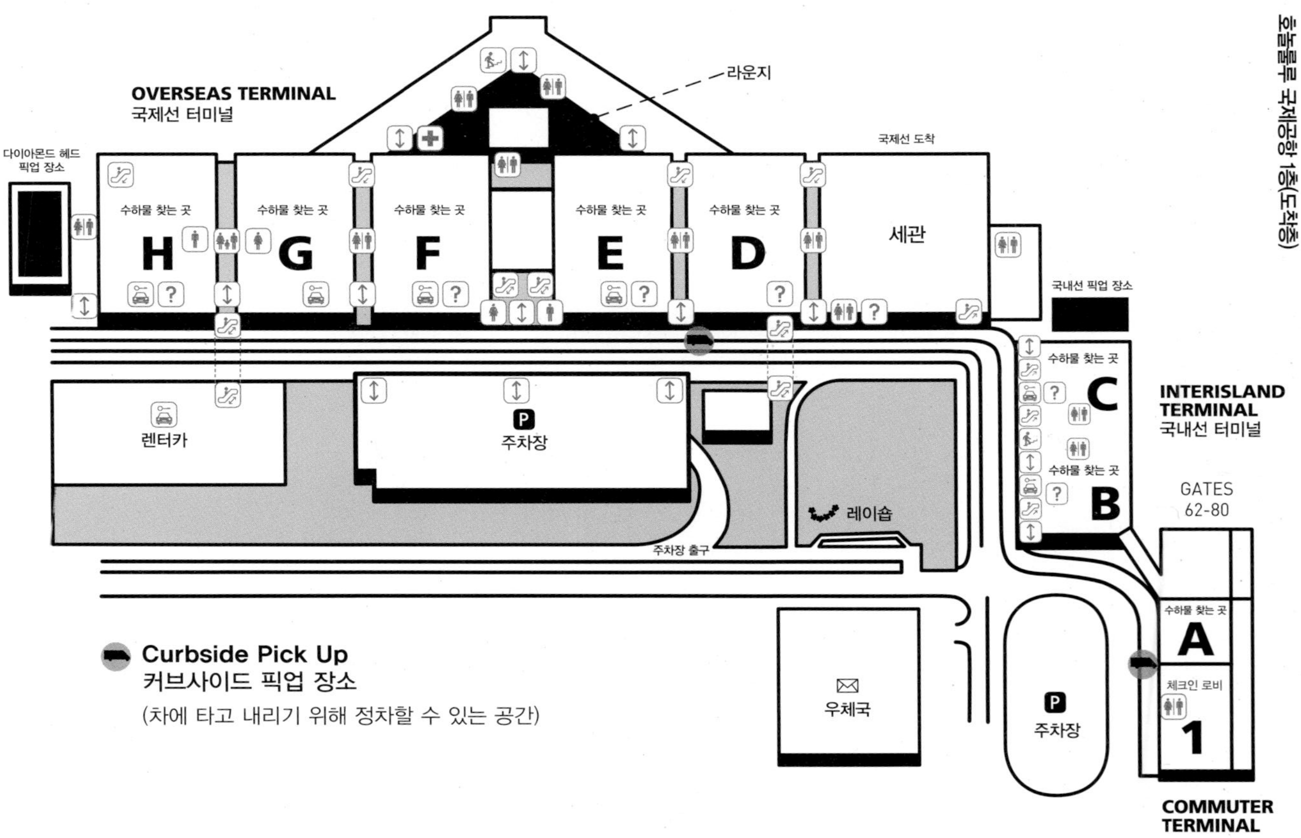

OVERSEAS TERMINAL
국제선 터미널
라운지
다이아몬드 헤드 픽업 장소
수하물 찾는 곳
H
G
F
E
D
국제선 도착
세관
국내선 픽업 장소
렌터카
P
주차장
레이숍
주차장 출구
C
B
INTERISLAND TERMINAL
국내선 터미널
GATES 62-80
A
체크인 로비
1
COMMUTER TERMINAL
우체국
Curbside Pick Up
커브사이드 픽업 장소
(차에 타고 내리기 위해 정차할 수 있는 공간)

렌터카

렌터카를 예약했다면 렌터카 셔틀버스를 타고 렌터카 사무실까지 이동해 예약 수속을 밟으면 된다. 주요 렌터카 회사 여섯 곳은 공항 내에 수속 접수처가 있으며, 그 외 다섯 곳의 렌터카 업체는 공항 밖에 위치한 사무실에서 수속을 진행해야 한다(하단 표 참조).

공항 내 수속 접수처가 있는 업체는 수속을 마친 후, 업체가 제공하는 셔틀버스를 타고(약 5분 소요) 공항 내 주차장으로 이동해 차를 픽업하면 된다. 반면, 접수처가 공항 밖에 있는 업체라면 이들 회사가 운행하는 공항-사무실 간 셔틀버스를 타고(보통 10~15분 정도 소요) 해당 사무실로 이동하여 수속을 진행한 후 그곳에서 렌터카를 인수하면 된다. 각 업체가 운영하는 셔틀버스 정류장은 짐을 찾고 공항 밖으로 나오면 보이는 도로 중간에 자리한 커브사이드(curbside)에 있다.

단, 공항 내에 상주하는 업체를 이용하여 차를 렌트할 경우 픽업 시간은 절약되지만 그만큼 가격이 높은 경우가 많다. 가능하면 공항 내에서 수속이 가능한 업체를 찾되, 비용 차이가 크다면 공항 밖에 사무실이 있는 렌터카 업체를 이용해도 크게 불편하지는 않을 것이다.

▶**렌터카 이용 시 유의할 사항은 p.72 참고**

버스

시내로 가는 가장 경제적인 방법은 호놀룰루의 대중교통인 '더 버스(The Bus)' 19, 20번을 타는 것이다. 거스름돈은 받을 수 없으므로 성인 1인당 2달러 50센트를 준비하도록 한다. 단, 승객 한 명당 1인용 의자 아래 들어갈 만한 크기의 짐 하나만 허용되기 때문에 짐이 많으면 이용할 수 없다. 또 버스는 정류장마다 정차하기 때문에 와

주요 렌터카 업체

렌터카 업체명	수속 위치 카운터	연락처
Advantage	공항 내 수하물 찾는 곳 (p.93 지도 G)	808-834-0461
Avis		808-834-5536
Budget		808-836-1700
Enterprise		808-836-2213
Hertz		808-831-3500
National		808-834-6350
A-1	공항 밖에 위치, 셔틀버스로 10~15분 소요	808-833-7575
Alamo		808-833-4585
Dollar		808-434-2226
JN Car & Truck Rentals		808-831-2724
Thrifty		808-283-0898

이키키까지 한 시간가량 소요된다.

호놀룰루 국제공항에서 와이키키로 향하는 첫 버스는 새벽 4시 55분(주말에는 새벽 5시 10분), 막차는 새벽 1시 22분(주말에는 1시 24분)에 있다. 두 개의 버스 정류장이 메인 터미널 위층에 있고, 이웃섬 연결 항공편이 출도착하는 인터아일랜드 터미널(Interisland Terminal) 2층에도 버스 정류장이 있다.

더 버스 전화 808-848-4500 홈피 www.thebus.org

공항 셔틀버스

하와이 주정부가 운영하는 공식 셔틀버스는 '스피디셔틀(Speedi Shuttle)'로 와이키키를 포함해 오아후 전역을 운행한다. 와이키키-호놀룰루 국제공항 구간 요금은 편도 약 16달러이며 1년 내내 공휴일 없이 24시간 운행한다. 와이키키 외 가격은 홈페이지에서 검색할 수 있다. 스피디셔틀 직원이 매일 오전 7시부터 밤 10시까지 수하물을 찾는 곳(baggage claim)에서 알로하 셔츠를 입고 스피디셔틀 사인을 들고 있으니 이용하고 싶다고 말하면 체크인을 도와준다. 반대로 셔틀을 이용해 공항으로 가려면 홈페이지나 전화로 픽업 예약을 해야 한다.

스피디셔틀
전화 877-242-5777 홈피 www.speedishuttle.com

택시

와이키키까지 택시를 탈 경우 25분 정도 소요되며, 요금은 약 30~35달러(팁 불포함)가 나온다. 택시 운전사의 팁은 전체 금액의 15퍼센트 내외면 적당하며 짐 하나당 35~50센트의 추가 요금을 산정하는 것이 보통이다. 공항 내로 들어오는 모든 택시에 대한 관리는 호놀룰루 시가 AMPCO라는 회사에 일임하고 있으며, 흥정 없이 정확히 미터제로 운행한다. 짐을 찾고 공항 밖으로 나오면 보이는 도로 중간에 'TAXI'라는 표지판이 있는 곳으로 이동하여 택시를 잡고 행선지를 말하면 된다. 와이키키에서 공항까지, 오후 3시 30분부터 5시까지는 정체가 심하므로, 평소보다 30분 정도 서둘러 나서야 한다.

한인 운영 택시

포니 택시
전화 808-944-8282

코아 택시 & 투어
전화 808-944-0000

공항에서 주요 목적지까지 요금 및 시간

목적지	요금	소요 시간
와이키키	30~35달러	25분 내외
호놀룰루 다운타운	25~30달러	20분 내외
카일루아(Kailua)	60~70달러	30분 내외
노스 쇼어(North Shore)	100~120달러	1시간 15분

SAVE MORE!

공항에서 와이키키까지, 그리고 공항으로 갈 때, 쿠폰으로 저렴하게 택시를 이용할 수 있어요. 택시 쿠폰은 와이키키 거리에서 흔히 볼 수 있는 무료 관광 잡지나 쿠폰북에서 찾을 수 있어요. 호텔에서 공항까지 특정 할인 요금으로 서비스를 한다고 써 있는 경우가 많습니다.

OAHU PUBLIC TRANSPORTATION

오아후의 대중교통

운전을 못하면 하와이를 제대로 보고 느낄 수 없을 거라는 생각, 틀리지 않다. 단, 오아후 섬은 예외다. 오아후는 대중교통이 훌륭하게 정비되어 있어 차 없이도 주요 명소와 해변을 알차게 둘러볼 수 있다. 이웃섬의 경우에도 대표 교통수단이 존재하는데, 노선이나 배차 간격이 아주 좋은 수준은 아니지만 고가인 투어 버스의 대안으로 고려해볼 만하다. 각 섬의 대중교통과 그 외 교통수단에 대해 자세히 알아본다.

더 버스 The Bus

오아후의 가장 대표적인 대중교통수단인 '더 버스'는 호놀룰루 시가 운영하며 미 교통국이 선정한 최고의 대중교통 시스템 상을 받았다. 광범위한 노선과 질 좋은 서비스를 제공하고 있어 현지인들을 비롯해 많은 여행자가 오아후를 여행할 때 이 버스를 이용한다. 특히 와이키키 주변은 정류장이 꽤 많고 배차 시간도 15분 미만으로 짧은 편이다. 호놀룰루에 가장 많은 정류장이 있고 그밖에 지역은 정류장이 많지 않다. 버스만으로 오아후를 여행한다면 미리 배차 시간과 간격을 확인해두는 것이 좋다. 홈페이지에서 버스 이동 경로를 검색하거나 구글 맵스(maps.google.com)를 활용하면 편리하다.

▶오아후 더 버스 노선도 맵북 p.12, 와이키키 더 버스 노선도 맵북 p.10

더 버스

요금 17세 이상 2.75달러, 6–17세 1.25달러, 5세 미만 무료 전화 808-848-4444(분실물 문의) 홈피 www.thebus.org

TIP

버스 탈 때 기억하세요!

- 더 버스는 지정된 정류장에만 정차한다. 노란색 더 버스 정류장 표기가 있는 곳에 서 있으면 된다.
- 거스름돈은 받지 못하므로 요금에 알맞은 잔돈을 미리 준비하도록 한다.
- 내릴 때는 좌석 상단에 전깃줄처럼 보이는 줄을 잡아당기면 된다.
- 환승은 1회에 한해 무료다. 환승을 하기 위해서는 처음 버스를 탈 때 운전기사에게 '환승 티켓(transfer ticket)'을 요청해야 한다.
- 휠체어나 유모차가 있는 경우에도 버스에 승차할 수 있다. 단, 유모차는 미리 접어놓아야 한다. 수하물은 22×14×9인치 이내인 것만 가지고 탈 수 있으며 여행용 짐 가방은 가지고 탑승할 수 없다.
- 더 버스를 자주 이용할 거라면 하루 동안 무제한 탑승이 가능한 원데이패스를 구입하도록 하자.

와이키키 트롤리 Waikiki Trolley

더 버스가 하와이 주민과 관광객 모두를 위한 대중교통 시스템이라면 와이키키 트롤리는 관광객을 대상으로 운행하는 사설 버스다. 더 버스에 비해 운임은 비싸지만 관광 명소 위주로 정차하기 때문에 훨씬 편리하게 오아후를 여행할 수 있다. 창문이 없는 데다 의자도 아예 도로를 향하고 있어서 거리를 구경하기도 좋다. 핑크, 레드, 그린, 블루, 보라 이렇게 다섯 노선을 운행한다. 핑크는 쇼핑, 레드는 역사 유적지, 그린은 와이키키 오아후 남부 관광을, 블루는 해안선을 따라, 그리고 보라는 진주만 방향으로 정차지가 정해져 있다.

트롤리 패스는 와이키키 트롤리 홈페이지 또는 와이키키 중심(Kalakaua와 seaside ave.가 만나는 지점)에 위치한 로열 하와이안 쇼핑센터(Royal Hawaiian Center)의 소비자 센터(Customer Center)나 그 건너편에 위치한 DFS 갤러리아 와이키키(DFS Galleria Waikiki)의 트롤리 티켓 오피스에서 구입할 수 있다. 와이키키 트롤리 홈페이지에서 구매하면 20퍼센트 할인 혜택을 받을 수 있다.

와이키키 트롤리

전화 808-593-2822, 808-926-7604(분실물 문의) 홈피 www.waikikitrolley.com

TIP

트롤리 탈 때 기억하세요!

- 4일이나 7일 패스는 연속된 날짜에 사용하지 않아도 된다.
- 유모차는 접은 채로 가지고 탈 수 있다.
- 트롤리를 주요 교통수단으로 이용한다면, 트롤리 홈페이지(www.waikikitrolley.com)에서 맵 가이드(Map Guide)를 참고하도록 하자.

렌탈 자전거, 비키 Biki

2017년 6월에 런칭한 비키는 자전거 공유 서비스로 와이키키에서 호놀룰루 다운타운까지, 총 천여 대가 넘는 자전거가 130여 곳의 자전거 거치대에 설치돼 있다. 원하는 거치대에서 신용카드를 이용해 비용을 지불하면 고유 번호가 주어지고 이 번호를 자전거 데크에 입력하면 된다. 자전거 반환은 어떤 거치대에 해도 무방하다. 홈페이지(www.gobiki.org) 또는 앱을 통해 자전거 스탠드 별 이용 가능한 자전거 수를 실시간으로 확인할 수 있다. 요금은 기본 30분에 3달러 50센트. 오래 이용하려면 총 300분을 이용할 수 있는 플랜(20달러)이 유리하다.

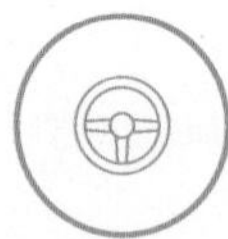

DRIVING AROUND OAHU

오아후에서 운전하기

하와이에서의 운전이 한국에 비해 쉬운 것이 사실이지만 하와이 섬 중 유동인구와 차량이 가장 많은 오아후에서는 주의를 기울일 필요가 있다. 다른 섬에 비해 도로도 복잡하고 교통 표지판도 다양한 오아후에서 운전할 때 반드시 알아야 할 것들을 정리했다.

주요 하이웨이 알아두기

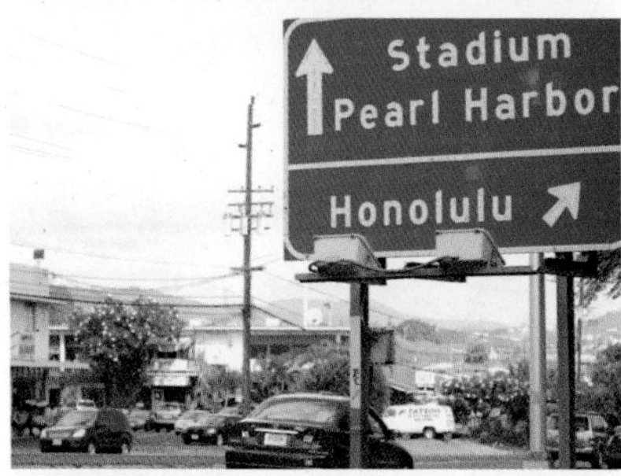

오아후를 일주하려면 하이웨이(highway, freeway라고도 하며 우리나라의 고속도로와 같다)를 이용해야 한다. 오아후의 주요 하이웨이를 살펴보면, 현재 지점에서 섬 동쪽 방면으로 갈 때 이용하는 H-1 이스트(H-1 East), 서쪽으로 이동할 때 이용하는 H-1 웨스트(H-1 West), 진주만에서 시작되는 H-3가 있다. 호놀룰루에서 섬 북부까지는 H-1 웨스트, H-2를 타고 섬을 가로질러 올라가거나, H-1 이스트를 타고 하나우마 베이를 거쳐 돌아 올라가는 방법이 있다.

오아후 동쪽의 카일루아(Kailua)나 카네오헤(Kaneohe)까지는 H-1 이스트를 타면 되지만 팔리 하이웨이(Pali Hwy, 61번 하이웨이)를 타는 게 더 빠르다. 진주만에서 시작되는 H-3를 타도 카일루아나 카네오헤에 갈 수 있다. 섬 서쪽은 패링턴 하이웨이(Farrington Hwy, 93번 하이웨이)로 이어지는데, 섬 서쪽에는 동쪽이나 북쪽에 비해 명소로 알려진 곳은 많지 않다.

▶맵북 p.2~3 참조

와이키키에서 주요 목적지까지 소요 시간

주요 목적지	거리(mile)	소요 시간
호놀룰루 국제공항	9	20분
하나우마 베이	11	25분
진주만	12	30분
폴리네시안 문화센터	34	60분
호놀룰루 도심	4	13분
돌 파인애플 농장	18	40분
노스 쇼어의 해변	37	65분

가변 차선에 유의할 것

차량 이동이 많은 이른바 러시아워 시간에는 운전할 때 주의를 기울여야 한다. 오전 6시 30분

~8시 30분, 오후 3시 30분~6시 전후에는 임시로 차선이 변경되기도 하고 일시적으로 좌회전이 금지되기도 한다. 러시아워가 되면 교통청에서 나와 주요 도로를 돌며 차선 변경을 알리는 원뿔 모양의 표지판을 설치한다. 이 표지판이 줄지어 서 있으면 도로가 임시적으로 확장 혹은 축소된 것이므로 주변을 잘 살펴가며 운전해야 한다.

일방통행로 안내

카피올라니 스트리트(Kapiolani St.), 킹 스트리트(King St.), 베레타니아 스트리트(Beretania St.) 등 호놀룰루의 주요 도로 중 상당수가 일방통행이다. 와이키키의 주요 도로인 칼라카우아 애비뉴(Kalakaua Ave.)도 마찬가지이고 골목길 중에도 일방통행(One Way)인 곳이 많기 때문에 진입 전에 반드시 일방통행 여부를 확인해야 한다. 'WRONG WAY' 표지판이 나타나면 일방통행인 것을 모르고 진행했다는 뜻이고, 'DEAD END' 표지판은 도로의 끝이므로 더 이상 운전할 수 없음을 뜻한다. 따라서 'WRONG WAY'나 'DEAD END' 표지판이 보이면 즉시 차를 돌려 나가야 한다.

주차 불가 지역

주차 금지 표지판이 설치되어 있지 않은 도로에는 주차할 수 있다고 봐도 된다. 주택가라도 남의 집 앞에 주차하는 것은 문제가 없지만 각 주

택의 차고에서 차가 나오는 길(driveway)은 일부라도 절대 막아서는 안 된다.

와이키키는 어디라도 주차 요금이 비싸기 때문에 거리 주차를 노리는 사람들이 많다. 거리 주차가 가능한 곳은 하얀 실선으로 바닥에 표기가 되어 있으며 실선 안에 주차를 해야 한다.

도로변 인도에 빨간 페인트가 칠해져 있으면 주정차 금지구역이며, 노란 페인트가 칠해져 있는 곳도 화물차가 짐을 싣고 내리는 동안 차를 잠시 멈출 수 있는 곳으로 일반 차량은 주차할 수 없다. 또 길가에 'NO STOPPING'이나 'NO PARKING'이라고 적힌 표지판이 있는 구간 역시 주차할 수 없다. 교차로의 'STOP' 표지판 바로 앞이나 뒤에 주차할 경우, 통행 차량의 진로를 방해하는 것이므로 문제가 될 수 있다.

주차안내판 꼼꼼히 읽기

호놀룰루는 하와이 도시 중 가장 인구 밀도가 높기 때문에 상대적으로 주차 공간이 많지 않아 거리 주차가 보편화되어 있다. 거리 주차 시 돈을 내야 하는 곳에는 차량 한 대당 주차요금계산기 한 대가 설치되어 있고, 주차가 가능한 지점에 주차안내판이 설치되어 있다. 거리 주차를 할 때는 반드시 이 주차안내판을 꼼꼼하게 읽어야 한다. 미국인 가운데도 주차안내판을 잘 읽지 않아 주차 위반 범칙금을 무는 경우가 허다하다. 또 의사가 발급하는 장애인 주차카드 없이는 절대 장애인 주차 공간에 주차할 수 없다. 매너 차원이 아니라 법으로 엄격하게 규정하고 있어서 잘못하면 벌금 물고 비양심적인 인간으로 오인받는 수가 있다.

❶ 주중 오후 3시 30분~6시 30분 사이에 주차시 견인
❷ 토요일과 일요일, 주 공휴일 제외
❸ 월~금요일 오전 7시~오후 3시 30분, 토요일은 오전 7시~오후 6시까지 최대 1시간 주차 가능(평일 오후 3시 31분부터 다음 날 오전 6시 59분 사이, 토요일은 6시 1분부터 월요일 오전 6시 59분까지는 시간제한 없이 주차할 수 있음)
❹ 일요일, 주 공휴일은 제외

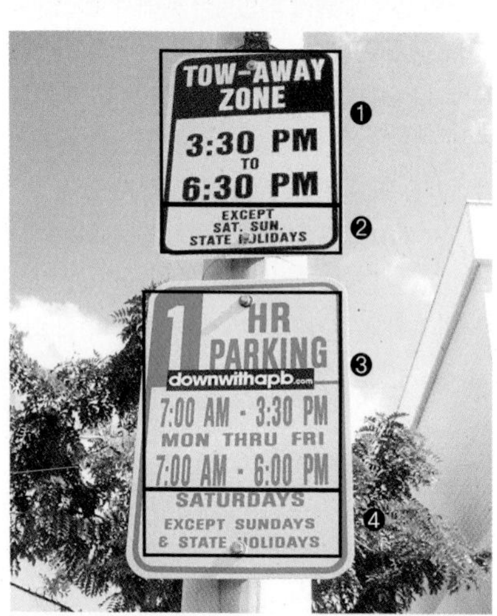

주차요금계산기 이용하기

거리 주차를 하는 곳에는 차량 한 대당 주차요금계산기 한 대가 설치되어 있다. 주차안내판을 잘 읽어보고 주차가 가능한 시간이 확실하다면 주차요금계산기에 동전을 넣으면 된다. 거리마다 요금은 제각각이고 주차 가능한 시간(보통 러시아워 때는 안 되는 곳이 많고, 도로 청소를 위해 일주일에 한 번쯤 아예 주차를 할 수 없도록 하는 곳도 많다), 최대 주차시간(보통 1~3시간), 무료 이용시간(보통 새벽 6~7시 전과 오후 6~7시 이후) 등이 모두 다르기 때문에 주차안내판을 꼼꼼히 살펴봐야 한다. 잠깐이니 괜찮겠지 하고 돈을 지불하지 않고 주차를 했다가는 수시로 돌아다니는 주차요원에게 적발돼 견인되거나 주차 위반 범칙금을 물어야 하는 사태가 발생할 수 있다.

❶ 이곳에 동전을 넣는다. 거리 주차 요금은 어떤 '거리'에 있느냐에 따라 10분에 25센트부터 1시간에 25센트까지 모두 제각각이다. 주차요금계산기 바로 아래에 보통 요금이 기입돼 있다.
❷ 동전을 넣으면 주차요금계산기 화면에 시간이 표기된다. 한 가지 주의할 것은 제한 시간을 초과하면 동전을 넣어도 시간이 표기되지 않는다는 것이다. 가령 제한 시간이 1시간이고 20분당 25센트일 경우, 25센트짜리 4개를 넣으면 1시간이 채워지기 때문에 그 다음에는 동전을 더 넣어도 시간은 1시간으로 표기된다. 1시간 이상 주차하고 싶다면 시간이 지나길 기다렸다 주차요금계산기의 시간이 만료되기 전에 필요한 시간만큼 동전을 추가로 넣으면 된다. 이때도 최대 주차 시간까지만 동전을 넣을 수 있다.

스쿠터 타고 **섬 한 바퀴**

하와이에서 '모펫(Moped)'이라 불리는 스쿠터는 하와이 주법상 고속도로 진입이 금지되어 있어 국도를 이용해야 한다. 그렇기 때문에 스쿠터로 오아후를 일주하는 여행은 다소 무리가 있다. 다만 평소 스쿠터를 즐긴다면 하루 이틀 정도 스쿠터를 빌려 오아후 일부 구간을 둘러보는 이색 경험을 시도해볼 수는 있다.

스쿠터는 와이키키의 쿠히오 애비뉴(Kuhio Ave.)에 있는 많은 대여업체에서 빌릴 수 있으며, 대부분 50cc 이하 스쿠터를 취급한다. 50cc 이하 스쿠터는 국제면허증을 포함한 일반 자동차 면허증만 있으면 운전할 수 있지만 50cc 이상은 별도의 모터사이클 면허증이 있어야 한다. 스쿠터 대여 비용은 기종에 따라 하루 20달러에서 200달러까지 다양하며, 반나절만 빌릴 수 있는 곳도 있다.

가장 유명한 코스이면서 가장 많은 스쿠터 운전자가 선택하는 코스는 와이키키를 시작으로 다이아몬드 헤드 쪽으로 난 72번 국도(맵북 p.3 참조)를 따라 하나우마 베이를 지나 카일루아까지 이어지는 길이다. 새벽에 출발하면 하루 안에 섬 한 바퀴를 도는 것도 가능하며, 여유 있게 즐기고 싶다면 와이키키에서 하나우마 베이까지만 갔다 오는 것도 좋다.

스쿠터 여행은 자동차 여행이나 도보 여행으로는 경험하기 힘든 희열을 맛보게 해준다. 하지만 스쿠터는 국도에서 자동차와 함께 달려야 하기 때문에 안전에 각별히 주의해야 한다. 운전법을 숙지했을 때가 아니라 스쿠터 운전이 자유자재로 가능한 실력을 갖추었을 때 스쿠터 여행을 시도하는 것이 현명하다. 헬멧 착용은 기본이고, 옷도 가능하면 형광 계열의 밝은색으로 고를 것. 내비게이션 기능을 하는 지도 앱을 갖춘 스마트폰을 휴대하고 있다 하더라도 외진 곳에 가면 휴대전화나 인터넷의 사용이 불가능한 경우도 많기 때문에 종이 지도도 챙기는 것이 좋다.

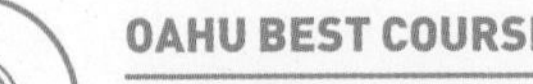

오아후 베스트 여행 코스

옵션 1 환상의 섬 오아후를 알차게 즐기는 일주일 코스

첫날은 와이키키에서

11:00 호놀룰루 국제공항 도착

12:00 숙소 도착 후 잠시 휴식

TIP 체크인은 보통 3시경이다. 얼리 체크인이 안 된다면 숙소에 짐을 맡기고 와이키키 시내 투어를 한다.

12:30 와이키키 비치(p.108)로 출발! 점심을 먹은 후, 해변에서 따뜻한 햇살을 즐기다 칼라카우아 애비뉴 걷기

15:00 와이키키에서 가까운 알라모아나 비치 파크(p.127)로 이동

18:00 할레쿨라니 호텔(p.219)의 야외 바에서 칵테일 한 잔과 함께 훌라 댄스, 낭만적인 일몰 즐기기

DAY 2

오아후 섬 동부

07:00 숙소 출발

TIP 슈퍼마켓에 들러 점심으로 먹을 간단한 먹을거리를 준비한다.

08:00 하나우마 베이(p.110)에서 스노클링

12:00 점심식사

14:00 뵤도인 사원(p.142) 또는 호오말루히아 식물원(p.140) 산책하기

16:00 카일루아 비치 파크(p.128) 또는 라니카이 비치(p.129)에서 일광욕과 수영을 즐기며 여유 있게 하루를 마무리

서핑 및 피크닉

08:00 파머스 마켓(p.201)에서 싱싱한 채소와 과일 구입

TIP 파머스 마켓에서 아침식사를 하거나 구입한 채소와 과일로 건강식을 즐겨도 좋다.

09:30 파도 상태가 좋다면 서핑(p.147)을, 그렇지 않다면 다이아몬드 헤드(p.130) 또는 마노아 트레일 하이킹(p.158)

12:00 점심식사

14:00 하와이 최대 쇼핑몰, 알라모아나 센터에서 쇼핑

18:00 저녁식사

호놀룰루 다운타운

08:00 숙소 출발, 호놀룰루 다운타운(p.122)으로 이동. 호놀룰루 주요 명소 둘러보기
12:00 호놀룰루 뮤지엄 오브 아트(p.132)내 레스토랑에서 점심식사
13:30 미술관의 고대 하와이의 전통 유산 감상
16:00 와이키키로 돌아와 칵테일 크루즈 또는 고래 관람 투어(p.160)

TIP 시간 여유가 있다면 코올리나 리조트의 라군(p.129)에서 해 질 무렵 수영을 즐기다 리조트 내 레스토랑에서 식사를 하는 것도 좋다.

DAY 5

오아후 섬 북부

07:00 섬 일주하는 날. 호놀룰루를 벗어나기 전 연료 탱크를 채우고 폴리네시안 문화센터(p.117)로 이동

TIP 하루 정도는 차를 렌털해 섬을 일주하는 것도 좋다.

09:00 태평양의 섬을 대표하는 빌리지를 둘러보며 고대 하와이 문화 엿보기 또는 북부 해변을 돌며 해안 드라이브 즐기기. 수영이 하고 싶다면 와이메아 베이 비치 파크(p.127)로 이동
12:30 노스 쇼어의 유명 새우 트럭(p.118)에서 점심식사
13:30 할레이바(p.115) 또는 터틀 베이 리조트(p.225)로 이동. 시원한 맥주 한잔과 함께 섬 북부의 평온한 일상 즐기기

TIP 농장은 5시에 문을 닫기 때문에 하루 종일 섬 북부에 있을 예정이라면 섬 북부로 가는 길에 들러야 한다.

15:00 돌 파인애플 농장(p.141)에서 신선한 하와이 파인애플 맛보기

DAY 6

진주만 관람 및 아울렛 쇼핑

08:00 진주만(p.120)으로 출발
11:00 진주만에서 호놀룰루 쪽으로 향하다 와이켈레 아울렛(p.187)에 들러 쇼핑 즐기기 또는 비숍 뮤지엄(p.142)에서 하와이 고대 문화유산 감상
16:00 호놀룰루로 돌아와 워드 센터(p.188)를 둘러보고, 미리 예약해둔 호놀룰루의 맛집에서 저녁식사
18:00 카할라 리조트의 플루메리아 하우스에서 칵테일 한잔, 밤하늘을 바라보며 하와이에서의 마지막 밤 즐기기

마지막 날은 바닷가에서

09:00 치즈케이크 팩토리(p.208), 카할라 리조트의 호쿠스(p.210), 할레쿨라니 호텔 등 아침식사로 유명한 레스토랑에서 하와이에서의 마지막 식사를 즐긴 후 와이키키 비치에서 시간을 보내다 공항으로 이동

옵션 2 어린 자녀가 있는 가족을 위한 일주일 코스

DAY 1 첫날은 와이키키에서

11:00 호놀룰루 국제공항 도착
12:00 숙소 도착 후 잠시 휴식
12:30 와이키키 비치(p.108)로 출발! 점심을 먹은 후, 해변에서 수영하기
16:00 화요일이나 목요일에 도착했다면 와이키키의 로열 하와이안 센터에서 진행하는 무료 훌라 강습받기(p.171)
18:00 시간과 체력이 허락한다면 라니카이 비치(p.129)로 이동, 낭만적인 일몰 즐기기

DAY 2 오아후 섬 동부

08:00 아침 일찍 일어나 하나우마 베이(p.110)로 이동

TIP 슈퍼마켓에 들러 점심으로 먹을 간단한 먹을거리를 준비한다.

14:00 반나절 스노클링을 즐긴 후, 오후에는 하나우마 베이에서 10분 거리에 위치한 시 라이프 파크(p.113)에서 돌고래 쇼 관람

DAY 3 오아후 섬 동부

09:00 돌고래와 수영하기(p.154) 또는 카약 투어(p.152)를 통해 바다로 이동
14:00 카일루아 비치 파크(p.128)에서 수영과 일광욕 즐기기
16:00 숙소로 돌아가는 길에 뵤도인 사원(p.142) 또는 호오말루히아 식물원(p.140) 방문하기

DAY 4 호놀룰루 다운타운 & 피크닉

09:00 마노아 트레일 하이킹(p.158)
11:30 호놀룰루 다운타운(p.122)에서 역사적인 호놀룰루 명소 둘러보기

TIP 자녀의 나이가 10세 이하라면 역사적인 호놀룰루 명소 대신 디스커버리 센터(p.143)에서 반나절을 보낸다.

17:00 저녁식사

TIP 호놀룰루의 테이크아웃 맛집(p.214)에 들러 저녁거리를 마련한 후 알라모아나 비치 파크(p.127)에서 피크닉을 즐긴다.

동물원 및 물놀이

09:00 호놀룰루 동물원(p.109) 또는 와이키키 수족관(p.109) 둘러보기
14:00 칵테일 크루즈 또는 고래 관람 투어(p.160)

TIP 자녀의 나이가 10세 이상이라면 진주만에, 나이가 어리다면 웻 앤 와일드 워터파크(p.144)에서 물놀이를 즐겨도 좋다.

오아후 섬 북부

08:00 섬 북부로 출발

TIP 오아후의 주요 명소는 대중교통으로도 둘러볼 수 있지만 하루 정도는 차를 렌털해 섬을 일주하는 것도 좋다.

10:00 폴리네시안 문화센터(p.117)에서 태평양의 섬을 대표하는 빌리지를 둘러보며 고대 하와이 문화 엿보기
14:00 돌 파인애플 농장(p.141)에서 신선한 하와이 파인애플 맛보기
16:00 와이메아 밸리(p.117)에서 자연과 함께 호흡하는 시간 갖기. 섬 북부에서 수영을 하고 싶다면 와이메아 베이 비치 파크(p.127)로 이동

DAY
7

마지막 날은 바닷가에서

09:00 치즈케이크 팩토리(p.208), 카할라 리조트의 호쿠스(p.210), 할레쿨라니 호텔 등 아침식사로 유명한 레스토랑에서 하와이에서의 마지막 식사를 즐긴 후 와이키키 비치에서 시간을 보내다 공항으로 이동

TIP 예산에 여유가 있다면 카할라 리조트의 호쿠스에서 마지막 아침식사를 즐긴 후, 리조트 내 라군에서 돌고래를 만나는 것도 좋다.

TIP

• 와이키키는 누가 뭐래도 오아후 관광의 중심지로, 전체 오아후 숙소의 80퍼센트 가량이 집중 포진되어 있지요. 하지만 활기 넘치는 와이키키는 아무래도 고요한 휴가와는 거리가 멀어요. 좀 더 조용하고 평화로운 안식처가 필요하다 느껴지면 일정 중 일부는 와이키키가 아닌 다른 곳에서 보내는 것도 생각해볼 만해요. 하지만 렌터카가 아닌 대중교통을 이용한다면 와이키키에 머무는 것이 이상적입니다.
• 오아후에 머물면서 이웃섬을 방문하고 싶다면 하와이 도착 직후에 바로 이동하는 것이 좋습니다. 또 섬 크기가 작아 이동에 드는 시간이 적은 카우아이, 마우이가 빅아일랜드보다는 당일 여행에 적합합니다. 일정 중 이웃섬에 방문하고자 한다면 '후회 없는 일정 짜기(p.62)'를 참고하세요.

오아후에서 꼭 가볼 명소 BEST 9

눈부신 와이키키 비치, 영화에서 본 진주만,
하와이 엽서에 꼭 들어가는 하나우마 베이 등 세계적인 하와이의 대표 명소.

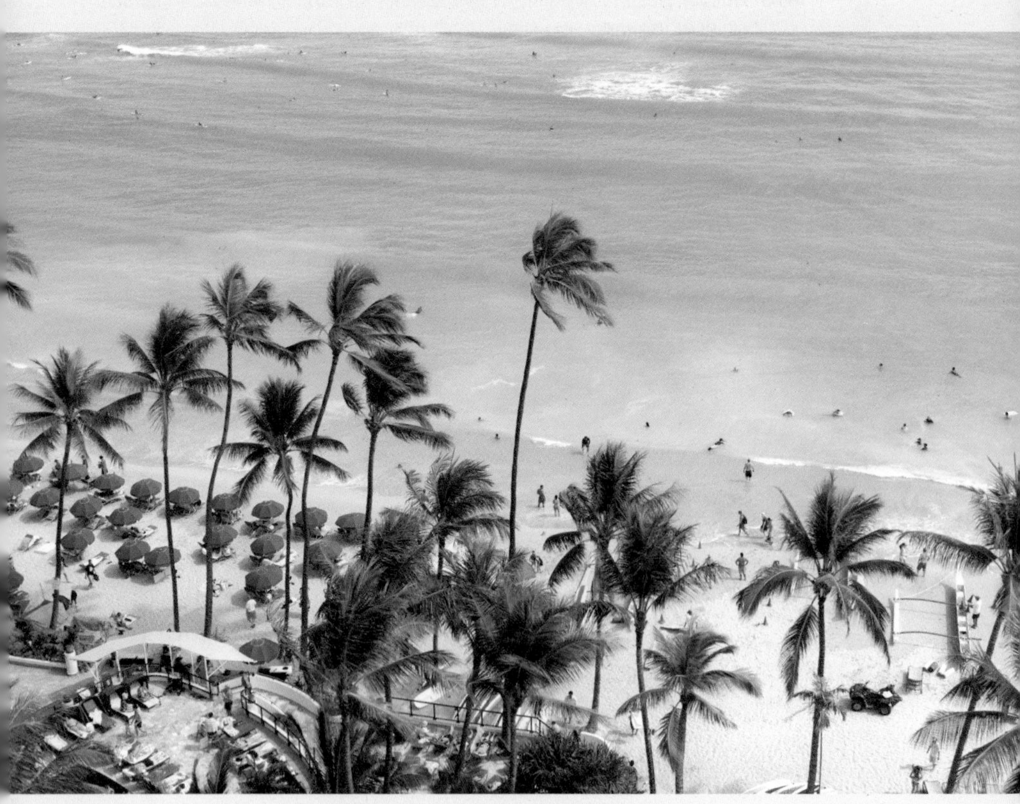

01

세계인이 인정하는 자유와 낭만의 거리

와이키키 *Waikiki*

매년 하와이를 찾는 약 700만 명의 관광객 대부분은 하와이에 도착한 즉시 와이키키로 향한다. 와이키키는 정확히는 해변 이름이지만 해변 주변으로 세계 최고의 부티크와 호텔, 쇼핑 센터, 레스토랑과 바가 도미노처럼 맞붙어 있어 해변이 아닌 지역 전체를 일컫는 말로 쓰인다. 와이키키에서는 쇼핑도 하고, 사진도 찍고, 거닐다 지치면 바로 옆 모래사장으로 달려가 일광욕을 즐기다 바다에 들어가 수영을 하고, 배가 고프면 다시 거리로 나와 식도락을 즐길 수 있다. 이곳을 찾는 일본인 여성 가운데는 주말을 이용해 와이키키에서만 머물다 돌아가는 이들도 많다고 한다. 왜 아니겠는가. 할 수만 있다면 누가 마다할 것인가!

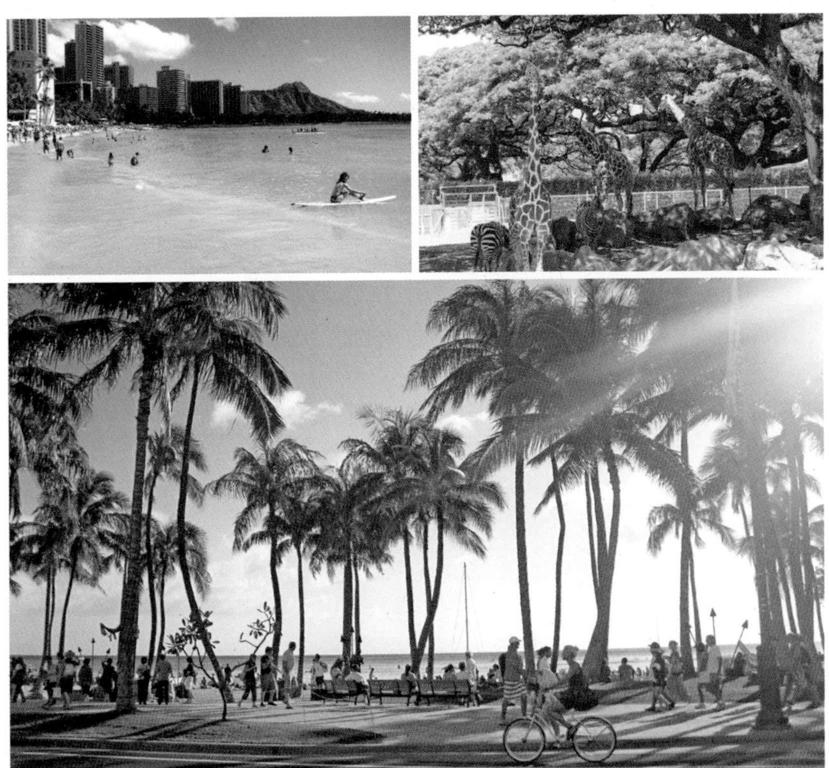

와이키키 비치 Waikiki Beach

와이키키 비치는 퀸즈 서프 비치(Queen's Surf Beach), 쿠히오 비치(Kuhio Beach) 등 와이키키 지역에 흩어져 있는 열 개가 넘는 해변을 통칭하는 말이다. 다시 말해 하나로 이어진 비치를 블록별로 나눠 이름을 붙인 것으로 굳이 이름을 알아둘 필요는 없다. 모든 와이키키 비치는 은가루처럼 고운 모래와 긴 일조량, 거대한 분화구 다이아몬드 헤드와 야자수로 둘러싸인 풍광을 자랑한다. 물살이 강하지 않고 바다 바닥의 경사가 완만해 어린 아이나 수영 초보자도 마음 놓고 물놀이를 즐길 수 있으며, 365일 안전요원들의 수호를 받고 있다는 점도 와이키키를 세계적인 해변으로 만든 요인 중 하나다.

교통 와이키키 트롤리 전 노선이 Kalakaua Ave.를 따라 있는 다수의 정류장에 하차한다. 더 버스는 Kuhio Ave.를 따라 8, 19, 20, 22, 23, 42번 운행 주소 Kalakaua Ave. & Kaiulani Ave. Honolulu 지도 맵북 p.3 Ⓚ

TIP

와이키키 비치를 따라 나 있는 칼라카우아 애비뉴(Kalakaua Ave.)는 하와이에서 가장 분주한 거리입니다. 수많은 호텔과 레스토랑, 바, 명품 부티크, 빈티지 옷집, 수공예 액세서리 가게가 늘어서 있습니다. 대부분의 상점은 오전 8시 이후에 문을 열어 밤 10시 전후까지 영업해요. 와이키키 쇼핑 관련 정보는 p.184 참조.

카피올라니 공원 Kapiolani Park

1877년, 하와이 최초의 공원으로 지정된 곳으로 와이키키의 동쪽 끝에 위치한다(와이키키 지도를 펼쳤을 때 오른쪽 끝은 카피올라니 공원, 왼쪽 끝은 힐튼 하와이안 빌리지다). 카피올라니 공원에는 해변은 물론 호놀룰루 동물원과 와이키키 수족관, 조깅 코스, 테니스장이 있으며 주민을 위한 큰 공터가 있어서 주말마다 갖가지 축제가 열린다. 하와이에 거주하는 한국인이 주축이 되어 열리는 코리언 페스티벌과 일본인의 재팬 페스티벌이 이곳에서 열리며 매년 12월, 3만여 명의 세계인이 참가하는 호놀룰루 마라톤(p.165)의 결승점도 카피올라니 공원에 마련한다.

교통 더 버스 2, 8, 13, 20, 23번(Waikiki Beach&Hotels 방면). 와이키키에서는 어디서든 걸어서 최대 15분 정도면 닿을 수 있다 주소 3840 Paki Ave. Honolulu 요금 무료 전화 808-971-2504 홈피 www1.honolulu.gov/parks 지도 맵북 p.3 Ⓚ

TIP

카피올라니 공원은 시에서 운영하며 문을 여닫는 시간이 정해져 있지 않지만 밤에는 노숙자나 취객도 많이 보입니다. 밤 시간에는 인적이 드문 공원 안으로 들어가지 마세요.

호놀룰루 동물원 Honolulu Zoo

미국 대도시 어디나 하나쯤 있음직한 규모에, 많지도 적지도 않은 동물을 보유하고 있는 소규모 동물원으로 다음 두 가지 경우라면 방문을 추천한다. 첫째, 어린이를 동반한 가족 여행객이라면. 기린과 하마, 사자, 뱀, 하와이 새 등 동화책에 나오는 동물이 다 있다. 특히 염소 가족을 만나서 직접 쓰다듬을 수 있는 페팅 주(Petting Zoo) 코너는 아이들이 무척 좋아하는 곳이다. 둘째, 관람객이 많은 7월과 8월, 12월과 1월에는 매주 한 번 동물원 음악회가 열린다. 맑은 하와이 하늘 아래 평화로운 하와이 음악을 들으며 도시락을 먹는 행복이란 말로 표현할 수 없다. 자세한 음악회 정보는 홈페이지를 참고할 것.

교통 더 버스 8, 19, 20, 22, 23, 42번(Waikiki Beach & Hotels 방면) 타고 Honolulu Zoo 하차. 단, 와이키키에 머문다면 걸어서 10~20분이면 갈 수 있다. 주소 151 Kapahulu Ave. Honolulu 오픈 09:00~16:30 휴무 크리스마스 요금 어른 19달러, 만 3-12세 11달러, 만 2세 이하 무료 전화 808-971-7171 홈피 www.honoluluzoo.org 지도 맵북 p.3 Ⓚ

SAVE MORE!

호놀룰루 동물원의 주차장은 와이키키의 주차장 중 가장 크고, 주차비는 가장 저렴한 편이에요. 동물원 고객이 아니라도 누구나 주차장을 이용할 수 있어요.

와이키키 수족관 Waikiki Aquarium

하와이 주를 대표하는 물고기, 그 이름도 찬란한 '후무후무누쿠누쿠아푸우아(humuhumunukunukuapuua)'를 비롯해 태평양 바다에 살고 있는 다양한 열대어와 바다 동물을 한 시간이면 모두 만날 수 있다. 와이키키 수족관은 반드시 들러야 하는 하와이 명소는 아니다. 오아후 섬 유일의 수족관이라 거의 대부분의 하와이 가이드북에 등장하지만 어린 자녀를 동반한 가족 여행객이 아니라면 그냥 지나쳐도 무방하다. 어린이 여행객이 있다 해도 시간이 허락한다면 와이키키 수족관보다는 시 라이프 파크(p.113)의 가성비가 훨씬 좋다.

교통 더 버스 19, 20, 22번(Waikiki Beach & Hotels 방면) 타고 Waikiki Aquarium 하차 주소 2777 Kalakaua Ave. Honolulu 오픈 09:00~16:30 휴무 호놀룰루 마라톤 개최일(12월 중), 크리스마스 요금 어른 12달러, 만 4-12세 및 65세 이상 5달러, 만 3세 이하 무료 전화 808-923-9741 홈피 www.waikikiaquarium.org 지도 맵북 p.3 Ⓚ

하와이 대표 스노클링 명소

하나우마 베이 *Hanauma Bay*

개인적으로 하와이 최고의 관광 명소는 하나우마 베이라고 생각한다. 풍광의 수려함만 놓고 보자면 하나우마 베이를 능가하는 곳이 꽤 있지만 모든 연령대가 즐길 수 있는 곳이라는 점과 편리한 접근성을 고려할 때 이만한 곳이 없다. 하나우마 베이는 화산 폭발로 형성된 만(灣)으로 보트를 타지 않고 갈 수 있는 하와이 해변 중 가장 많은 바다 생물을 만날 수 있는 곳이다. 바다로 몇 발짝 들어가 물속을 들여다보면 다양한 열대어와 거대한 브로콜리 모양의 산호초가 나타나고, 운이 좋으면 거북과 바다사자도 만날 수 있다.

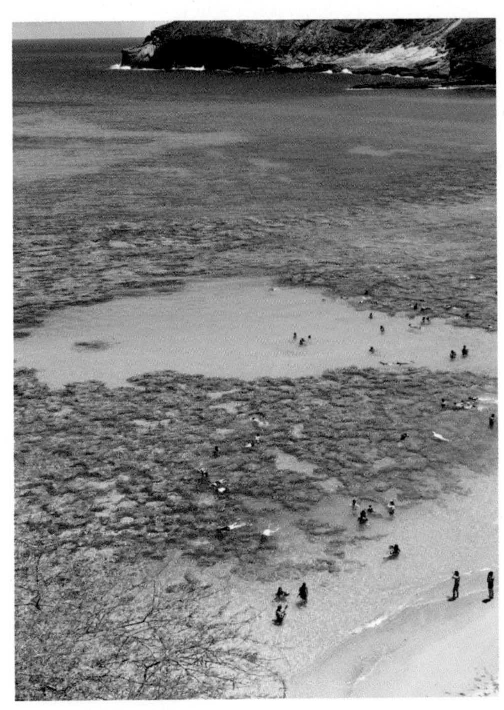

해양생물 보호구역

하나우마 베이를 찾는 여행객이 하루 평균 3000여 명이 넘는데도 뛰어난 수질과 바다 환경을 자랑하는 것은 이곳을 운영하는 주정부가 끊임없이 노력하기 때문이다. 생태계 보존을 위해 열대어에게 절대 먹을 것을 제공해서는 안된다. 엄연한 생명체인 산호초를 밟지 말라고 하나우마 베이 곳곳에서 홍보한다. 하나우마 베이에 들어가기 전 누구나 시청해야 하는 7분 길이의 교육 비디오도 하나우마 베이의 자연 보호를 위한 노력으로 이해할 수 있다.

비디오 시청 후, 극장에서 해변까지는 짧은 거리여서 대부분 도보로 이동하지만 편도 요금 1달러를 지불하고 셔틀버스를 이용할 수도 있다.

스노클링 하기 전 유의사항

하나우마 베이나 스노클링에 관해 궁금한 점은 초입의 관광안내소(visitor center)나 비치 중앙의 교육 센터에 가서 물어보면 된다. 곳곳에 배치된 박식한 자원봉사자는 하나우마 베이에 관련한 어떤 질문에도 척척 답을 내놓는다. 입장권 판매소 건너편에는 간단한 먹을거리를 파는 스낵바도 자리해 있지만 음식의 품질에 비해 가격이 비싼 편이다. 샌드위치나 김밥류의 도시락을 미리 준비하는 것이 좋다.

교통 더 버스 22번(Hanauma Bay 방면). 와이키키의 주요 호텔에서 출발하는 투어버스도 많으므로 묵고 있는 호텔 컨시어지에 예약을 부탁할 것 주소 7455 Kalaniana'ole Hwy. Honolulu 오픈 여름철 06:00~19:00, 겨울철 06:00~18:00 휴무 화요일 요금 만 13세 이상 7.5달러, 만 12세 이하 무료. 주차비 차 1대당 1달러 전화 808-396-4229 홈피 www1.honolulu.gov/parks/facility/hanaumabay/index1.htm 지도 맵북 p.3 Ⓛ

TIP

더 버스는 원칙적으로는 스노클링 장비를 휴대하고 승차하는 것을 금지하고 있어요. 많은 사람이 가방에 넣고 타기는 하지만 불안하다면 하나우마 베이에 가서 장비를 대여하면 됩니다. 해변 가까이에 샤워 시설과 화장실, 하나우마 베이 교육 센터, 스노클링 장비를 대여해주는 곳이 있어요. 장비를 구매하고 싶다면 월마트나 타겟 같은 대형 마트에서 대여료와 큰 차이 없는 가격에 구입할 수 있습니다. 하와이에 있는 동안 스노클링을 한 번 이상 한다면 구매하는 것이 나을 수도 있어요.

TIP

하나우마 베이 갈 때 기억하세요!

• 스노클링은 오전에 하는 것이 좋다. 오후가 되면 바람이 불고 잔파도가 이는데, 파도가 일면 모래가 뒤섞이고 시야도 흐려진다. 가장 좋은 때는 고요한 새벽녘이지만 물도 차고 사람도 거의 없으므로 오전이 적당하다.

• 열대어는 산호초 주변에 가장 많다. 단, 산호초는 돌덩이처럼 보일지라도 엄연히 숨을 쉬는 생명체다. 발로 딛고 서거나 손으로 만지면 쉽게 파괴되며, 보기보다 표면이 날카로워 손발을 다칠 수도 있다.

• 열대어를 쫓아다니다 보면 방향 감각을 잃기 쉽다. 스노클링은 혼자보다는 둘이, 둘보다는 셋이 좋다. 여럿이 수영을 할 때도 방심하면 안 된다. 자신의 물건을 놓아둔 자리나 안전요원의 그늘집 등 한 지점을 정해두고 수영하는 동안 자주 돌아보며 현재 위치를 파악할 것.

• 하나우마 베이는 새벽 6시부터 문을 열지만 7월이나 12월 성수기에는 오전 11시쯤이면 주차장이 꽉 차서 돌아와야 하는 사태가 자주 벌어진다. 일찍 가야 열대어도 많이 만날 수 있고 인파도 피할 수 있다. 큰맘 먹고 갔는데 주차장이 꽉 차 바다에 발도 못 들여놓았다면, 조금 더 달려 마카푸우 포인트(p.166)나 시 라이프 파크(p.113)에 가는 것도 좋은 대안이 될 수 있다.

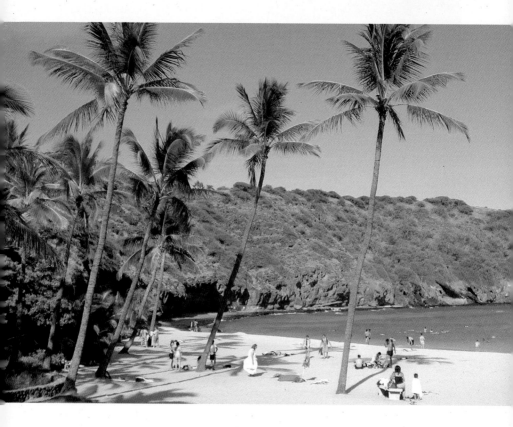

시 라이프 파크 Sea Life Park

와이키키에서 출발해 하나우마 베이를 지나 그 길로 10분 정도 더 가면 하와이의 바다 생물이 모여 있는 아담한 규모의 테마파크가 나온다. 하와이 바다표범 전시관, 바다거북 전시관 등이 있다. 정해진 시간에 방문하면 동물에게 직접 먹이를 주는 체험을 경험할 수도 있다. 시 라이프 파크의 하이라이트는 돌고래 쇼로, 매일 오후 12시 30분에 30분 정도 진행한다. 직접 물속에 들어가 30분간 돌고래와 함께 수영도 하고 물장난도 칠 수 있는 프로그램도 마련해두고 있다. 비용은 돌고래와 함께하는 시간과 놀이에 따라 1인당 99~299달러까지 다양하다.

교통 더 버스 22, 23번(Hanauma Bay, Hawaii Kai–Sea Life Park 방면) 주소 41–202 Kalanianaole Hwy. Waimanalo Beach 오픈 10:30~17:00 요금 만 13세 이상 39.99달러, 만 3~12세 이하 24.99달러 전화 808–259–2500 홈피 www.sealifeparkhawaii.com 지도 맵북 p.3 Ⓛ

SAVE MORE!

시 라이프 파크의 입장료를 절약하는 방법! 특정 브랜드의 음료 캔이나 구매 영수증을 가져갈 경우, 반값으로 할인해주는 이벤트를 자주 진행해요. 시 라이프 파크를 방문할 예정이라면 진행 중인 프로모션이 있는지 홈페이지를 통해 확인하세요.

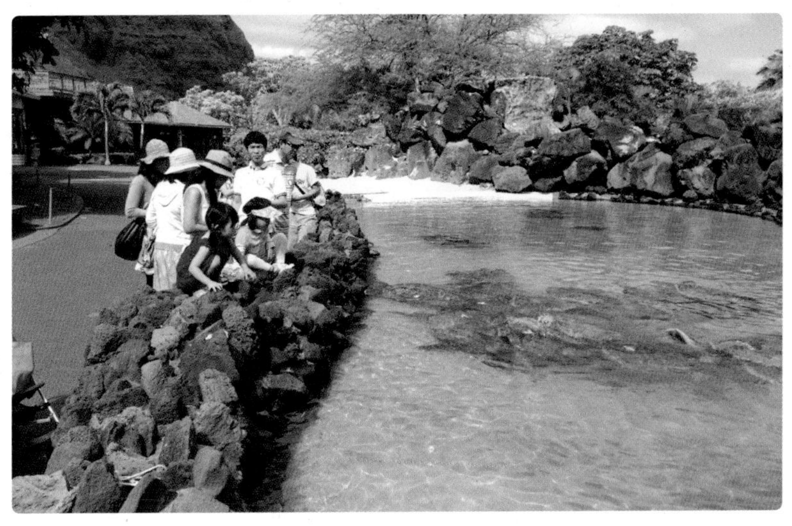

03

서퍼들의 타운

노스 쇼어 *North Shore*

노스 쇼어라고 부르는 오아후 섬 북부는 수많은 프로 서퍼가 꿈에 그리는 서핑의 이상향이며 유토피아다. 하와이 관광포스터나 엽서에 흔히 등장하는 서핑 장면 대부분이 오아후의 노스 쇼어에서 촬영한 것일 만큼 드라마틱한 파도가 장관을 이룬다. 비키니를 차려입은 구릿빛 피부의 여인들과 근육질의 청년들은 형형색색의 서핑보드를 들고 길을 활보한다. 와이키키에서 노스 쇼어까지는 한 시간 반가량 소요된다.

할레이바 Haleiwa

오아후 북부를 대표하는 마을인 할레이바에서 호놀룰루까지는 자동차로 최소 한 시간이 걸리므로 그리 가까운 거리가 아니다. 그런데도 이곳 특유의 매력에 빠져 직장이 있는 호놀룰루까지 매일 한두 시간씩 걸려 출퇴근한다는 사람을 여럿 보았다. 할레이바는 앞으로는 높은 파도의 망망대해, 뒤로는 나지막한 산세가 펼쳐진 아름답고 평화롭기 그지없는 마을이다. 총 2200여 명의 인구, 700여 가구 남짓이 거주하는, 작지만 그렇다고 아주 작은 건 아닌 이 마을에는 지역 화가의 작품을 판매하는 갤러리와 손맛으로 승부를 거는 작은 레스토랑들, 독특한 기념품을 판매하는 부티크 숍이 여럿 있다. 특히 서핑의 메카 한복판에 자리한 만큼 서핑 전문숍도 쉽게 만날 수 있고 매주 목요일 오후 2시부터 7시까지는 파머스 마켓(www.haleiwafarmersmarket.com)도 열린다.

교통 알라모아나 센터(p.179)에서 더 버스 88A(North Shore 방면) 홈피 www.haleiwatown.com 지도 맵북 p.2 Ⓑ

TIP

1년에 한 번, 할레이바가 아주 분주해지는 때가 있으니, 11월에서 다음 해 1월까지 파도 높이가 최고에 달할 때랍니다. 이때에는 할레이바 인근 비치에서 세계적인 서핑 대회가 줄지어 열리는데, 세계 정상급 서핑 선수들의 묘기를 보기 위한 인파로 겨울철 주말의 노스 쇼어는 발 디딜 틈이 없어요.

선셋 비치 파크 Sunset Beach Park

오아후에서 최고의 일몰을 감상할 수 있는 선셋 비치. 그래서 웨딩 촬영 장소나 프러포즈 장소로 인기가 많다. 이런 멋진 바다를 배경으로 프러포즈를 받았을 때 거절할 수 있는 사람은 그리 많지 않을 성싶다. 2마일(3.2㎞)에 이르는 드넓은 해변 어디에 앉아도 하늘 위로 치솟는 높은 파도를 감상할 수 있으며, 그 덕분에 매년 11월과 12월 중 세계적인 서핑 대회인 '반스 트리플 크라운 서핑 대회(Vans Triple Crown of Surfing)'가 시리즈로 열린다. 수십억 원의 상금이 걸린 이런 대회가 열릴 때면 전 세계에서 최고의 서퍼들이 몰려들고, 또 그런 서퍼들을 따라 팬들도 대거 몰려든다. 대회 일정은 매년 날씨에 따라 바뀌므로 관람을 원한다면 관련 홈페이지(www.triplecrownofsurfing.com)에서 일정을 미리 검색해보는 것이 좋다.

교통 알라모아나 센터(p.179)에서 더 버스 88A(North Shore 방면) 주소 59-104 Kamehameha Hwy. Haleiwa 지도 맵북 p.2 Ⓑ

쿠알로아 목장 Kualoa Ranch

1850년 처음 문을 열었을 당시에는 성지(聖地)로 여기던 터라 왕족 정도는 되어야 찾을 수 있었던 쿠알로아 목장이 오늘날은 다양한 놀거리를 제공하는 관광지로 변모했다. 승마와 사격, 관광 보트 등 다양한 체험 활동을 즐길 수 있다. 목장 주변으로 높은 산자락과 푸른 바다가 보기 좋게 어우러져 있어 각종 잡지 화보와 영화 촬영 장소로도 인기가 많다. 햇살 좋은 날 탁 트인 목장을 말을 타고 달리다 보면 하와이가 아니라 미국 남부, 어느 평화로운 목장에 있는 것 같은 착각이 든다. 꼭 가봐야 할 명소까지는 아니지만 하와이 여행을 더욱 다채롭게 만드는 곳임에는 틀림없다.

교통 알라모아나 센터에서 더 버스 55번(Kaneohe–North Shore Haleiwa 방면)을 타면 되지만 배차 간격이 길다. 와이키키 대부분의 호텔에서 제공하는 교통편을 이용하는 것이 더 편하다. 주소 49–560 Kamehameha Hwy. 오픈 08:00~17:00 요금 패키지 종류에 따라 어른 9~93달러, 만 3~12세 5~59달러 전화 808–237–7321 홈피 www.kualoa.com 지도 맵북 p.3 Ⓖ

카후쿠 팜스 Kahuku Farms

카후쿠 농장에서 운영하는 카페로 각종 하와이 야채와 과일들을 활용한 음식, 그리고 상큼한 스무디를 판매한다. 신선한 재료로 만드는 건강식인데다 가격도 합리적인 편이라 가게는 늘 분주하다. 노스 쇼어에 가는 길이나 다녀오는 길에 휴게소 들르는 느낌으로 방문하면 좋다. 신용카드는 10달러 이상 결제할 경우에만 사용할 수 있다.

교통 알라모아나 센터(p.179)에서 더 버스 88A(North Shore 방면) 주소 56–800 Kamehameha Hwy. Kahuku HI 96731 오픈 11:00~16:00 휴무 화요일 전화 808–628–0639 홈피 www.kahukufarms.com 지도 맵북 p.2 Ⓑ

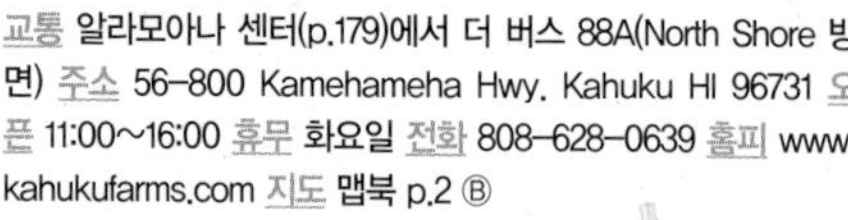

와이메아 밸리 Waimea Valley

오아후를 대표하는 계곡으로, 진짜 자연을 만날 수 있는 하이킹 명소다.

파크 내 왕복 2마일(3.2㎞)의 트레일은 전 구간 포장되어 오래 걷기 불편한 어르신부터 아이들까지 모두 부담 없이 즐길 수 있다. 트레일 끝에는 시원한 폭포가 기다리고 있다. 물속의 박테리아를 주의하라는 표지판이 있음에도 많은 이들이 개의치 않고 수영을 즐긴다. 비가 많이 내려 물이 많이 차올랐을 땐 수영을 금지하며, 12세 이하 어린이는 의무적으로 라이프 재킷을 착용해야 한다(폭포 근처에서 무료 대여).

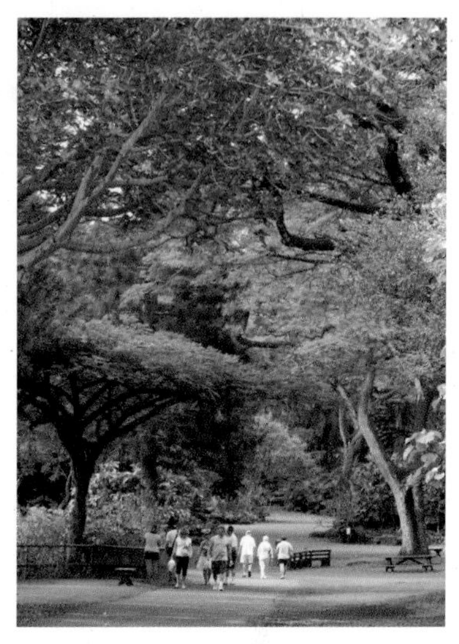

교통 알라모아나 센터(p.179)에서 더 버스 88A(North Shore 방면) 주소 59-864 Kamehameha Hwy. Haleiwa 오픈 09:00~17:00 휴무 1월 1일, 추수감사절, 크리스마스 요금 어른 16달러, 만 60세 이상 12달러, 만 4~12세 8달러 전화 808-638-7766 홈피 www.waimeavalley.net 지도 맵북 p.2 Ⓑ

폴리네시안 문화센터 Polynesian Cultural Center

태평양 지역 최대 규모의 테마파크. 타히티와 뉴질랜드, 피지, 그리고 하와이 남태평양의 일곱 섬의 모습을 재현한 공간으로 이루어져 있다. 고대 원주민들이 즐기던 놀이와 전통 먹거리, 예술품, 그들의 춤과 노래 등을 통해 과거 폴리네시아 지역에 살던 사람들의 삶의 풍경을 엿볼 수 있다. 센터 안에서는 카누를 타고 이동한다. 적어도 반나절, 여유롭게 보려면 아침부터 저녁까지 하루를 꼬박 할애해야 할 정도로 볼거리가 많다.

교통 알라모아나 센터(p.179)에서 더 버스 88A (North Shore 방면) 주소 55-370 Kamehameha Hwy. Laie 오픈 월~토요일 12:00~21:00(구역, 서비스 별로 다르니 홈페이지에서 미리 확인할 것) 요금 기본 입장료 어른 59.95달러, 만 4세~11세 47.96달러(프로그램별로 다양한 패키지 상품이 있음) 전화 808-293-3339 홈피 www.polynesia.com 지도 맵북 p.3 Ⓒ

TIP

폴리네시안 문화센터에서 진행하는 쇼의 내용이나 구성은 루아우(Luau, p.174)와 크게 다르지 않아요. 기본 입장료만 내고 센터만 둘러봐도 볼거리는 충분히 많으므로, 일정 중 루아우를 관람할 예정이라면 쇼를 과감히 패스하는 것도 방법이에요.

오아후 최고의 맛집 **새우 트럭**

몇 년 전, 하와이를 처음 여행했을 때 맛본 '지오반니 새우 트럭(Giovanni's Shrimp Truck)'의 버터 갈릭 새우구이에 반한 후, 하와이를 여행할 기회가 있을 때마다 새우 트럭을 찾아갔다. 새우 트럭이 줄지어 서 있는 오아후 북쪽 해안가에는 다 합해 열다섯개 남짓한 트럭이 저마다 개성 있는 그림이나 자신들만의 고유한 소스와 맛에 대해 적은 갖가지 사인을 걸어놓은 채 서 있다. 즐겨 찾는 여행자들을 위해 써놓은 한국어, 중국어, 일본어도 종종 눈에 띈다.

일요일 오후면 노스 쇼어로 나들이를 나온 하와이 사람들과 관광객들이 트럭 주변에 북적이며, 파란 하늘을 천막 삼아 야외 벤치에 걸터앉아 평화롭게 새우를 먹는다. 이들 새우 트럭들은 서로의 구역을 너그럽게 인정해주는 듯 멀찍이 떨어져 있어 천천히 드라이브를 하며 맛보고 싶은 새우 트럭을 고를 수 있다.

하지만 어느 먹거리 타운에서나 마찬가지로 원조의 명성은 있기 마련, 누구나 처음엔 지오반니 새우 트럭을 찾아간다. 나 역시 예외는 아니어서, 첫 번째로 맛본 것이 바로 지오반니의 '슈림프 스캠피(Shrimp Scampi)'였다. 그 뒤로도 갈 때마다 꼭 지오반니에 들러 그것도 항상 같은 메뉴를 주문하곤 했는데, 최근 여행에서는 새로운 트럭들을 탐방해보았다. 재미있는 건, 그냥 지나칠 땐 모두 비슷비슷해 보이는 트럭들이었음에도 실제로 들러보니 각자 저마다의 개성 있는 레시피와 비장의 스페셜 메뉴를 마련해두고 있었다.

지오반니의 클래식한 레시피이자 모든 트럭의 공통 메뉴인 버터 앤 갈릭은 제외하고, 꼭 그 트럭에만 있을 법한 스페셜 메뉴를 먹어보기로 했다.
페이머스 카후쿠 새우 트럭(Famous Kahuku Shrimp Truck)에서는 달콤하면서도 부드러운 코코넛 소스의 새우 구이, 로미스 카후쿠 새우(Romy's Kahuku Prawns)에서는 딤섬처럼 생긴 새우 튀김을 맛봤으며, 푸미스 카후쿠 슈림프 앤 시푸드(Fumi's Kahuku Shrimp and Seafood)에서는 소금과 후추로만 양념한 담백한 새우 구이를 먹었다. 할레이바 타운으로 놀러 가는 길에는 우연히 한국인이 운영하는 호노스 슈림프 트럭(Hono's Shrimp Truck)도 발견했다. 이곳에서 기대 반 의심 반으로 주문한 갈비 앤 새우구이는 한마디로 기대 이상이었는데, 달콤하면서도 부드러운 갈비구이와 매콤한 새우가 한 접시에 반반 담겨 나오는 이 메뉴는 흰 밥과 김치를 함께 제공해 한 끼 식사로 손색없었다.

새우 트럭 이야기를 하다 보니 마치 새우 예찬론자라도 된 것 같지만, 오아후를 여행하면서 새우 트럭으로 가는 길만큼 한적하고 평화롭고 아름다운 길을 본 적이 없다. 머리카락을 휘날리며 그 길을 달리다 보면 나타나는 새우 트럭이기에 실상 더 반갑고 더 맛있다고 느끼는 것이리라. 그래서 와이키키의 전형적인 들뜬 관광지 분위기나, 대형 쇼핑몰의 소란스러움이 갑자기 번잡하다고 느낄 때면 설명하기 힘든 허기가 몰려오면서 노스 쇼어의 새우가 떠오르는 것인지도 모르겠다. 새우 트럭이 아니었다면 장엄하게 솟은 산이나 엽서에서 볼 법한 바다와 파도 같은 오아후 북부의 풍경을 그렇게 일찍 경험할 수 있었을까? 노스 쇼어의 새우는 그렇게 오아후의 또 다른 면을 맛보게 해주었다.

– 글/김지영(〈보그 코리아〉 디지털 디렉터)

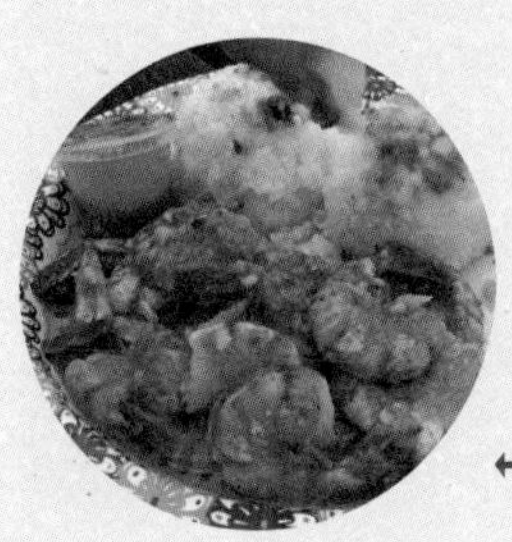

← 새우 트럭 위치는 구글맵에 'Giovanni's Shrimp Truck'을 입력할 것.
맵북 p.3 © 참조

아픈 역사의 현장

진주만 *Pearl Harbor*

1941년 12월 7일 하와이의 평화로운 일요일 아침, 선전포고도 없이 시작된 일본군의 무차별 폭격으로 진주만 항구에 닻을 내리고 있던 18척의 미 군함이 두 시간 만에 모두 가라앉고, 2500여 명의 해군과 민간인이 목숨을 잃었다. 이를 계기로 미국은 본격적인 제2차 세계대전 참전을 선언했다.

해마다 12월이면 하와이 주민은 진주만에 모여 당시 목숨을 잃은 이들의 넋을 기리는 추모식을 거행한다. 일반에 공개하고 있는 진주만의 전시관은 USS 애리조나 기념관(USS Arizona National Memorial), 보핀 잠수함 박물관(USS Bowfin Submarine Museum & Park), 미주리 군함 기념관(Battleship Missouri Memorial), 이렇게 세 곳이다. 그 가운데에서 USS 애리조나 기념관은 진주만의 주요 관람지로 진주만을 방문하는 사람들 대부분이 가장 먼저 찾는 곳이다.

USS 애리조나 기념관 USS Arizona National Memorial

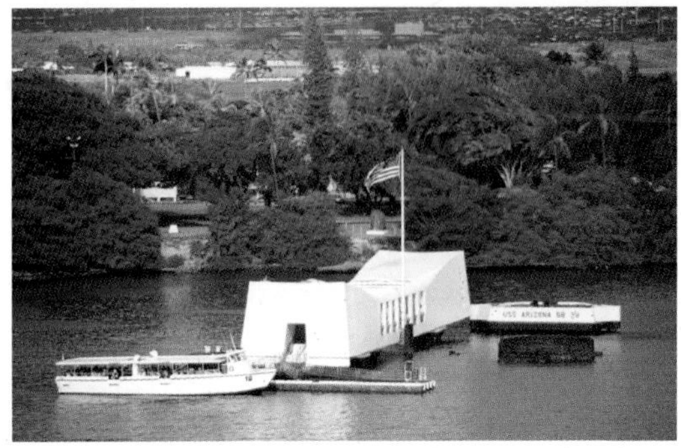

진주만의 대표 볼거리인 USS 애리조나 기념관은 당시 진주만에 침몰한 배 중 가장 많은 사상자를 낸 군함인 USS 애리조나호에 타고 있던 대원들의 넋을 기리는 영령탑 역할을 하고 있다. 진주만의 한가운데, 당시 애리조나호가 가라앉은 곳 바로 위에 떠 있는 이 기념관까지는 순환 보트를 타고 이동한다. 보트를 타기 위해서는 우선 관광안내소에 들어가 무료 입장권을 받아야 하고, 입장권에 적힌 순서대로 극장에 입장해 20분가량 진주만 관련 다큐멘터리를 봐야 한다.

관광안내소 안에는 폭격 전 진주만 항구에 머물던 해군들이 가족에게 보내기 위해 쓴 엽서나 사진을 전시한 아담한 박물관이 있다. 한국어를 포함해 일곱 개 언어로 된 안내서와 오디오 가이드를 제공한다. USS 애리조나 기념관에서 보핀 잠수함 박물관까지는 도보 이동이 가능하며 미주리 군함 기념관까지는 무료 셔틀버스를 이용하면 된다.

교통 더 버스 20, 42번(Airport, Ewa Beach 방면) 이용 주소 1 Arizona Memorial Pl, Honolulu 오픈 관광안내소 07:00~17:00(USS 애리조나 기념관까지 가는 순환 보트는 08:00~15:00까지 운영) 휴무 1월 1일, 추수감사절, 크리스마스 요금 무료 전화 808-422-3399 홈피 www.nps.gov/valr 지도 맵북 p.2 Ⓙ

TIP

진주만 갈 때, 기억하세요!

- 진주만의 주요 박물관, 그중에서도 하루 5000여 명이 방문하는 USS 애리조나 기념관은 오전 9시 전에 가는 것이 좋다. 성수기에는 10시만 넘어도 두세 시간 기다리는 것이 보통이고 관람객이 너무 많을 때는 정오 무렵 박물관 측에서 입장권 발부를 중단하기도 한다. 예약금 1달러를 지불하고 웹사이트(www.recreation.gov)에서 미리 온라인 예매를 할 수 있다.
- 한국어로도 가능한 'USS 애리조나 오디오 투어(7.5달러)'나 진주만에 위치한 여러 기념관을 반나절이나 하루이틀에 걸쳐 둘러보는 투어도 마련되어 있다. 투어는 진주만 관광안내소, 웹사이트와 전화(recreation.gov, 877-444-6777)를 통해 미리 예약할 수 있다.
- 진주만까지는 더 버스를 타고 갈 수 있지만, 와이키키에 머문다면 VIP 투어(www.viptrans.com, 866-836-0317), 하와이 슈퍼 트랜싯(Hawaii Super Transit, 808-841-2989) 등이 운영하는 와이키키-진주만 간 왕복 셔틀버스를 이용하면 편하다. 와이키키 대부분의 호텔에서 픽업하며 왕복 요금은 16~20달러.
- 군사 지역인 진주만에서 흡연은 범법 행위다. 가방과 지갑, 음료수 등도 휴대할 수 없다. 소형 카메라를 제외한 모든 소지품은 차에 보관하거나 USS 보핀 잠수함 박물관 주차장에 있는 짐 보관소(storage facility)에 맡겨야 한다.

05

걸어서 둘러보는

호놀룰루 다운타운 *Downtown Honolulu*

호놀룰루에는 하와이의 오랜 역사가 녹아 있는 유서 깊은 건물이 많다. 19세기와 20세기 하와이 역사를 대변하는 이들 건물들은 호놀룰루, 그중에서도 다운타운을 중심으로 모여 있기 때문에 걸어서 반나절 정도면 모두 둘러볼 수 있다. 햇살 좋은 오후 편안한 신발과 카메라, 물 한 병 챙겨 들고 하와이의 역사 속으로 시간 여행을 떠나보자.

교통 더 버스 2, 13, 42번(School St., Liliha, Ewa Beach 방면)

하와이 주립 미술관 Hawaii State Art Museum

1872년 킹 카메하메하 5세 집권 시기, 당시의 로열 하와이안 호텔(Royal Hawaiian Hotel)이 한 세기 반이 지난 지금, 하와이 주립 미술관으로 탄생했다. 하와이예술문화재단의 35년에 걸친 노력 끝에 세워진 아담한 규모의 이 미술관에는 하와이의 자연과 사람, 역사, 문화를 테마로 한 예술작품 5000여 점이 전시되어 있다. 1층에 자리한 카페(Artizen by MW)에 가면 하와이 땅에서 나고 자란 제철 재료를 사용하여 만드는 건강식 메뉴를 맛볼 수 있다. 월요일에서 금요일, 오전 7시 반부터 오후 2시 반까지 문을 연다.

주소 250 S Hotel St. Honolulu 오픈 화~토요일 10:00~16:00, 매월 첫째 주 금요일 06:00~21:00 휴무 월·일요일, 국경일 요금 무료 전화 808-586-0900 홈피 sfca.hawaii.gov/hisam 지도 p.122 ❶

TIP

대부분의 박물관이나 미술관과 마찬가지로 갤러리 안에서 휴대전화 사용 및 플래시를 이용한 사진과 비디오 촬영이 금지되어 있습니다. 또한 사진 촬영 자체가 허락되지 않는 특별 전시회나 특별구역으로 지정된 갤러리가 있으니 유의하시기 바랍니다.

하와이 주청사 Hawaii State Capitol

지금의 하와이 주청사는 1969년에 완공했으며, 하와이 지형을 상징화한 열린 디자인으로 햇빛과 바람과 비가 자유롭게 드나들도록 설계되었다. 청사 건물 사방의 벽에 흘러내리는 물은 태평양을, 상하의원 의회실의 외벽은 화산을, 거대한 기둥은 야자수를 상징한다. 일반인도 자유롭게 출입이 가능하므로 시원한 건물 안을 둘러볼 것. 특히 엘레베이터를 타고 건물 옥상인 5층에 올라가면 호놀룰루의 스펙터클한 전망을 즐길 수 있다.

청사 앞뜰에 우뚝 서 있는 데미안 신부 조각상은 하와이 몰로카이 섬의 나병 환자촌에서 16년 동안 나병 환자를 돌보다 본인 역시 나병에 걸려 1869년에 타계한 벨기에 출신의 천주교 신부를 기리기 위해 세웠다고 한다. 여행자를 위한 안내서는 홈페이지에서 다운로드받거나 주청사 건물 415호에서 직업 수령할 수 있다.

주소 415 South Beretania St. Honolulu 오픈 월~금요일 09:00~15:30 휴무 국경일 요금 무료 전화 808-586-0178 홈피 governor.hawaii.gov/hawaii-state-capitol-tours 지도 p.122 ❷

이올라니 궁전 Iolani Palace

미국 유일의 왕궁으로서 호놀룰루 중심가에서 우아한 자태를 뽐내고 있는 이올라니 궁전은 하와이 왕정 정치 역사의 마지막 두 왕, 킹 칼라카우아와 그의 여동생 퀸 릴리우오칼라니가 살던 곳이다. 1882년에 칼라카우아 왕에 의해 건립됐으며 약 35만 달러라는 당시로서는 어마어마한 비용을 투입한 만큼 휘황찬란한 인테리어를 자랑한다.

이올라니 궁전은 크게 하와이의 오랜 역사와 문화 유적에 대해 배울 수 있는 여러 갤러리로 이루어져 있다. 궁전 투어는 개별적으로도 가능하지만, 가이드가 동행하는 가이드 투어에 참가하면 훨씬 알차게 둘러볼 수 있다.

주소 364 S King St. Honolulu 오픈 월~토요일 09:00~16:00 휴무 일요일, 연방 주 공휴일, 국경일(이따금 일요일에 개방하기도 하며 미리 홈페이지에 공지) 요금 오디오 셀프 투어 20달러, 가이드 투어 27달러, 만 5~12세 어린이 6달러, 만 4세까지 무료 전화 808-522-0822 홈피 www.iolanipalace.org 지도 p.122 ❸

TIP

이올라니 궁전은 투어를 신청해 가이드를 따라 둘러보는 것이 훨씬 좋아요. 가이드 투어는 화요일부터 목요일에는 오전 9시부터 10시까지, 금요일과 토요일에는 오전 9시부터 11시 15분까지 15분마다 진행합니다. 미리 전화로 예약을 해야 하지만 정원이 다 차지 않았을 때는 당일 현장에서 신청할 수 있습니다. 셀프 오디오 투어는 월요일 오전 9시부터 오후 4시까지, 화요일부터 목요일에는 오전 10시 30분부터 오후 4시까지, 금요일과 토요일에는 오후 12시부터 4시까지 10분마다 합니다.

킹 카메하메하 동상 King Kamehameha Statue

역대 하와이 왕 중 가장 존경받는 인물인 킹 카메하메하 1세의 동상 앞을 지날 때면 매일 수많은 주민과 관광객이 남기고 간 레이의 진한 향기를 맡을 수 있다. 1795년부터 1819년까지 24년의 통치기간 동안 카메하메하 대왕은 수십여 개로 흩어져 있던 하와이 섬을 하나로 통합했으며, 서구 문명을 적극적으로 받아들여 하와이의 사회 · 경제적 발전에 크게 이바지했다. 오아후의 상징물과도 같은 동상으로, 많은 여행자가 이곳에서 사진을 찍는다.

교통 King St.과 Mililani St.의 교차점(내비게이션 작동을 위해 주소를 입력해야 한다면 대법원 주소를 이용하면 된다. 417 S King St. Honolulu) 지도 p.122 ❹

하와이 주립 도서관 Hawaii State Library

은은한 백열등 조명과 나무향이 짙게 배어 있는 책상과 의자, 그리고 따스한 햇살이 내리쬐는 뒤뜰이 있는 아름다운 도서관으로, 하와이 곳곳에 있는 주립 도서관 중 가장 규모가 큰 본점이다. 하와이의 역사와 지리, 문화에 관한 방대한 자료를 찾아볼 수 있으며, 하와이 여행 가이드북도 다수 비치하고 있다. 어린이 책만 모아둔 어린이 도서관 공간이 따로 있으며 간단한 등록 절차만 거치면 인터넷이 있는 컴퓨터도 사용할 수 있다.

주소 478 S King St. Honolulu 오픈 월 · 수요일 10:00~17:00, 화 · 금 · 토요일 09:00~17:00, 목요일 09:00~20:00 휴무 일요일·국경일 요금 무료 전화 808-586-3500 홈피 www.librarieshawaii.org 지도 p.122 ❺

호놀룰루 시청 Honolulu Hale

호놀룰루 시청은 1927년, 호놀룰루 출신의 유명 건축가가 건립했다. 시청 앞뜰에서는 야외 콘서트와 상설 전시회가 열리며, 매년 11월 말에는 시청 바로 앞에 형형색색의 화려한 등과 하와이 전통 의상인 무무를 차려입은 산타 할아버지, 할머니 상이 등장한다. 이듬해 1월까지 시청 앞을 지키고 있는 산타 할아버지, 할머니와 크리스마스 장식을 보기 위해 해마다 이즈음에는 오아후의 모든 어린이가 부모님의 손을 잡고 시청 앞으로 밤 산책을 나온다.

주소 530 S King St. Honolulu 오픈 08:30~16:30 요금 무료 전화 808-768-4385 홈피 www.honolulu.gov/government 지도 p.122 ❻

미션 하우스 뮤지엄 Mission Houses Museum

미션 하우스 뮤지엄에 가면 1820년에 선교를 목적으로 하와이에 닻을 내린 아메리칸 프로테스탄트 선교단이 시작한 선교 역사와 그들의 발자취를 더듬어볼 수 있다. 하와이어로 쓴 성경을 인쇄하던 인쇄소를 포함한 박물관의 다양한 전시실은 혼자 둘러볼 수도 있고, 박물관 직원의 설명을 들으며 둘러볼 수도 있다.

주소 553 S King St. Honolulu 오픈 화~토요일 10:00~16:00 휴무 월요일 요금 어른 12달러, 만 6세부터 대학생까지 5달러, 만 5세 이하 무료 전화 808-447-3910 홈피 www.missionhouses.org 지도 p.122 ❼

매일 가도 질리지 않는

오아후 해변 *Oahu Beach*

오아후는 작은 섬이지만 섬의 동쪽과 서쪽, 북쪽의 바닷가는 저마다 다른 매력을 뽐낸다. 하와이 섬 가운데 가장 많은 여행객이 찾는 섬이다보니 이웃섬에 비해 해변 내 편의시설이 잘 갖추어져 있는 편이다.

와이메아 베이 비치 파크 Waimea Bay Beach Park

호놀룰루에서 한 시간가량 달리면 저 멀리 하얀 모래사장이 펼쳐진다. 와이메아 비치는 만(灣)의 형태를 띠고 있어 섬 북부치고는 파도가 얌전한 편이다. 해가 질 때나 뜰 때, 언제 봐도 풍광은 수려하고 편의시설도 잘 갖추고 있어서 온 가족이 반나절 정도는 모래사장에서 보낼 수 있다. 장담컨대 꽤 많은 하와이 주민이 와이메아 비치를 가장 좋아하는 해변으로 꼽을 것이다. 노스 쇼어에 간다면 와이메아 베이 비치 파크에 꼭 들러볼 것.

교통 더 버스 52번(Wahiawa, Haleiwa 방면) 주소 61-031 Kamehameha Hwy. Honolulu 지도 맵북 p.2 Ⓑ

TIP

섬 북부의 바다는 프로 서퍼들이 서핑을 즐기기에는 이상적이지만 파도가 거칠고 바닷속 경사가 급해 수영에는 적당하지 않습니다. 선셋 비치나 할레이바 비치, 반자이 파이프라인(Banzai Pipeline) 등도 마찬가지예요. 와이메아 비치는 북부 해안치고는 안전한 편이지만 특히 파도가 높은 겨울철(11~4월)에 찾는다면 주의를 기울여야 합니다. 안전요원이 경고 메시지를 보내거나 위험 사인을 보낼 때는 구경만으로 만족하세요. 사나워 보이지 않아도 갑작스러운 파도에 휘말리는 경우가 많다고 해요.

알라모아나 비치 파크 Ala Moana Beach Park

서울에 한강 시민공원이 있다면 호놀룰루엔 알라모아나 비치 파크가 있다. 아이들의 웃음소리, 낮게 나는 참새 떼, 그리고 폭신한 풀밭까지, 가만히 있어도 저절로 힐링이 되는 느낌이다. 테니스장과 간단한 운동 기구, 조깅 코스도 마련돼 있어 운동하러 온 인근 주민도 많이 보인다. 알라모아나 센터 건너편에 위치해 있으며 와이키키에서 걸어서 10~15분이면 닿을 수 있으므로 이른 아침이나 저녁에 조깅이나 산책을 즐기기 좋고, 곳곳에 나무 테이블이 있어 해 질 무렵 피크닉을 하기에도 안성맞춤이다.

교통 더 버스 8, 19, 20, 23, 42번 주소 Ala Moana Beach Park, Honolulu(알라모아나 센터 맞은편) 지도 맵북 p.3 Ⓚ

카할라 리조트 앞바다 Beach at Kahala Hotel & Resort

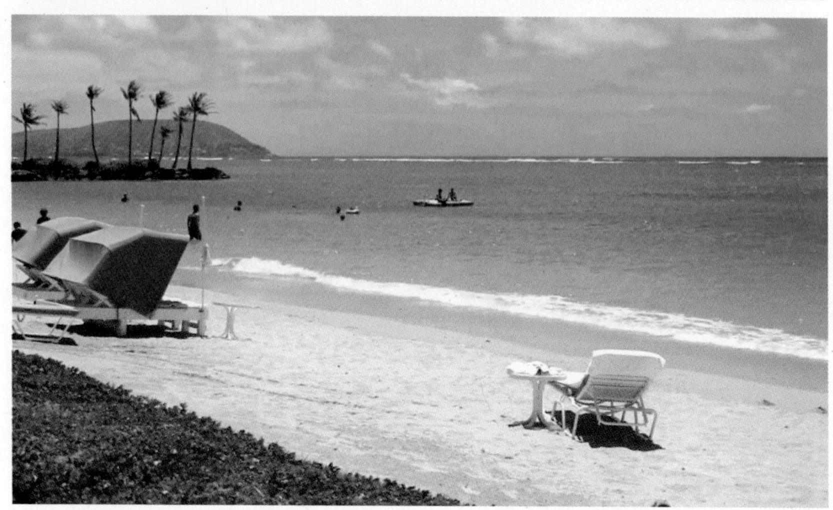

와이키키에서 차로 15분 거리에 위치한 카할라 리조트는 오아후에 둘뿐인 오성 호텔 중 하나로 숙박요금이 가장 비싼 하와이 호텔로 꼽힌다. 하지만, 호텔 앞 바다만큼은 누구에게나 열려 있다. 사랑하는 사람과 카할라 리조트의 플루메리아 하우스(Plumeria House) 야외 바에서 트로피컬 칵테일을 한 잔하고 해변으로 나가 주인 없는 비치 의자에 누워 하나둘 별을 세다 보면, 행복이란 바로 이런 것이구나, 하는 생각이 절로 든다. 또 이곳 해변은 만 형태로 되어 있어 파도가 잔잔하기 때문에 수영을 못하는 아이들도 안심하고 물놀이를 즐길 수 있다.

교통 더 버스 22번(Hanauma Bay 방면) 주소 5000 Kahala Ave. Honolulu 지도 맵북 p.3 Ⓚ

카일루아 비치 파크 Kailua Beach Park

뜨거운 하와이 햇살에 상큼한 바람 한 줄기가 그리울 때는 카일루아 비치 파크를 찾으면 좋다. 모래사장과 녹색 언덕의 조화가 아름다운 이 바닷가는 각종 여론조사에서 자주 세계 최고의 해변으로 선정되곤 한다. 선선한 바람이 자주 불어 물놀이는 물론이고 윈드서핑이나 카약 같은 수상 스포츠를 즐기기에도 좋다. 라니카이 비치와 함께 오아후에서 바다 카약(p.152)을 하기에 이상적이다.

교통 더 버스 56, 57번(Kailua 방면) 탑승 후, 카일루아 Macy's 백화점 앞에서 70번으로 환승(70번 버스는 1시간마다 운행) 주소 450 Kawailoa Rd. Kailua 지도 맵북 p.3 Ⓗ

라니카이 비치 Lanikai Beach

오아후에서 일출을 보기에 가장 좋은 해변으로 꼽힌다. 언제 가도 한산하며 바다 한가운데 모쿨루아(Mokulua)라는 이름의 작은 섬까지 떠 있어 이국적인 정취가 물씬 풍긴다. 결혼을 앞둔 예비부부의 사진 촬영 장소로도 안성맞춤이다. 평화로워만 보이는 라니카이 비치지만 6월부터 9월 사이에는 해파리 떼가 출몰하니 주의하도록 한다. 라니카이 비치가 있는 카일루아 지역에 가면 당일 카약 투어를 신청할 수 있다. 미리 인터넷을 통해 업체를 알아보고 예약을 하면 일정, 비용 등을 알 수 있어 좋다.

교통 더 버스 56, 57번(Kailua 방면) 탑승 후, 카일루아 Macy's 앞에서 70번으로 환승(70번은 1시간마다 운영) 주소 Mokulua Dr, Kailua 지도 맵북 p.3 Ⓗ

코올리나 라군 Lagoons at Ko Olina

오아후의 유명 고급 골프 코스 겸 리조트 단지인 코올리나에는 새하얀 백사장이 딸린 네 개의 라군(lagoon), 즉 바다로부터 어느 정도 분리돼 호수처럼 잔잔한 물가가 있다. 본래는 리조트 투숙객을 위해 조성한 것이지만 아름다운 풍광과 안전한 환경, 각종 편의시설을 잘 갖추고 있어 투숙객은 물론 관광객과 하와이 주민의 발걸음도 이어진다. 라군 특성상 파도가 매우 잔잔하고 라군의 밑바닥도 고운 모래라서 남녀노소 평온한 수영을 즐기기에 안성맞춤이다. 코올리나 리조트는 와이키키에서 차로 약 40분, 30마일(48.3㎞)가량 떨어진 카폴레이(Kapolei)에 위치해 있다. 리조트 앞까지 가는 버스는 없으며 가장 가까운 정류소가 5마일(8㎞)가량 떨어져 있다. 자가용이 없다면 방문하기가 쉽지 않다.

교통 알라모아나 센터에서 Country Express C(Makaha 방면)를 타고 Farrington Hwy.에서 하차 후 도보 20분가량 주소 92-1480 Ali'Inui Dr, Honolulu 지도 맵북 p.2 Ⓙ

백만 불짜리 뷰

다이아몬드 헤드 *Diamond Head*

와이키키에서 차를 타고 10분이면 닿을 수 있는 다이아몬드 헤드는 약 10만 년간 깊은 잠에 빠져 있는 휴화산으로, 고대 하와이 사람들이 신성한 장소로 여겼다고 전해진다. 19세기까지는 '레아히(Leahi, 참치의 눈썹이라는 뜻의 하와이 말) 산'이라고 불렸는데 분화구에 다이아몬드가 있을 거라고 믿은 선원들에 의해 다이아몬드 헤드라는 이름을 얻게 됐다. 다이아몬드 헤드는 제2차 세계대전 때는 군사 요충지로도 쓰였지만 현재는 하이킹 코스로 인기가 많다.
정상에 오르면 하와이 관광 엽서에서나 볼 법한 전망을 감상할 수 있고, 쉬엄쉬엄 가도 왕복 두 시간이면 충분하고 코스도 평이하기 때문에 연세 지긋하신 할아버지, 할머니나 어린 아이, 색다른 낭만을 경험하고픈 연인도 가볍게 하이킹을 즐길 수 있다.
다만 평이한 하이킹 코스라고 해도 운동화 정도는 신는 것이 좋다. 중간 중간 폭이 좁은 동굴도 있기 때문에 안내문에는 랜턴이 필수라고 쓰여 있지만 동굴이 짧고 앞사람의 실루엣을 분간할 수 있을 정도의 빛은 들어오기 때문에 굳이 랜턴을 구입할 필요는 없다. 하지만 날이 어둡거나 일행이 많을 때는

호텔 프런트 데스크에 랜턴 대여가 가능한지 문의하거나 ABC 스토어에서 간이 랜턴을 구입하는 것이 좋다.

교통 더 버스 23번(Hawaii Kai–Sea Life Park 방면). Monsarrat Ave.와 18th Ave.가 만나는 길에 입구가 있다. 카피올라니 커뮤니티 칼리지(Kapiolani Community College)를 지나면 곧 다이아몬드 헤드 주차장이 나타난다. 주소 Diamond Head Rd. Honolulu 오픈 06:00~18:00(마지막 입장이 가능한 시각 16:30) 요금 1대당 5달러, 걸어갈 경우 한 사람당 1달러(현금만 가능) 전화 808-948-3299 지도 맵북 p.3 Ⓚ

❶초입에 붙어 있는 기본적인 주의사항 ❷처음 15분 정도는 이렇게 반들반들 포장된 길을 따라 걸으며 워밍업을 한다. ❸곧 비포장 산길로 들어서게 된다. 정상까지는 이런 비포장 산길과 ❹길고 높은 계단, ❺머리가 팽 도는 어지러운 계단이 연이어 나온다. ❻마지막 관문으로 다람쥐처럼 몸을 동그랗게 말아야 들어갈 수 있는 작은 통로를 지나면 ❼태평양 바다와 호놀룰루 시내가 파노라마로 펼쳐진다.

08

도심 속 문화 공간

호놀룰루 뮤지엄 오브 아트 *Honolulu Museum of Art*

하와이의 유일한 순수 예술 박물관으로, 크고 작은 문화 이벤트와 다양한 문화 기획 프로그램을 진행한다. 30여 개의 갤러리에는 아시아와 유럽, 아메리카 대륙에서 건너온 예술 작품 3만5000여 점이 전시되어 있다. 박물관 내에 위치한 도리스 듀크 극장(Doris Duke Theater)은 한국을 비롯한 세계의 장·단편 독립영화를 상영하며, 갖가지 예술 서적과 단아한 소품으로 가득한 뮤지엄 숍을 구경하는 재미도 쏠쏠하다. 그 밖에도 박물관 내에는 소박한 동양식 정원(Zen Garden)이 조성되어 있으며, 파빌리온 카페(Pavilion Cafe)는 깔끔한 건강식 샐러드와 샌드위치 등을 선보여 호놀룰루 주민의 비즈니스 런치 장소로 인기가 많다.

호놀룰루 뮤지엄 오브 아트에서 열리는 여러 문화 행사 중 가장 인기가 많은 것은 1월부터 10월까지 매달 마지막 주 금요일 저녁 6시부터 9시까지 열리는 '아트 애프터 다크(Art after Dark)' 파티다. 어스름해지면 미술관 주변에서 색색의 깃발이 휘날리고 '빈티지 하와이', '핫 재즈' 등 매달 다르게 정해지는 테마에 맞춰 한껏 차려입은 젊은이들이 몰려든다. 자유롭게 전시관을 오가며 가벼운 스낵과 칵테일을 즐길 수 있는 유쾌한 이 문화행사는 입장료만 내면 누구나 참여할 수 있다.

교통 더 버스 2번(School St. 방면) 주소 900 S Beretania St. Honolulu 오픈 화~일요일 10:00~16:30 휴무 월요일, 독립기념일, 추수감사절, 크리스마스 요금 어른 20달러, 17세 이하 무료 전화 808-532-8700~1 홈피 www.honolulumuseum.org 지도 맵북 p.3 Ⓚ

TIP

매달 첫째 주 수요일에는 무료로 개방됩니다. 셋째 주 일요일도 '가족을 위한 날(Bank of Hawaii Family Sundays)'로 특정 시간 동안 무료로 입장할 수 있어요. 이날에는 어린이를 위한 공연이나 예술품 만들기 등 이벤트를 하는 경우가 많아요.

호놀룰루 뮤지엄 오브 아트 스팰딩 하우스

Honolulu Museum of Art Spalding House

아담한 크기의 현대 미술관으로, 호놀룰루 뮤지엄 오브 아트와 통합되면서 2011년에 호놀룰루 뮤지엄 오브 아트의 제2 뮤지엄으로 다시 태어났다. 호놀룰루 뮤지엄 오브 아트보다 규모는 작지만 더 조용하고 아늑한 느낌을 주는 곳이다. 앤디 워홀, 짐 다인, 키키 스미스 등 1940년대 이후에 활발하게 활동한 여러 현대 미술가의 작품을 만날 수 있는 여섯 개의 전시관과 정갈하게 정돈된 일본 정원, 건강식 메뉴를 선보이는 카페가 있다. 그중에서도 3000평이 넘는 일본식 정원은 1920년에 일본의 저명한 정원 건축가인 이나가키(Rev. K. H. Inagaki)가 조성한 곳으로 일본 정원 특유의 고즈넉한 분위기가 일품이라 맑은 날 정원의 돌 벤치에 앉아 햇볕을 쬐며 담소를 나누기에 좋고, 넓은 정원은 아이들이 자유롭게 뛰어다니기에도 좋다.

교통 더 버스 13번(downtown 방면) 타고 Alapai Transit Center에서 15번으로 환승 주소 2411 Makiki Heights Dr, Honolulu 오픈 화~일요일 10:00~16:00(매일 갤러리 및 가든 투어 진행) 휴무 월요일·공휴일 요금 어른 20달러, 17세 이하 무료 전화 808-526-1322 홈피 www.honolulumuseum.org/11981-contemporary_museum_spalding_house

SAVE MORE!

호놀룰루 뮤지엄 오브 아트와 스팰딩 하우스를 같은 날 찾는다면 입장권 하나로 두 곳 모두 둘러볼 수 있어요. 전시를 감상하지 않고 뮤지엄 내 카페만 이용한다거나 정원에서만 시간을 보낼 예정이라면 입장권을 구입하지 않아도 됩니다.

활기 넘치는 시장 골목

차이나타운 *Chinatown*

10년 전, 처음 하와이에 여행 와서 차이나타운에 갔을 때, 거리는 지저분하고 이렇다 할 맛집도 별로 없어 실망한 기억이 있다. 실제로 이렇다 할 명소나 문화 행사, 이벤트가 자주 있는 것도 아니지만, 하와이에 살면서 보니 차이나타운은 관광 명소라기보다는 하와이 사람들이 싱싱한 야채와 과일을 구입하고 싶을 때, 매일 아침 생화로 만드는 꽃목걸이나 레이를 사고 싶을 때, 정통 중국식 딤섬을 저렴하게 즐기고 싶을 때 가는 곳이었다.

교통 더 버스 19, 20번(Airport 방면) 타고 Beretania St.을 지나 10분가량 달리면 Maunakea St.이 나오는데 좌회전해서 들어가면 차이나타운 중심이 보인다. 주소 1120 Maunakea St. Honolulu 홈피 www.chinatownnow.com

청과물 시장

차이나타운의 크고 작은 청과물 시장 가운데 싱싱한 식재료를 살 수 있는 곳으로 오아후 마켓과 마우나케아 마켓 플레이스가 가장 유명하다. 실제로 하와이의 많은 요리사가 매일 아침 이곳에서 장을 본다. 주방이 있는 숙소에 묵고 있다면 이곳 시장에 들러 식재료를 구입하는 것도 좋겠다. 신용카드를 받지 않는 곳도 많으므로 현금을 지참할 것.

오아후 마켓 Oahu Market
주소 145 N.King St. 전화 808-841-6924 지도 p.134 ❶

마우나케아 마켓 플레이스 Mauna Kea Marketplace
주소 1120 Maunakea St. 전화 808-524-3409 지도 p.134 ❷

TIP

미술 애호가라면 매달 첫째 주 금요일 밤, 차이나타운을 방문해보세요. '퍼스트 프라이데이 아트 나이트(First Friday ART Nights)'라는 이름으로 열리는 이 행사는 호놀룰루 다운타운과 차이나타운에 위치한 갤러리와 레스토랑 30여 곳이 공동으로 개최합니다. 평소에 입장료를 받는 갤러리들도 이날만은 무료! 거리에서는 야외 콘서트가 열리고 카페와 클럽도 새로운 테마로 예술의 열기를 북돋아요. 행사는 오후 5시부터 9시까지 계속되지만 6시부터 8시 사이가 가장 즐겁습니다. 아츠 앳 막스 거라지(The ARTS at Marks Garage)는 이 행사의 본부 역할을 하는 곳으로 지역 아티스트와 미술 애호가들이 빠놓지 않고 들르는 곳이에요.

퍼스트 프라이데이 아트 나이트
전화 808-521-2903 홈피 www.firstfridayhawaii.com

아츠 앳 막스 거라지
주소 1159 Nuuanu Ave. 전화 808-521-2903 지도 p.134 ❼

레이 쇼핑 Lei Shopping

하와이에서 흔히 주고받는 꽃목걸이 레이도 차이나타운에 가면 저렴하게 구입할 수 있다. 차이나타운의 중심 거리라 할 수 있는 마우나케아 거리(Maunakea St.)를 걷다 보면 가게 바깥에 의자를 놓고 활짝 핀 열대 꽃을 실로 엮고 있는 중년의 여인들을 볼 수 있다. 레이는 재료에 따라, 만드는 법에 따라 종류가 수백 가지인데, 향이 있고 디자인이 정교할수록 가격이 비싸다.

⊕ 린즈 레이 숍
Lin's Lei Shop
주소 1017A Maunakea St. 전화 808-537-4112 지도 p.134 ❸

⊕ 신디즈 레이 앤 플라워 숍
Cindy's Lei and Flower Shop
주소 1120 Maunakea St. 전화 808-524-3409 지도 p.134 ❹

TIP

차이나타운 갈 때, 기억하세요!

• 차이나타운은 주중보다는 주말 아침에 방문하는 것이 훨씬 재미있다. 나 역시 주말 아침에 딤섬을 먹고 장바구니 하나 가득 과일과 야채를 푸짐하게 장만해오곤 한다. 대부분의 상점은 주말, 주중할 것 없이 오후 2시 경이면 파한다.

• 주차는 시 정부가 운영하는 공영 주차장을 이용하는 것이 가장 저렴하다(일반 사설 주차장은 시간당 5~10달러). 차이나타운 상세 지도(p.134)에 표기한 주차장은 모두 공영 주차장으로 두 시간에 3~4달러 내외로 주차할 수 있다. 주차 시간만큼 동전을 넣으면 미터가 올라가는 주차요금계산기가 마련된 거리 주차장도 많다. 거리 주차장은 시간당 2달러 내외. 공영 주차장은 대개 주차 건물이 별도로 있고 건물 입구에 아래와 같은 'Municipal Parking' 표지판이 걸려 있다.

• 해가 지면 차이나타운은 우범지대로 변한다. 혼자라면 차이나타운의 밤거리는 피하는 것이 좋다.

월터 아저씨를 따라
차이나타운에 가다

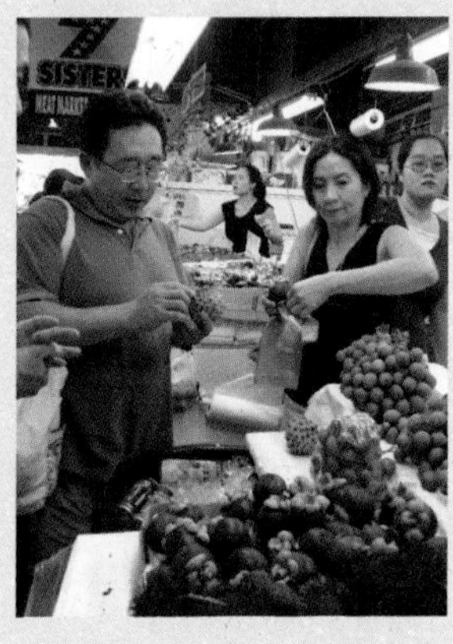

하와이의 유명 요리사 겸 음식 칼럼니스트인 월터 아저씨는 현지인을 대상으로 호놀룰루의 차이나타운 음식 투어를 진행하고 있다. 음식에 관한 한 월터 아저씨만큼 정열적인 사람을 나는 만나지 못했다. 단순히 식탐이 많은 것이라면야 나도 아저씨 못지않지만 여느 셰프에 뒤지지 않는 요리 솜씨와 조리과학 석사학위에 빛나는 풍부한 지식에는 감히 비할 자가 있으랴 싶다.

토요일 아침 8시 반이면 적게는 두세 명에서 많게는 20명까지, 신문 광고를 통해 월터 아저씨의 투어를 접한 사람들이 차이나타운의 작은 사거리에 모여 아저씨를 따라 세계음식기행에 나선다. 어느 한가로운 토요일 아침, 나도 새벽부터 카메라와 수첩과 볼펜을 들고 차이나타운으로 향했다. 미국 방방곡곡에 살면서 수차례 차이나타운 음식 투어를 진행한 월터 아저씨의 말에 따르면 세상 어디에도 하와이 차이나타운만큼 한정된 지역에 그토록 다양한 문화가 밀집되어 있는 곳은 없다고 한다. 하와이의 차이나타운에는 중국뿐만 아니라 필리핀, 베트남, 한국 등 여러 나라를 대표하는 식료품점과 먹거리, 사람들이 널리 분포되어 있다.

아저씨는 제일 먼저 해산물 시장으로 안내했다. 하와이의 소위 잘나가는 레스토랑 주방장들이 장을 본다는 곳이다. 파다닥거리는 꽃게와 포동포동 살이 오른 새우가 종류별로 깔려 있고 웬만한 어른 허벅다리만 한

생선이 가로 누워 정면으로 나를 노려보고 있다. 이곳 해산물 시장은 새벽 5시에 문을 열어 오후 2시쯤이면 문을 닫는다. 매일 꼭두새벽 직판장에 가서 경매를 통해 구입한 생선을 그날 바로 판매하기 때문에 일찍 문을 열고, 다 팔리면 문을 닫는다.

다음은 야외 청과물 시장. 오아후 마켓(p.135) 건너편에 있는 이 옥외 시장에는 작은 가게들이 옹기종기 모여 있다. 발 빠른 아저씨를 따라 열심히 돌아다니다 보니 목도 마르고 다리도 아파왔다. 해는 이미 중천. "달콤한 사탕수수 주스 한 잔?" 나의 심중을 꿰뚫어 본 아저씨가 사탕수수 주스를 권했다. 하와이에서 자란 사탕수수를 가져다 즉석에서 즙을 짜 만드는 사탕수수 주스는 차이나타운에서만 맛볼 수 있는 별미다.

그다음 걸음을 옮긴 곳은 하와이에서 가장 싼 점심을 먹을 수 있는 곳, 차이나타운 푸드코트다. 중국 요리는 기본이고 태국, 베트남, 라오스, 필리핀, 그리고 한국 요리 등 간이 음식점이 20개 남짓 모여 있다. 1인분 평균 가격은 4~6달러 정도. 경쟁이 심해선지 가격은 싼데 양도 많고 맛도 있다. 세계 각국을 대표하는 향신료가 코와 침샘을 자극한다.

벽에 붙은 화려한 음식 사진을 구경하다가 고개를 돌리니 푸드 코트 구석에 'Open Market'이라고 적힌 문이 보였다. 문을 열고 들어가자 눈앞에 새로운 세상, 아니 새로운 시장이 펼쳐졌다. 필리핀을 비롯한 동남아시아에서 건너 온 상품들이 주를 이루는 이 마켓에는 람부탄이나 두리안, 망고스틴 같은 이국적인 과일과 이름 모를 생선, 갖가지 채소가 진열되어 있다.

월터 아저씨를 따라 차이나타운의 인기 상점을 둘러보는데 대략 두 시간이 소요됐다. 투어에 참여한 사람들은 여행객이 반, 현지 주부가 반으로 하나같이 '자타가 공인하는 먹순이'들. 하와이의 많은 투어 중 차이나타운 투어만큼 즐거운 것은 없다는 데에 의견을 같이했다.

꼭 월터 아저씨 투어일 필요는 없다. 하와이의 대표 일간지인 〈스타 애드버타이저〉의 금요일판 주말 이벤트 소개란(tgif.staradvertiser.com)을 보면 차이나타운 투어를 여러 개 소개하고 있으니 자신에게 맞는 걸 골라 참가하면 된다. 물론 왼손에 지도, 오른손에 카메라를 들고 혼자 둘러보는 것도 좋다.

탄탈루스 드라이브 Tantalus Drive

도심 속 비밀스러운 데이트 코스라는 점에서 우리나라의 남산 드라이브와 비슷하다. 600미터 높이의 탄탈루스 산 정상까지 구불구불 이어지는 완만한 도로를 따라 가다 보면 호놀룰루 시내가 한눈에 들어온다.

야경이 가장 멋지지만 해 질 무렵도 그 못지않게 아름답다. 드라이브 중간에 한적하고 평화로운 푸우 우알라카아 주립공원(Puu Ualakaa State Park, p.139)이 있다.

모험을 즐긴다면 탄탈루스 곳곳에 있는 하이킹 코스로 추천한다. 한 시간 내외의 단거리 코스부터 하루 꼬박 걸리는 장거리 코스까지 다양하며, 코스 지도는 입구에 비치되어 있는 경우가 많다.

대중교통으로 가려면 여러 번 갈아타야 하고 와이키키에서 30분이면 가는 거리가 버스를 타면 한 시간 반 이상 소요된다. 렌터카가 없다면 탄탈루스 야경 투어를 이용하는 것이 편하다. 관련 투어는 머물고 있는 호텔에서 출발하는 투어가 있는지 호텔에 알아보면 편하다.

교통 내비게이션에 'Puu Ualakaa State Park'라고 입력하면 탄탈루스 드라이브로 안내한다.

푸우 우알라카아 주립공원 Puu Ualakaa State Park

하와이에서 프러포즈를 계획하고 있거나 뭔가 용서를 구할 일이 있다면 이곳에서 할 것. 하와이에는 로맨틱한 레스토랑과 카페도 많지만 푸우 우알라카아 주립공원의 폭신한 언덕배기 잔디밭만큼 낭만적인 곳은 없을 것이다. 돈 주고 살 수 있는 낭만보다 있는 그대로 충분히 아름답고 낭만적인 자연의 힘을 빌린다면 확실하게 연인의 마음을 빼앗을 수 있을 것 같다. 하루 중 언제라도 좋지만 특히 해 질 무렵에 가면 주황빛으로 물든 호놀룰루와 진주만, 다이아몬드 헤드의 전경을 즐길 수 있다. 연인은 물론, 어린이를 동반한 가족이라면 우알라카이 트레일(Ualaka'a Trail)에 들러보는 것도 좋겠다. 이 공원에서 시작되는 비교적 완만하고 짧은 코스로 남녀노소 무리 없이 즐길 수 있다.

주소 Makiki St. 끝자락, Honolulu **오픈** 4월 1일부터 노동절(9월의 첫 월요일)까지 07:00~19:45, 노동절 이후부터 3월 31일까지 07:00~18:45 **요금** 무료 **전화** 808-587-0300 **홈피** www.hawaiistateparks.org/parks/oahu **지도** 맵북 p.3 Ⓚ

TIP

밤 10시 이후의 탄탈루스 드라이브와 푸우 우알라카아 주립공원은 우범지대로 분류됩니다. 가능하면 9시 전에 찾도록 하고 10시 이후에 간다면 차 안에서만 야경을 즐기는 것이 안전해요.

팔리 전망대 Nu'uanu Pali Lookout

$0 2

'팔리'는 '바람'을 뜻하는 하와이 말로, 뵤도인 사원 가는 길에 있는 팔리 전망대는 이름값을 제대로 하는 곳이다. 주차장에 차를 대고 내리는 순간 엄청난 바람이 불어 과장 조금 보태면 그대로 날아갈 것만 같다. 웬만하면 모자는 차에 두고 내리는 것이 좋고, 이제 막 걷기 시작한 아기가 있으면 품에 꼭 안고 있는 편이 안전하다. 기온도 다소 낮은 편이므로 카디건이나 재킷을 준비하는 것이 좋다. 이렇게 무지막지한 바람에도 불구하고 많은 사람이 팔리 전망대를 찾는 것은 이곳에서 보는 전망이 꽤나 멋지기 때문이다. 흔히 하와이 사람들이 윈워드(Windward)라고 말하는 남동쪽 해안과 마을의 경치가 한눈에 들어온다.

교통 더 버스 2번(school st. 방면), Betchel St.에서 더 버스 4번(Nu'uanu 방면)으로 환승(렌터카 이용 시, 호놀룰루에서 H-1 WEST를 타고 Pali Highway로 갈아탄다. 그 후 5마일 정도 직진하면 오른쪽에 Nu'uanu Pali Dr.가 나오고 그 길로 진입하면 된다. 와이키키에서 20분 정도 소요된다.) 주소 Nu'uanu Pali Dr, Honolulu 오픈 09:00~16:00 요금 무료, 주차료는 1대당 3달러 전화 808-587-0300 홈피 www.hawaiistateparks.org/parks/oahu/nuuanu.cfm 지도 맵북 p.3 Ⓖ

호오말루히아 식물원 Hoomaluhia Botanical Garden

$0 1-2

'평화로운 피난처'를 뜻하는 이름에 걸맞게 호오말루히아 식물원은 도심으로부터 완벽한 '피난'의 기회를 제공한다. 장엄한 코올라우(Koolau) 산맥의 기슭을 배경으로 펼쳐진 무려 식물원은 싱그러운 나무와 꽃향기로 가득하다. 캠핑 시설도 있고 낚시 장비가 있다면 식물원 내 호수에서 낚시를 즐길 수 있다. 부지가 워낙 넓어 주중은 물론이고 주말에도 한가한 편이며, 곳곳에 돗자리 펴고 누울 수 있는 잔디밭이 널려 있다. 캠핑은 매주 금요일 오전 9시부터 다음 주 월요일 오후 4시까지 할 수 있고, 호놀룰루 시영 캠프 예약 사이트(camping.honolulu.gov)에 접속하면 식물원 내 캠프 사이트 30여 곳의 예약을 할 수 있다.

교통 알라모아나 센터에서 더 버스 55, 65번(Kaneohe 방면) 주소 45-680 Luluku Rd. Kaneohe 오픈 09:00~16:00(무료 가이드 투어 토요일 10:00, 일요일 13:00) 휴무 1월 1일, 크리스마스 요금 무료 전화 808-233-7323 홈피 www.honolulu.gov/parks 지도 맵북 p.3 Ⓖ

TIP

호오말루히아 식물원은 바비큐 시설을 갖추고 있지만 불을 피울 숯과 성냥, 음식 등은 직접 준비해야 합니다. 바비큐가 번거롭다면 간식거리만 챙겨 가세요. 우기(11~4월)보다 건기(5~10월)가 캠프를 즐기기 더 좋은데, 이 지역 특성상 지나가는 비가 종종 내리므로 방수가 되는 재킷이나 우비 등이 있으면 요긴하게 쓸 수 있어요.

돌 파인애플 농장 Dole Pineapple Plantation

세계적인 파인애플 생산업체 돌(Dole) 사가 운영하는 '파인애플 세상'이다. 농장에서 이제 막 따온 싱싱한 파인애플을 비롯해 100퍼센트 파인애플 주스와 잼, 쿠키, 아이스크림, 파인애플이 그려진 티셔츠, 파인애플 모양 귀고리까지 파인애플에 관한 모든 것을 만날 수 있다. 그 외 기네스북에 오른 세계 최대 규모의 미로(8094㎡)와 파인애플 열차도 있다. 자녀와 함께라면 미로와 열차 여행을 빼놓지 말 것. 경쾌한 '파인애플 송'을 울리며 출발해 파인애플 농장을 둘러보는 기차 여행의 내레이션은 영어로 진행되긴 하지만 기차를 타고 파인애플 밭을 달리는 것만으로도 행복해 하는 아이들이 많다. 30분마다 출발하며 20분 정도 소요된다.

교통 알라모아나 센터에서 더 버스 52번(Wahiawa–Haleiwa 방면) 주소 64–1550 Kamehameha Hwy. Wahiawa 오픈 09:30~17:00 요금 *미로: 어른 8달러, 만 4~12세 6달러, *파인애플 기차: 어른 11.5달러, 만 4~12세 9.5달러 전화 808–621–8408 홈피 www.doleplantation.com 지도 맵북 p.2 Ⓕ

SAVE MORE!

미로와 파인애플 열차는 와이키키에서 쉽게 볼 수 있는 무료 쿠폰북이나 지도 책자에 할인쿠폰이 있으니 미리 챙기세요.

포스터 식물원 Foster Botanical Garden

150년 역사를 자랑하는 포스터 식물원은 14에이커(5만 6656㎡)에 이르는 식물원 전체가 살아 숨 쉬는 하와이 식물 박물관과도 같다. 이곳저곳에 사랑하는 이와 산책하기 좋은 오솔길과 연인의 무릎을 베고 낮잠 자기 좋은 잔디밭도 많다. 호놀룰루 다운타운 한가운데에 열대기후에서만 자라는 꽃과 식물을 볼 수 있는 싱그러운 공간이 있다니, 도심 속의 오아시스다. 단, 모기가 무척 많으므로 모기약을 잊지 말 것!

교통 더 버스 2, 13번(School St. Liliha 방면) 주소 50 N Vineyard Blvd. Honolulu 오픈 09:00~16:00, 가이드 투어: 월~토요일 13:00(예약 필수) 요금 만 13세 이상 5달러, 만 6~12세 1달러, 만 5세 이하 무료 전화 808–522–7066 홈피 www.honolulu.gov/parks 지도 맵북 p.3 Ⓚ

보도인 사원 Byodo-In Temple

호놀룰루에서 차로 20분 정도 걸리는 카네오헤(Kaneohe)는 산으로 둘러싸인 평화로운 마을이다. 카네오헤에 위치한 뵤도인 사원은 900여 년간 교토를 지키고 있는 일본 교토의 유적지를 복제한 사원으로, 지난 1968년, 일본인의 하와이 이주 100주년을 기념해 세웠다. 절이라고는 하지만 종교적인 색채가 강하지 않고 외관과 주변 풍광이 아름다워 여행객과 현지인의 발걸음이 끊이지 않는다. 고요한 절 안에 들어가 몸과 마음을 내려놓고 묵상을 하는 시간은 참 소중하다. 이 절을 포근히 안아주고 있는 높고도 수려한 팔리(Pali) 산맥을 감상하는 것도 행복한 경험이다.

교통 알라모아나 센터에서 더 버스 65번(Kahaluu, Kaneohe 방면) 주소 47-200 Kahekili Hwy. Valley of Temples Memorial Park, Kaneohe 오픈 08:30~17:00 요금 만 13세 이상 5달러, 만 2세~12세 2달러(현금만 가능) 전화 808-239-8811 홈피 www.byodo-in.com 지도 맵북 p.3 Ⓖ

비숍 뮤지엄 Bishop Museum

1889년에 개관한 비숍 뮤지엄은 전 세계에서 고대 하와이 예술품을 가장 많이 소장하고 있는 곳이다. 정식 명칭은 베르니스 파우아히 비숍 뮤지엄(The Bernice Pauahi Bishop Museum)으로, 하와이 왕국의 공주인 베르니스 파우아이가 죽으면서 남편인 찰스 리드 비숍에게 이 박물관을 지어줄 것을 부탁했다고 전해진다. 그녀가 수집한 수많은 하와이 예술품, 그리고 예술품 발굴과 보존에 힘쓴 이들의 노력이 이어져 현재 비숍 뮤지엄은 무려 1300만여 점의 예술품을 소장하고 있다. 비숍 뮤지엄의 하이라이트는 하와이 아트 컬렉션 전시관이다. 왕가에서 쓰던 가구와 화려한 장신구, 소박한 조각품과 조개를 엮어 만든 레이, 코아 나무, 손으로 만든 악기 등이 전시되어 있다.

교통 더 버스 2번(School st. 방면) 주소 1525 Bernice St. Honolulu 오픈 09:00~17:00 휴무 크리스마스 요금 어른 23달러, 만 4~17세 17달러, 만 4세 이하 무료 전화 808-847-3511 홈피 www.bishopmuseum.org 지도 맵북 p.3 Ⓚ

한국학 센터 Center for Korean Studies

"한국인 친구가 하와이에 왔을 때 가장 보여주고 싶은 곳은?"이라는 질문에 팔십 노령의 다니엘 아카카 전 하와이 주 상원의원은 이곳 한국학 센터를 이야기했다. 한국학 센터는 미국 최초로 하와이에 설립한 한국학 연구기관으로 매우 중요한 교육적 의미를 지니고 있다며, 한국인은 물론 하와이 사람들에게도 자랑스러운 문화유산이라고 말했다. 하와이 최고 교육기관인 하와이주립대학교(University of Hawaii) 정문에 들어서면 오른쪽 가로수길에 늠름하게 서 있는 한국 전통 건물 양식이 시선을 사로잡는다. 하와이 한국학 연구의 구심점 역할을 하는 곳이다. 미국에 설립된 최초의 한국학 연구기관인 이곳은 1972년 하와이주립대학교 부설 연구기관으로 탄생했다. 경복궁을 본떠 만든 건축물은 하와이주립대학교의 역사적인 명물로 자리 잡았다. 한국학 센터만큼 체계적으로 한국학을 연구하는 기관은 흔치 않다. 한국학 센터의 연구진들이 31년째 매년 심혈을 기울여 발행하는 〈한국학 학술지(Korean Studies)〉와 30여 권에 이르는 단행본 출간은 한국학의 학문적 체계 정립에 중요한 역할을 하고 있다.

교통 더 버스 13번(Waikiki-UH Manoa 방면) 주소 1881 E West Rd. Honolulu 오픈 08:30~16:30 요금 무료 전화 808-956-7041 홈피 www.hawaii.edu/korea 지도 맵북 p.3 Ⓚ

디스커버리 센터 Children's Discovery Center

미국 대부분의 대도시에는 입이 쩍 벌어지도록 멋들어진 어린이 박물관이 하나씩은 있는데, 호놀룰루에는 안타깝게도 그런 곳이 없다. 박물관에 가장 근접한 곳이라면 디스커버리 센터가 있는데, 3층 규모의 아담한 크기인 이곳은 어린이 박물관을 표방하고 있지만 교육적 성격이 강한 놀이 공간으로 보는 것이 맞을 듯하다. 규모나 내용 면에서 아쉬운 바가 없지 않지만 그래도 비가 내리거나 바람이 부는 날 어린이들이 이곳만큼 즐거운 시간을 보낼 수 있는 곳은 없지 싶다. 매주 수요일 오전에는 만들기와 그리기 교실에 참여할 수도 있다.

교통 더 버스 19, 20, 42번(Airport, Ewa Beach 방면) 주소 111 Ohe St. Honolulu 오픈 화~금요일 09:00~13:00, 토 · 일요일 10:00~15:00 휴무 월요일 요금 12달러, 만 62세 이상 7달러, 만 1세 이하 무료 전화 808-524-5437 홈피 www.discoverycenterhawaii.org 지도 맵북 p.3 Ⓚ

알로하 타워 마켓플레이스 Aloha Tower Marketplace

1926년에 세운 알로하 타워는 한때 하와이 최대의 지상 건물로서 오아후 섬에 정박하는 크고 작은 배가 드나드는 항구 기능이 컸지만, 지금은 관광객을 주 고객으로 삼는 기념품점과 식당이 입점해 있는 쇼핑센터로 변모했다. 새해 전야 또는 독립기념일 밤이면 화려한 불꽃놀이가 펼쳐진다. 알로하 타워 1층에 위치한 골든 비쉬(Golden Biershch)에 가면 시원한 바닷바람을 맞으며 하와이 생맥주를 들이키는 행복을 누릴 수 있다.

교통 더 버스 2, 20번(School st., Airport 방면) 타고 Aloha Tower Marketplace 하차 주소 1 Aloha Tower Dr. Honolulu 오픈 월~토요일 09:00~21:00, 일요일 09:00~18:00 전화 808-528-5700 홈피 www.alohatower.com 지도 맵북 p.3 Ⓚ

웻 앤 와일드 워터파크 Wet' n Wild Hawaii

에버랜드의 캐러비안 베이와 유사한 워터파크로 인파가 적어 여유롭게 즐길 수 있다. 1400만 달러를 들여 1999년에 오픈한 29에이커(약 3만 5천 평) 규모의 워터파크로 축구 경기장 크기의 파도 풀과 65피트 길이의 슬라이드, 빠른 속도로 낙하하는 총알 슬라이드 등이 있으며, 유아 전용 풀과 슬라이드도 있다. 하와이에 세계적인 해변이 얼마나 많은데, 워터 파크가 웬말이냐 하겠지만 연일 비가 온다거나 워터파크를 좋아하는 10대 자녀가 있다면 이곳에서 즐거운 시간을 보낼 수 있을 것이다.

교통 알라모아나 센터에서 더 버스 40번(Makaha Towers 방면) 주소 400 Farrington Hwy. Kapolei 오픈 요일과 시즌에 따라 오픈 시간이 다르므로 방문하기 전 홈페이지를 확인할 것 요금 어른 49.99달러, 만 65세 이상 · 어린이(신장 107cm 이하) 37.99달러, 2세 이하 무료 전화 808-674-9283 홈피 www.wetnwildhawaii.com 지도 맵북 p.2 Ⓙ

TIP

하와이 주 자치법은 모든 공공장소에서 흡연하는 것을 불법으로 규정하고 있습니다. 여기서 말하는 공공장소에는 공항, 슈퍼마켓, 극장, 나이트클럽, 레스토랑, 그리고 해변과 등산로도 포함됩니다. 흡연자라면 주의하세요!

한국과 하와이, **긴 인연의 시작**

언젠가 하와이를 여행하다 문득 '대체 이 아름다운 섬은 언제부터 존재해온 걸까' 궁금해졌다. 살면서 이렇게 좋은 곳을 경험할 수 있어 다행이라는 안도감과 함께, 문득 '최초로 하와이를 알고 찾아온 한국인은 누구이며 어떤 연유로 이 먼 섬나라까지 오게 됐나' 하는 궁금증이 일었다. 도서관에 가서 찾은 역사책에 따르면 가장 오래된 하와이의 모습은 1794년으로, 당시 영국에서 온 윌리엄 브라운 선장이 호놀룰루 항구에 닿았을 때 호놀룰루는 폴리네시아인 가족 몇몇이 모여 사는 작은 마을에 지나지 않았다. 이후 1800년대에 호놀룰루는 고래잡이 기지로 번창했고, 1820년에 뉴잉글랜드 지방에서 개신교 선교사들이 건너오면서 호놀룰루에 서구 문물을 소개했다고 한다.

우리나라 사람이 처음으로 하와이를 찾은 것은 1903년으로 기록되어 있다. 당시 우리나라를 비롯해 중국과 일본 등에서 이민 온 노동자들은 파인애플과 사탕수수 농장에서 고된 노동을 하며 하와이 농업 발전의 발판을 마련했다고 한다. 이들 호놀룰루 항구에 도착한 102명의 한국인을 기점으로 한국인의 미국 이민 역사가 시작됐다. 한국인 최초의 미국 이민자로 기록된 우리의 선조들은 하와이 사탕수수 농장에서 하루 열 시간의 고된 노동을 견디며 조국의 독립운동 단체에 자금을 보탰다고 한다. 일제 강점기 때는 도산 안창호 선생을 비롯한 독립열사들이 하와이에 모여 독립운동을 모의했고, 이승만 전 대통령은 4.19 혁명 후 하와이로 망명해 마노아에 위치한 그의 자택에서 숨을 거두었다.

현재 호놀룰루에는 4만여 명의 한국인이 거주하고 있다. 그중에는 호놀룰루 정치와 산업의 지도자로서 두각을 나타내는 이들도 많다. 한국계 주민 가운데 해리 김 전 빅아일랜드 시장, 문대양 전 하와이주 대법원장, 리 도나휴 전 호놀룰루 경찰국장 등이 대표적이다. 그 외에도 많은 한국인이 사회 각계각층에서 활약하고 있다. 그 시작은 미약했으나 끝은 성대하리라는 성경의 구절처럼, 처음 하와이를 찾은 한국인은 소수 이민자로서 힘겨운 삶을 살았지만, 그 후로 한 세기가 지난 오늘날의 한국인은 하와이 사회 속 각자의 위치에서 저마다의 몫을 해내고 있다.

오아후에서 꼭 해볼 **액티비티** BEST 8

오아후에서는 서핑, 스노클링 등 수중 스포츠는 물론,
하이킹, 골프까지 다양한 액티비티를 저렴하고 안전하게 즐길 수 있다.
하와이에 갔다면 꼭 도전해봐야 할 액티비티 정보를 가득 담았다.

01

하와이를 대표하는 액티비티

서핑 *Surfing*

하와이는 서핑의 메카다. 처음 서핑이 시작된 곳이자 지구상에서 마일 단위당 서핑 스폿이 가장 많은 곳, 그래서 해마다 파도가 높아지는 겨울이면 세계 정상의 서퍼들이 용맹한 파도를 찾아 날아오는 곳이다. 서핑 경험이 없다 해도 걱정할 건 없다. 하와이는 서핑을 배우기 가장 좋은 곳 중 하나이니 말이다. 초심자를 위한 하와이 서핑의 모든 것이 여기에 있다.

서핑은 아무나 하나

아무나 한다. 아무나 할 수 있다. 강사가 하라는 대로 따라 하면 한 시간 내로 멋지게 파도를 탈 수 있다. 개인차가 있으니 '멋지게'까지는 아니더라도 보드 위에 똑바로 서서 물 위를 헤쳐나가는 것만으로도 충분히 감격적이다. 와이키키 비치에 앉아 지나다니는 서퍼를 보면 이제 겨우 아장아장 걷는 꼬마부터 70대 할아버지까지, 서핑은 실로 연령 제한이 없는 스포츠라는 사실을 깨닫게 된다. 특히 파도가 높지 않은 와이키키에서라면 누구나 서핑을 즐길 수 있다.

● 어디서 배울까

하와이 모든 섬을 통틀어 초보자가 서핑을 배우기 가장 좋은 곳은 오아후 섬, 그중에서도 와이키키다. 파도가 너무 높지도 낮지도 않게, 적당한 간격으로 일어 초보자에게 적당하다. 그래서 서핑보드를 대여해주고 강습도 하는 업체가 와이키키 비치에 가장 많고 또 그만큼 저렴하다. 와이키키에 있는 하얏트나 힐튼 같은 대형 호텔 체인도 대부분 리조트 내에서 자체적으로 서핑 스쿨을 운영한다. 서핑 강습을 제공하는 리조트에 머물지 않더라도 와이키키 비치에 나가면 저렴하게 단체 강습을 받을 수 있다. 서핑의 메카로 알려진 노스 쇼어(p.114), 즉 섬 북부는 목숨을 담보로 파도를 타는 전문 서퍼들의 맹렬한 훈련장이자 시합 장소다. 겨울철에는 파도가 10미터를 훌쩍 넘을 때도 많기 때문에 초중급 서퍼에게는 적당하지 않다.

● 강습을 꼭 받아야 할까

단시간에 안전하고 빠르게 서핑을 배우려면 강습은 선택이 아니라 필수다. 개인 강습은 가격이 비싸고, 단체 강습이라고 해도 보통 여섯 명 이상은 받지 않기 때문에 단체 강습을 추천한다. 단체 강습료와 대여료는 각각 35~45달러, 10~20달러 선이다. 한국에서는 흥정하는 것이 가능하지만 경험상 하와이에서는 그런 회유나 설득이 통하지 않는다. 강습료에는 보통 보드 대여료가 포함되어 있다. 보드 대여 시간은 한 시간에서 세 시간으로 업체마다 다르지만 지칠 때까지 타다가 갖다줘도 추가 요금을 부과하지 않기도 한다. 또 주말보다는 주중에, 오후보다는 이른 아침 시간대로 강습을 신청하는 것이 단체 요금을 내고도 소수정예 강습을 받을 가능성을 높이는 방법이다.

● 강습은 어떻게 진행되나

강사는 보드 위에서 균형 잡는 법과 파도타기 좋은 서핑 스폿(surfing spot)을 구분하는 법, 서핑을 할 때 주의해야 할 점 등에 대해 설명한다. 지상 교육을 마치고 나면 바다로 나가 서핑하기 알맞은 파도가 칠 때 뒤에서 서핑보드를 강하게 밀면서 초보 서퍼가 파도를 쉽게 탈 수 있도록 힘을 실어준다. 대개 두세 번의 실패 끝에 파도를 살짝 타기도 하는데, 그렇게 한번 맛을 보고 나면 강사의 도움 없이도 어떤 파도가 서핑에 적당하며 어느 타이밍에 보드 위에 올라서야 하는지 감을 잡을 수 있다.

● 서핑 에티켓과 안전 수칙

서핑 에티켓의 기본은 다른 서퍼들의 공간을 존중하는 것이다. 옆 보드에 너무 가까이 다가서지 말고 어느 정도 거리를 둔 채 자리를 잡고 파도를 기다려야 한다. 서핑의 기본기를 익히고 나면 보드를 대여해 혼자서도 서핑을 할 수 있지만, 가능하면 혼자 바다에 나가지 말고, 반드시 안전요원이 있는 해변으로 갈 것을 권한다. 혹여 함께 있던 친구나 가족이 시야에서 사라졌거나 파도에 휘말렸을 때는 절대 나서지 말고 주변에 큰 소리로 알린 뒤, 안전요원에게 도움을 청해야 한다.

● 그 밖의 팁

• 서핑을 하러 갈 때는 꼭 필요한 몇 가지(자동차 열쇠, 강습료, 대여료 등을 위한 현금)를 제외한 모든 소지품은 차에 두고 가는 것이 안전하다. 강습 업체에서 소지품을 맡아주긴 하지만 보안이 허술한 곳도 많다.

• 추위를 많이 탄다면 서핑용 셔츠를 입는 것이 좋다. ABC 스토어와 주요 쇼핑몰의 수영복 코너에서 구입할 수 있으며, 서핑 강습 시 대여해주는 곳도 있다.

• 서핑을 하려면 바람이 적당히 있어야 한다. 바람이 없으면 파도가 잦지 않고 파도가 없으면 서핑이 어렵다. 날씨가 좋지 않다면 서핑 강습을 다음 날로 미룰 수 있도록 서핑 일정은 여행 초기로 잡는 것이 좋다. 그날의 파도 상태, 바다 날씨는 당일 하와이 날씨 정보 사이트(www.hawaiiweathertoday.com)에서 확인할 수 있다.

02

하와이 열대어와의 만남
스노클링 *Snorkeling*

스쿠버다이빙, 제트스키, 보트 등 바다를 만나는 방법은 수없이 많지만 스노클링만큼 배우기 쉽고 장비가 간편한 수중 스포츠도 드물다. 스노클링은 숨 쉴 수 있는 호스가 달린 물안경을 쓰고 열대어가 많은 바닷속을 구경하며 수영을 즐길 수 있어 하와이를 찾는 대부분의 사람들은 한 번쯤 스노클링을 시도한다.
오아후에서 스노클링을 하기 가장 좋은 곳은, 다시 말해 열대어를 가장 많이 볼 수 있는 곳은 하나우마 베이(p.110)다. 사실 하나우마 베이를 제외하면 오아후보다는 이웃섬에 이상적인 해변이 더 많다. 특히 마우이와 빅아일랜드에서는 배를 타고 한 시간만 가면 열대어 가득한 투명한 바다를 만날 수 있다. (자세한 내용은 마우이의 몰로키니 스노클링(p.267), 빅아일랜드의 케알라케콰 베이(p.305) 참조) 따라서, 사람들에게 알려지지 않은 환상의 바닷가는 언제 어디서라도 새롭게 발견할 수 있으므로 하와이에 있는 동안은 항상 스노클링 장비를 차 트렁크에 휴대하는 것이 좋다. 열대어가 많은 해변을 찾았을 때 언제라도 바로 뛰어들 수 있도록 말이다.

스노클링 장비 대여하기

스노클링 장비를 대여할 때는 머물고 있는 숙소에 문의하는 것이 좋다. 단, 호텔에서 자체적으로 대여해주는 곳도 있지만 대여 요금이 평균 두 배를 웃돌기 때문에 근처 스노클링 대여점을 소개받는 편이 낫다. 호텔에 머물지 않는다면 하와이에는 지역을 막론하고 수중 스포츠 장비 대여점이 매우 많다. 장비나 요금에 큰 차이는 없지만 그중에서도 저렴하면서 품질 좋은 장비를 제공하는 곳으로 유명한 업체가 스노클밥(Snorkel Bob's)이다. 빅아일랜드와 마우이, 카우아이, 오아후 등 모든 섬에 여러 개의 지점을 두고 있어 어느 지점에서나 장비를 반환할 수 있다. 하와이에 도착하자마자 장비를 빌린 후 마지막 날 아무 섬에서나 반환하면 된다. 대여 가격은 장비 종류에 따라 일주일에 약 10~40달러 선.

⊕ 스노클밥

주소 702 Kapahulu Ave. Honolulu 전화 808-329-0770 홈피 www.snorkelbob.com

초간단 스노클링 배우기

1단계 마스크로 눈과 코를 모두 덮고 입안에 틀니를 끼우듯 고무 호스 앞부분을 넣어 어금니로 지그시 깨문다.

2단계 바다에 얼굴을 수평으로 담그고 호스를 통해 입으로 숨을 쉰다.

3단계 수영하듯이 발차기를 하면서 앞으로 전진한다. 이때 팔은 편하게 몸 가까이에 두고 머리는 바닷속을 내려다보며 호흡을 조절한다. 수영에 자신이 없으면 핀(fin)을 이용하는 것도 좋은 방법이다.

TIP

아무리 소독을 철저히 한다고 해도 남이 썼던 장비를 쓰는 것이 꺼림칙하다면 기본적인 스노클링 장비를 구입하세요. 가격은 10달러에서 100달러까지 천차만별이지만 월마트에 가면 10~30달러에 판매하는 저렴한 장비를 구입할 수 있습니다.

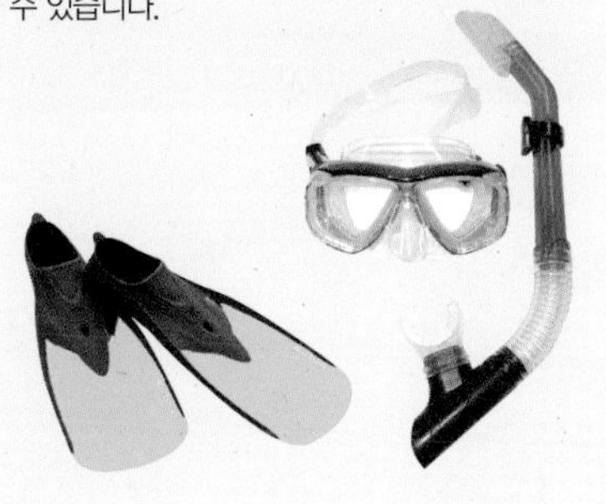

03

태평양을 항해하는 특별한 경험

바다 카약 *Ocean Kayak*

카약은 강이나 바다에서 타는 1인용 또는 2인용 배로 하와이에서는 주로 바다 카약을 많이 한다. 흔히 패들링이라 말하는 노젓기는 바로 배워서 할 수 있을 만큼 원리가 간단하다. 단, 제대로 노를 젓기 위해서는 상체 전부를 활용해야 하기 때문에 운동량이 상당하다. 파도가 높은 곳에서는 낭만적일 새도 없이 부지런히 노를 저어야 한다. 단, 카일루아 비치와 모쿨레아(Mokulua)섬을 잇는 구간은 파도가 잔잔한 편이라 사랑하는 사람과 단 둘이 태평양을 항해하는 특별한 경험을 하기에 최적이다.

처음 카약을 시도한다면 가이드가 함께 하는 가이드 투어를 신청하길 추천한다. 투굿 카약 하와이는 30년이 넘는 시간 동안 카약 투어를 진행해온 업체다. 투굿 가약 하와이의 가이트 투어는 점심 식사와 스노클링 장비 대여가 포함된다. 와이키키까지의 교통편을 추가할 수도 있다. 가격은 1인당 약

150달러 내외다. 투어는 카일루아 비치에서 출발해 한 시간 가량 카약을 해서 인근 모쿨루아섬까지 이동한다. 섬에서 점심을 먹고 카약을 타고 돌아오는 코스로 총 다섯 시간 소요된다.

카약 자체도 좋지만 모쿨루아섬에서 보내는 시간도 특별하다. 하와이 인생샷 명소로 꼽히는 퀸즈 배스(Queen's Bath)가 섬 안 쪽에 숨어 있고 하와이 비치로는 드물게 예쁜 조개들도 많다. 세상 편안한 자세로 해변에서 늘어지게 한 잠 자고 있는 하와이안 몽크실이나 그 옆에서 더불어 졸고 있는 하와이안 바다거북을 만날 가능성도 높다. 카약을 타고 두 시간 거리를 왕복하기 부담스럽다면 왕복 30분 거리에 위치한 포포이섬(Popoi'a Island)까지 가는 코스를 고려해봄직하다. 하지만, 평소 체력이 괜찮은 편이라면 소위 가성비 측면에서 모쿨루아섬까지의 투어를 추천한다.

노젓기라면 누구보다 자신이 있고 수영도 잘 하고, 무거운 카약을 번쩍 들 만큼 체력도 받쳐준다면 직접 카약을 빌려 훨씬 저렴하게 카약을 즐길 수 있다. 렌터카 지붕 위에 카약을 튼튼히 묶고서 카일루아나 라니카이 비치로 향하면 된다. 카약을 사용한 다음에는 도움 없이 운반해야 하기 때문에 대여 시 업체 직원이 하는 것을 잘 봐두어야 한다. 카약 대여료는 업체에 따라 다른데 보통 카일루아에 위치한 곳의 경우 반나절 대여는 1인용 35~45달러, 2인용 45~55달러, 종일 대여는 1인용 35~55달러, 2인용은 45~65달러 내외다. 카약 대여는 투굿 카약 하와이 뿐 아니라 카일루아 비치나 라니카이 비치 인근에 위치한 여러 업체에서 쉽게 할 수 있다.

투굿 카약 하와이

주소 134b Hamakua Dr. Kailua 전화 808-262-5656 홈피 www.twogoodkayaks.com

카일루아 세일보드 앤 카약

주소 130 Kailua Rd. Kailua 전화 808-262-2555 홈피 www.kailuasailboards.com

모클레아섬

퀸스 배스

04

하와이의 마스코트

돌고래와 수영하기 *SWIM WITH DOLPHIN*

하와이 근해 태평양을 유영하는 돌고래는 대부분이 스피너 종으로 크기는 약간 작은 축에 들고 점프가 특기다. 오아후 서쪽 해안, 마카하(Makaha) 해안은 오아후에서 돌고래를 가장 많이 볼 수 있는 곳이다. 돌핀 스타와 오션 조이 크루즈는 오아후에서 가장 규모가 큰 돌핀 크루즈 업체로 돌고래 관람 보트와 거기에 스노클링이 추가된 크루즈 투어를 운영한다. 특히 스노클링이 포함된 크루즈 투어는 추천할 만하다. 보트에서 보는 돌고래와 스노클링을 통해 만나는 돌고래는 차원이 다르다. 물론 매번 볼 수 있는 건 아니고 운이 따라야 한다. 맨들거리는 예쁜 이마와 착한 눈, 우아한 몸의 곡선을 뽐내며 평화롭게 유영하는 돌고래 가족을 만난다면 어딘가 다른 세상에 있는 듯한 착각이 든다.

두 업체 모두 바베큐 버거와 샐러드로 이루어진 점심이 일정에 포함되어 있다. 가격은 1인당 100~130달러 선이다. 투어 일정은 두 업체가 비슷하지만, 점심은 돌핀 스타가 더 맛있고, 교통은 오션 조이 크루즈의 조금 더 편하다. 출항지가 돌핀 스타의 경우 와이키키에서 한 시간 거리, 오션 조이 크루즈는 30분 내지 50분 거리로 더 가깝다.

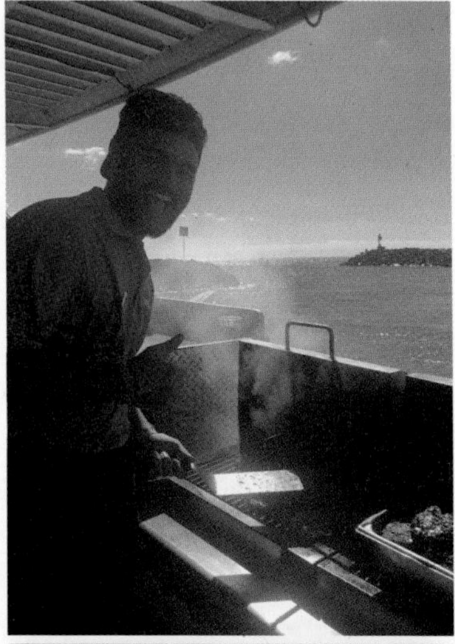

돌핀 스타

전화 808-983-7732 홈피 www.dolphin-star.com

오션 조이 크루즈

전화 808-677-1277 홈피 www.oceanjoycruises.com

돌핀 퀘스트(Dolphin Quest)는 하와이에서 유일하게 각종 돌고래 관련 프로그램을 운영한다. 카할라 리조트와 씨 라이프 파크의 인공 연못에 살고 있는 돌고래를 만나고, 먹이도 주고, 함께 수영을 하는 경험을 할 수 있다. 빅아일랜드의 힐튼 리조트에서도 돌핀 퀘스트의 돌고래와 수영하기 프로그램을 체험할 수 있다. 프로그램 참가비는 돌고래와 함께하는 시간(10분~5시간 45분)과 프로그램 내용에 따라 175~600달러까지 다양하다.

⊕ 돌핀 퀘스트 Dolphin Quest

전화 808-739-8918 홈피 www.dolphinquest.com

방심은 금물! 돌고래 만날 때 기억하세요!

웃고 있는 것처럼 보이는 입 모양 때문인지 돌고래를 순한 반려동물처럼 생각하는 분들이 있어요. 돌고래가 '순둥이' 체질인 것은 맞지만 그렇다고 늘 순하기만 한 건 아니랍니다. 다른 동물들처럼 돌고래도 공격적으로 변할 수 있죠. 특히 야생 돌고래는 더욱 주의를 기울여야 해요. 바다에서 수영하다 돌고래를 만났을 때는 바짝 다가가서 사진을 찍기보다는 적당한 거리를 두고 지켜보는 것이 좋습니다.

– 에밀리(Emily Sabo, 돌고래 조련사)

05

밀림 속 타잔이 되어 보기

짚라인 *Zip Line*

짚라인은 케이블에 매달려 바람을 가르며 활강하는 레포츠로 한국을 포함해 세계 곳곳에 짚라인 애호가들이 있다. 스릴을 즐기면서 아름다운 풍광까지 감상할 수 있고, 어린이도 할 수 있기 때문에 가족 단위로 즐기기도 좋다.

클라임 웍스 CLIMB Works Keana Farms

하와이 최초의 짚라인 업체로 하와이에서 가장 길고 다양한 짚라인 코스를 제공한다. 전문적이고 친절한 가이드와 쾌적한 시설, 울창한 수풀 속 자연과 아름답게 어우러진 코스 또한 돋보인다. 총 세 시간 코스로 짚라인을 여덟 번 이용한다. 짚라인마다 속도와 전망이 다르다. 중간중간 가이드가 들려주는 하와이 지형과 문화, 생태에 대한 이야기도 흥미롭다. 그냥 와이어에 매달려 내려오기만 하면 될 것 같지만 생각보다 체력 소모가 크다. 짚라인과 짚라인 사이, 도보 이동 거리가 마냥 짧지 않고, 줄 타고 올라가기 또는 흔들리는 다리 건너기 등 장애물 코스도 있다. 짚라인 하기 전날 밤은 잠을 푹 자고 당일엔 식사를 든든하게 먹는 편이 좋다.

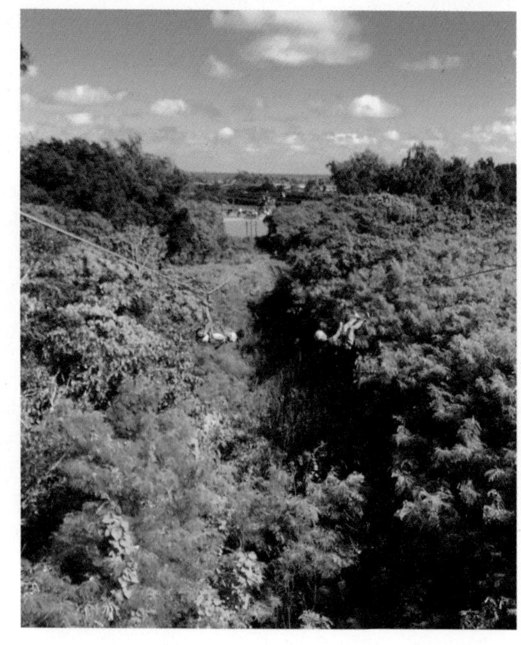

노스 쇼어에 위치해 있으며 와이키키까지 셔틀버스를 운영한다. 단, 셔틀버스는 유료이므로 렌터카가 있다면 직접 이동하는 것이 좋다. 짚라인을 한 다음에는 새우 트럭에서 새우를 사먹고 와이메아 비치(p.127)나 할레이바 비치에서 수영이나 태닝을 한 뒤 시원한 파인애플 스무디까지 한 잔 마시면 완벽하다.

코랄 크레이터 어드벤처 파크 Coral Crater Adventure Park

짚라인과 더불어 장애물 코스와 산악 오토바이 또는 사륜오토바이로 불리는 ATV도 즐길 수 있다. 짚라인 길이와 경치는 클라임 웍스가 월등하지만, 코랄 크레이터 어드벤처 파크는 장애물 코스 종류와 코랄 크레이터가 훨씬 다양하다. 보기만 해도 아찔한 챌린지 코스를 누가 비싼 돈 내고 할까 싶지만, 씩씩한 초등학생 어린이부터 암만 봐도 최소 직업 군인으로 보이는 사람들까지, 잔뜩 상기된 표정으로 아슬아슬한 외다리 나무를 건넌다. 장애물 코스는 어드벤처 타워(Adventure Tower)라는 이름의 구조물에서 와이어를 몸에 연결한 채 진행한다. 당연한 말이지만 심신미약자라거나 고소공포증이 있다면 시도를 삼가해야 한다.

코랄 크레이터 어드밴처 파크에서 10분만 자동차를 타고 이동하면 카폴레이 공립 도서관(Kapolie Public Library)에 도착한다. 넓고 밝은 분위기에 신간 그림책도 다량 보유하고 있다. 어린 자녀와 함께 하는 여행이라면 방문해볼 만하다.

⊕ 클라임 웍스 CLIMB Works Keana Farms

주소 1 Enos Rd, Kahuku 요금 1인 169달러(최소 연령 7세, 275lb(23kg) 이하 전화 808-200-7906 홈피 www.climbworks.com/keana_farms

⊕ 코랄 크레이터 어드벤처 파크 Coral Crater Adventure Park

주소 91-1780 Midway Rd., Kapolei (네비게이션에는 3845 Roosevelt Ave. Kapolei 로 입력해야 실제 장소로 안내한다.) 요금 짚라인 139.99달러, 어드벤처 타워(장애물 코스) 99.99달러(최소 연령 없음, 61lb(28kg) 이상 275lb(124kg) 이하) 전화 808-626-5773 홈피 www.coralcrater.com

06

싱그러운 자연의 향기 속으로

마노아 트레일 하이킹 *Manoa Trail Hiking*

하와이 하면 보통은 청명한 바다를 떠올리지만 수려한 산자락도 하와이를 지상 최고의 낙원으로 만드는 일등 공신 가운데 하나다. 그중에는 카우아이 섬의 칼랄라우 트레일(Kalalau Trail, p.348)처럼 2박 3일은 잡고 떠나야 하는 험준하고도 장엄한 등산로가 있는가 하면, 등산로라기보다는 산책로에 가까운 동네 뒷산 같은 나지막한 등산로도 있다. 바로 이곳, 마노아 트레일이 그런 곳이다.

처음 하와이를 찾았을 때, 마노아 트레일에 가면 '도심 속 열대우림'을 체험할 수 있다는 하와이 친구의 말에 따사롭고 보송보송한 산들바람이 좋은 하와이에 살면서 굳이 끈끈한 열대우림을 찾을 건 뭐야, 하며 달갑게 여기지 않았다. 하지만, 우연한 계기로 마노아 트레일 하이킹을 경험한 후, 이제는 적어도 한 달에 한 번은 찾는 단골 명소가 되었다.

왕복 1.5마일(2.4㎞), 넉넉잡아 두 시간 정도 걸리는 마노아 트레일에 들어서면 가장 먼저 코가 즐겁다. 정체를 알 수 없는 싱그러운 자연의 향기가 퍼지는데, 꽃이

나 이끼 냄새 같기도 하고, 연신 코를 실룩이게 한다. 하늘 높이 쭉 뻗은 열대 나무 주변에는 이름 모를 들풀이 촘촘히 피어 있고 강줄기 옆에 푸른 이끼도 보인다.

무성하게 우거진 나무와 나무 끝에 달린 우산 모양의 이파리가 머리 위로 쏟아지는 강한 태양 빛을 완벽하게 막아준다. 산책로 끝에 있는 폭포는 트레일의 화룡점정, 그야말로 완벽한 마무리다. 천둥 같은 박력은 없지만 고요하고 아름답게 흘러내린다.

마노아 트레일은 가이드북에 소개되는 명소는 아니다. 그래서인지, 주중이든 주말이든 그리 붐비는 일이 없다. 얼굴 가득 밝은 미소를 띠고 알로하, 하고 정겨운 인사를 건네는 현지 주민만 몇몇 마주칠 뿐이다. 푸른 바다 없이도 충분히 아름다운 하와이를 만나보고 싶다면 마노아 트레일로 향해 보자.

교통 더 버스 5번(Manoa Valley 방면) 주소 3860 Manoa Rd. Honolulu 오픈 07:00~18:30 요금 무료, 주차비 5달러 전화 808-587-0166 홈피 www.hawaiitrails.org 지도 맵북 p.3 Ⓚ

TIP

마노아 트레일은 사람뿐 아니라 모기에게도 인기가 많아서 맨 몸으로 갔다가는 모기에게 공격당하기 십상이에요. 로션 타입의 곤충 쫓는 약(repellent)을 챙겨 가서 하이킹을 시작하기 전에 바르세요.

겨울철 하와이 여행의 정점

고래 관람 *Whale Watching*

많은 이들이 일 년 중 2월을 콕 집어 하와이에 방문하길 희망한다. 혹등고래를 만날 수 있는 최적기이기 때문이다. 고래 관람은 겨울철 하와이 여행의 하이라이트라 할 수 있다. 매년 겨울 하와이를 찾는 고래는 대부분이 혹등고래 종이다. 피부가 검고 매끈한 혹등고래는 수면 위로 점프하는 것은 기본이고 다른 고래와 달리 노래를 잘 부르는 것으로도 유명하다. '우~~' 하고 길게는 30여 분까지 이어지는 목청 좋은 고래의 노래는 흥겹고 한편으론 한없이 구슬프기도 하다. 고래 구경이 하와이 방문의 제일 목적이라면 오아후가 아니라 마우이로 가야 하지만, 1월 말에서 2월 말 사이라면 오아후에서도 비교적 높은 확률로 고래를 만날 수 있다. 고래 관람을 목적으로 하는 배는 개인용 요트에서부터 100명 이상이 타는 크루즈까지 종류도 다양하고 가격도 천차만별이다. 목적은 하나, 최대한 가까이에서 고래의 묘기를 감상하는 것이다.

하와이에서 오랜 기간 잠수함 투어를 운영해온 아틀란티스 어드벤쳐는 올해 새롭게 고래 관람 투어를 시작해 깔끔한 시설과 좋은 서비스로 호평을 받고 있다. 매년 12월부터 3월까지 고래 관람 크루즈를 운영한다. 알로하 타워(p.144)에서 출발한 크루즈는 두 시간 반가량 태평양을 항해하며 혹등고래의 움직임을 쫓는다. 고래의 움직임이 감지되면 승객들은 하나같이 숨을 죽이고 파란 바다를 노려본다. 굉음과 함께 검은 동굴 같은 모양을 한 고래가 바다 한가운데에서 솟아오를 때면 다 같이 꺅 하고 탄성을 내지르게 된다. 물론 점프를 하고 말고는 고래의 마음인 일이라, 수면 위로 간신히 보이는 고래 등 구경만 하고 항구로 돌아와야 할 때도 있다. 선상에는 어린이들을 위한 고래 관련 동화책이 여러 권 비치되어 있으며 해박한 지식으로 무장한 해양과학자가 있어 고래 관련한 어떤 질문에도 답을 해준다. 쾌적한 선내에는 샌드위치와 과일로 이루어진 런치 뷔페를 제공한다. 2층 야외 공간에도 테이블과 의자가 마련되어 있어 항해 내내 세일링 하는 기분을 즐길 수 있다.

스타 오브 호놀룰루(Star of Honolulu)는 오전 8시 45분에 출항해 점심 전에 돌아오는 얼리 버드 스페셜 상품을 40달러 내외의 가격에 선보인다. 또는 트레이드 윈드 차터(Tradewind Charters)를 통해 500달러 선에 6인승 프라이빗 요트를 대여할 수 있다. 숙련된 선장이 항해를 책임지기 때문에 안전에 관해서는 크게 걱정할 필요가 없지만 멀미가 심한 편이라면 프라이빗 요트는 피하는 편이 좋다.

아틀란티스 어드벤쳐

전화 800-381-0237 홈피 www.atlantisadventures.com

스타 오브 호놀룰루

전화 808-983-7827 홈피 www.starofhonolulu.com

트레이드 윈드 차터

전화 808-227-4956 홈피 www.tradewindcharters.com

SAVE MORE!

겨울철에는 굳이 고래 관람 보트를 타지 않더라도, 바다로 나가는 보트만 타면 멀리서나마 고래를 구경할 수 있을 때가 많아요. 그러니 크루즈나 스노클링 같은 보트 투어를 할 예정이라면 고래 관람 보트 예약은 일정 마지막으로 미뤄두세요.

08

가성비 훌륭한 골프장 모음

오아후 골프 *Oahu Golf*

오아후에는 초보 골퍼부터 프로 골퍼까지 모두를 만족시킬 만한 다양한 골프장이 있다.

요금 기준 $** 50달러 **$$** 50~150달러 **$$$ 150달러 이상

코스 이름	특징 & 그린피	문의
코랄 크릭 골프 코스 Coral Creek Golf Course	가격은 중급, 코스 구성과 그린 상태는 상급. 레스토랑이나 프로숍 등은 호화롭지 않지만 코스 하나만은 하와이의 어느 유명 골프장에도 뒤지지 않아 실속파 골퍼들에게 인기가 많다. 연습용 퍼팅 그린과 치핑 그린, 벙커, 드라이빙 레인지가 마련되어 있어서 시작 전에 여유롭게 몸을 풀 수 있다. – $$ – 오후 12시 이후 티오프를 하면 트와일라이트 요금을 적용해 80달러에 가능	**주소** 91-1111 Geiger Rd. Ewa Beach **전화** 808-441-4653 **홈피** www.coralcreekgolfhawaii.com
터틀 베이 리조트의 파머 & 파지오 코스 Turtle Bay Resort, Palmer & Fazio	아널드 파머와 에드 시가 공동 설계한 파머 코스가 더 유명하다. 오아후를 대표하는 최고급 골프 코스로 매해 PGA 챔피언십 토너먼트가 열리며, 매해 초 한국에도 생방송되는 SBS 오픈 LPGA 투어도 파머 코스에서 개최된다. – 파머 코스 $$$, 파지오 코스 $$ – 오후 2시 이후, 트와일라이트 요금으로 약 40% 할인	**주소** 57-091 Kamehameha Hwy. Kahuku **전화** 808-293-8574 **홈피** www.turtlebayresort.com
코올리나 골프 클럽 Ko Olina Golf Club	미셸 위가 자주 찾는다고 알려진 코올리나도 터틀 베이와 더불어 오아후 최고의 골프 코스로 꼽힌다. 페어웨이가 넓고 높낮이 변화가 심하지 않아 여유 있게 골프를 즐길 수 있다. – $$$ – 오후 1시 이후, 약 30%, 코올리나 지역의 리조트에 투숙할 경우 약 15% 추가 할인 가능	**주소** 92-1001 Olani St. Kapolei **전화** 808-676-5300 **홈피** www.koolinagolf.com
하와이 카이 골프장의 챔피언십 & 이그제큐티브 코스 Hawaii Kai Golf Course, Championship, Executive	하와이 카이 골프 코스는 초보 골퍼가 '칼 갈기' 좋은 곳이다. 두 코스 중 모든 홀이 파스리(par 3)로만 이루어진(그래서 흔히 '파스리 코스'라고 부른다) 이그제큐티브 코스는 그린피 부담이 적고 카트 이용도 필수가 아니라서 부담이 적다. 챔피언십 코스는 카트 이용이 필수이고 코스 난이도도 훨씬 높다. – 챔피언십 $$, 이그제큐티브 코스 $ – 주중 10% 할인되며, 챔피언십 코스는 오후 1시, 이그제큐티브 코스는 오후 3시 30분 이후에 약 30% 할인	**주소** 8902 Kalanianaole Hwy. Honolulu **전화** 808-395-2358 **홈피** www.hawaiikaigolf.com

스쿠버 다이빙 Scuba Diving

태평양에 외따로 떨어져 있는 지리적 특성상 하와이 바다는 수질이 훌륭한 편이고 수백여 종의 바다 생물과 식물이 살고 있는 생활 터전이다. 스노클링을 통해 하와이 바닷속 세상을 살짝 엿보았다면, 스쿠버 다이빙으로는 바닷속 저 깊은 내면을 들여다볼 수 있다.

물론 배를 타고 바다로 나가면, 즉 해변에서 멀어질수록 다이빙을 하기 좋지만 해변에서 바로 뛰어들어 다이빙을 할 수 있는 곳 가운데 가장 유명한 곳은 하나우마 베이(p.110)와 샥스 코브(Shark's Cove)다. 하나우마 베이는 스노클링만으로도 많은 물고기와 거북을 볼 수 있는 곳으로 당연히 스쿠버 다이빙으로는 더 멋진 경험을 할 수 있다.

샥스 코브는 섬 북부 파푸케아(Papukea)에 위치한 슈퍼마켓 푸드랜드(Foodland) 맞은편에 있는 지점을 가리킨다. 하나우마 베이와 마찬가지로 스노클링으로도 유명한 곳이지만 급물살이 이는 경우가 많아 매우 위험한 상황에 처할 수 있어 스노클링 장소로는 추천하지 않는다. 하지만 스쿠버 다이빙이라면 이야기가 달라진다. 제대로 장비를 갖추고 들어갔을 때 샥스 코브는 놀라운 하와이 바닷속 세상을 펼쳐 보인다. 하지만

파도가 거세지는 겨울철에는 스쿠버 다이버들에게도 위험한 지역이기 때문에, 샥스 코브는 겨울철에는 접근이 금지되며 여름철에만 들어갈 수 있다. 스쿠버 다이빙 경험이 많더라도 하와이에서 해본 것이 아니라면 장비만 대여하기보다는 업체를 통해 전문가와 함께 다이빙하는 것이 안전하다.
배를 타고 해변에서 멀리 나가면 훨씬 더 많은 바다 생물을 만날 수 있다. 오랜 전통과 우수한 서비스로 평이 좋은 곳으로는 캡틴 브루스 하와이(Captain Bruce Hawaii), 애런즈 다이브 숍(Aaron's Dive Shop) 등이 있다. 이들이 운영하는 가이드 스쿠버 다이빙은 두 탱크 기준 130~150달러 선이다.

⊕ 캡틴 브루스 하와이

주소 92-1045 Koio Dr. Unit D, Kapolei 전화 808-373-3590 홈피 www.captainbruce.com

⊕ 애런즈 다이브 숍

주소 307 Hahani St. Kailua 전화 808-262-2333 홈피 www.hawaii-scuba.com

TIP

하와이에서 스쿠버 다이빙을 하려면 PADI 스쿠버 다이빙 자격증이 있어야 합니다. 하와이 현지에서도 자격증을 취득할 수 있지만 일주일 정도 소요되기 때문에 미리 한국에서 받는 것이 좋아요. 만 15세 이상이면 누구나 스쿠버 다이빙 자격증에 도전할 수 있고 전국 각지의 스쿠버 다이빙 강습 기관에서 진행되는 일주일 정도의 강습과 시험을 통과하면 국제 공인 다이빙 자격증을 받을 수 있어요.

호놀룰루 마라톤 Honolulu Marathon

호놀룰루 마라톤은 오아후를 가장 건강하게 여행하는 방법이 아닐까 싶다. 1973년에 시작한 호놀룰루 마라톤은 세계적인 명성의 마라톤 대회로, 개최 이래 딱 한 해를 제외하곤 매년 참가자 수가 꾸준하게 증가했고, 특히 1995년에는 3만4000여 명 이상이 몰려 세계 마라톤 중 참가자 수가 가장 많은 마라톤으로 기록되기도 했다. 특히 마라토너의 태반이 일본인으로, 하와이에 거주하는 일본인은 물론 일본 현지에서 날아온 마라토너도 상당수다.

코스는 알라모아나 비치 파크를 시작으로 차이나타운, 이올라니 궁전, 호놀룰루 시청, 와이키키, 다이아몬드 헤드, 코코 헤드까지 이어졌다가 다시 다이아몬드 헤드, 카할라, 와이키키 수족관을 지나 카피올라니 공원에 결승선이 있다. 42.195킬로미터의 코스맵에는 호놀룰루의 역사적 명소가 오밀조밀 야무지게도 다 담겨 있다.

비슷한 규모의 타 마라톤과 달리 호놀룰루 마라톤은 참가 자격에 제한이 없다. 참여자 수 제한도 없고 몇 시간 내에 완주해야 메달을 준다는 규약도 없으며, 연령 제한도 없다. 그저 참가비만 내면 누구나 참여할 수 있고 몇 시간이 걸리건 완주만 하면 자신의 기록이 적힌 증명서와 티셔츠, 메달을 받을 수 있다.

요금 등록 일시에 따라 참가비가 달라진다. 매년 2월경 인터넷 등록 접수를 시작한다. 빨리 등록할수록 참가비가 저렴하다. 일정 매년 12월 홈피 www.honolulumara thon.org

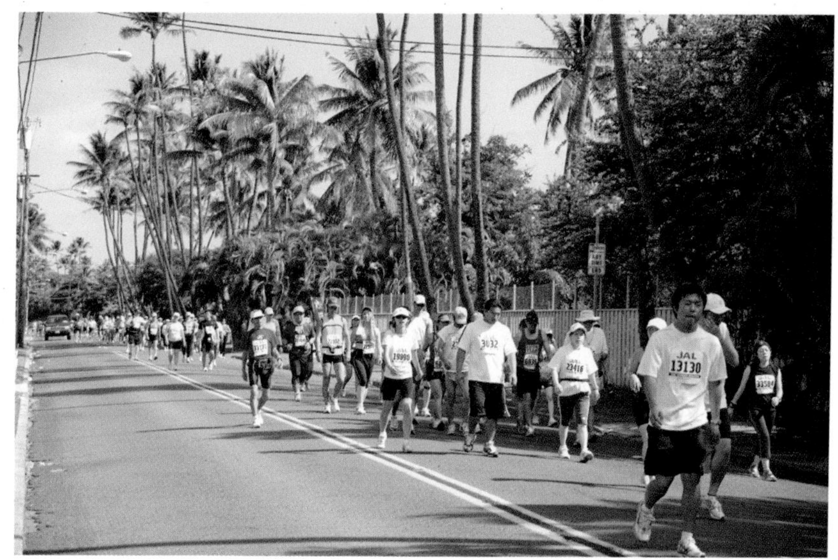

마카푸우 포인트 등산로 Makapuu Point Hike

마카푸우 포인트 꼭대기에 오르면 푸르른 태평양 바다가 파노라마로 펼쳐진다. 특히 1월과 3월 사이에는 마카푸우 포인트에 서서 바다를 노려보면 수중 위로 점프하는 거대한 몸집의 고래도 볼 수 있는데 망원경을 가져가면 더욱 생생하게 볼 수 있다. 주차장에서 시작해 마카푸우 포인트까지 1마일 정도로 경사는 다소 급한 편이지만 전 구간 포장이 되어 있어서 유모차를 끌고 갈 수도 있다. 트레일이 바다를 따라 나 있기 때문에 전망은 훌륭하지만 그늘이 많지 않다. 또 정상 부근에 바닷바람이 거세게 불 때도 많으므로 얇은 재킷과 선크림, 선글라스를 챙기는 것이 좋다.

교통 더 버스 22, 23번(Hanauma Bay, Sea Life Park 방면) 주소 Ka Iwi State Scenic Shoreline, Kalanianaole Hwy. Honolulu 오픈 07:00~18:30 요금 무료 전화 808-587-0300 홈피 www.hawaiistateparks.org/hiking/oahu 지도 맵북 p.3 Ⓛ

커피 투어 Coffee Tour

하와이에서 생산되는 먹거리 중 가장 많은 관광 수입을 올리는 것은 파인애플, 그리고 커피다. 커피 전문가가 아니더라도 하와이 코나 커피의 은은한 향을 한번 맡으면 그 부드러운 향에 매혹되고 만다. 유명 커피 산지답게 하와이 커피 농장 가운데는 커피 생산 공정을 보여주는 투어를 진행하는 곳이 많다. 대부분은 빅아일랜드 코나에 몰려 있지만 오아후에도 제대로 된 투어를 진행하는 곳이 한 곳 있다.

오랜 역사를 자랑하는 하와이 커피 업체, 라이온 커피는 매일 오전 10시 반과 12시 반, 두 번 커피 투어(Coffee Tour)를 약 30분에 걸쳐 진행한다. 12세 이상이면 누구나 참여할 수 있다. 원두를 가공해 한 잔의 향긋한 커피로 탄생하는 과정을 지켜볼 수 있다. 커피 투어는 무료로 진행하며 다양한 커피와 차를 시음할 수 있다. 참가를 희망하는 인원이 열 명 이상일 경우에 한해 미리 전화로 예약해야 한다.

TIP

진짜 코나 커피를 사려면 원두커피 겉 포장지를 잘 봐야 해요. 코나 블렌드(Kona Blend)는 코나 커피보다 저렴한 콜롬비아산이나 브라질산 커피에 코나 커피를 미량 혼합한 것입니다. 퓨어 코나 커피(Pure Kona Coffee) 또는 코나 커피 100퍼센트로 라고 적힌 것이 진정한 코나 커피예요.

라이온 커피

홈피 www.lioncoffee.com

좋은 공연 **한 편 볼까?**

뉴욕이나 런던만큼은 아니겠지만 호놀룰루에서도 좋은 공연을 접할 기회가 종종 있다. 빅 스타가 호놀룰루를 찾을 때면 여행객은 물론이고 이웃섬 주민들도 호놀룰루로 원정을 온다. 빌리 조나 유투, 나탈리 콜 같은 미국 가수 외에, 안 트리오나 바이올리니스트 김지연 씨와 장영주 씨처럼 외국에서 더 활발하게 활동하는 한국인 연주가의 공연도 있었다. 공연은 아니지만 소설가 무라카미 하루키와 퓰리처상을 수상한 시인 테드 쿠저, 티베트의 종교 지도자 달라이 라마 등도 오아후에서 강연회를 열어 큰 호응을 얻었다.

하와이에서 이런 문화 행사가 열리는 지역은 99퍼센트 호놀룰루며 대부분 닐 블라이스델 콘서트홀(Neal Blais-dell Concert Hall)이나 알로하 스타디움(Aloha Stadium), 아니면 하와이대학교 강당(University of Hawaii, Moana)에서 열린다. 닐 블라이스델 콘서트홀은 우리나라 예술의전당과 비슷한 성격의 하와이 최대 콘서트홀이고, 하와이 최대의 경기장인 알로하 스타디움에서는 미식축구 프로볼이나 슈퍼볼 경기, 유투처럼 관객이 대거 모이는 팝 가수의 콘서트 등이 열린다. 하와이대학교는 유명 문학가 등의 강연회나 워크숍 장소로 자주 이용되는데 지역 주민에게 개방하며 입장료가 없을 때가 많다.

하와이를 방문하는 기간에 어떤 공연이 예정되어 있는지 알고 싶다면 티켓마스터(Ticket Master) 홈페이지에 접속해보면 된다. 티켓마스터는 우리나라의 티켓파크나 티켓링크 같은 공연 예매 대행 사이트로 주간과 월간으로 나눈 공연 소식을 신속하게 전해준다. 〈스타 애드버타이저(Star Advertiser)〉 같은 신문 사이트도 유용하다.

⊕ 닐 블라이스델 콘서트홀

주소 777 Ward Ave. Honolulu 전화 808-768-5400 홈피 www.blaisdellcenter.com

⊕ 알로하 스타디움

주소 99-500 Salt Lake Blvd. Honolulu 전화 808-483-2500 홈피 alohastadium.hawaii.gov

⊕ 하와이대학교

주소 2500 Campus Rd. Honolulu, HI 96822 전화 808-956-7236 홈피 manoa.hawaii.edu

⊕ 티켓마스터

홈피 www.ticketmaster.com

⊕ 스타 애드버타이저

홈피 www.staradvertiser.com

오아후에서 즐기는 **문화 체험** BEST 5

하와이는 오랜 역사와 깊은 문화가 숨 쉬는 땅이다.
경건하고 아름다운 훌라부터 우쿨렐레, 예쁜 꽃목걸이 레이 만들기까지,
재미있고 쉬운 문화를 체험해보자.

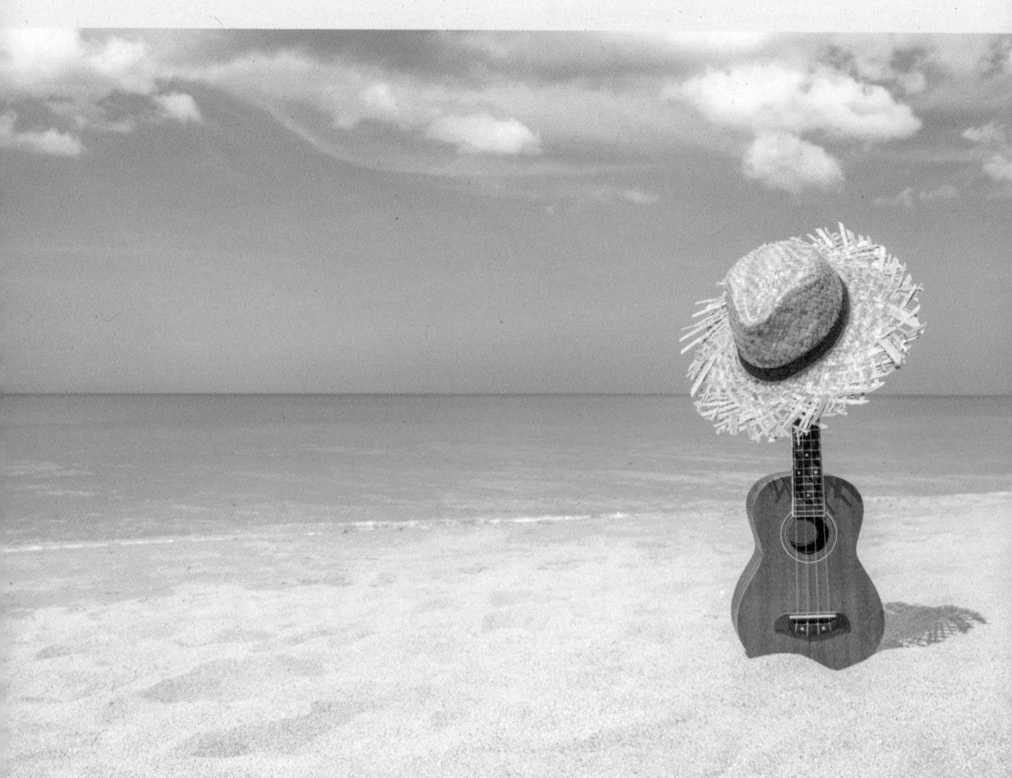

01

우아하고 평화로운 하와이 춤

훌라 배우기

"훌라는 마음의 언어다. 그러므로 훌라는 하와이인들의 심장박동이다." 1800년대 하와이를 지배한 칼라카우아 대왕은 훌라에 대해 이렇게 말했다.

뜨거운 사랑의 표현, 훌라는 하와이를 노래하는 춤이다. 본래 훌라는 고대 하와이로부터 전해 내려오는 하와이의 신과 자연을 섬기는 의식으로 초기에는 남자들만 출 수 있었다. 시간이 흐르면서 남녀노소 모두 즐기는 전통문화로 자리 잡았다. 그렇다고 단순한 민속춤은 아니다. 훌라 퍼포먼스에는 반드시 하와이 전통 음악이 곁들여지고, 각각의 동작에는 나무와 꽃, 하늘, 바람 등 하와이의 자연이 형상화되어 있다.

훌라를 배울 수 있는 가장 좋은 곳은 폴리네시안 문화센터(p.117) 그 중에서도 하와이섬 빌리지다. 아리따운 하와이 원주민에게 직접 지도 받을 수 있다. 와이키키 중심에 자리 잡고 있는 로얄 하와이안 센터(Royal Hawaiian Center)에서도 매주 토요일 오후 6시부터 30분 동안 정통 훌라 공연이 펼쳐진다. 때때로 짬짬이 어깨 너머로 배울 수 있는 기회도 주어진다.

하와이 BIG 3 훌라 페스티벌

⊕ 킹 카메하메하 훌라 경연대회 King Kameha-meha Hula Competition

일정 매년 6월 셋째 주 주말 전화 808-536-6540 홈피 hulacomp.webstarts.com

⊕ 메리 모나크 훌라 페스티벌 Merrie Monarch Hula Festival

일정 매년 4월 전화 808-935-9168 홈피 www.merriemonarch.com

⊕ 카 훌라 피코 훌라 페스티벌 Ka Hula Piko Hula Festival

일정 매년 5월 전화 808-800-6367 홈피 www.gohawaii.com/molokai/guidebook/topics/hula

02

하와이의 멜로디
우쿨렐레 연주하기

우쿨렐레는 아주 평화롭고 나른한 소리를 내는데 그야말로 하와이와 딱 어울리는 악기다.
와이키키에 위치해 있는 로열 하와이안 센터(p.185) 푸드코트에 가면 우쿨렐레 전문 연주가로부터 우쿨렐레의 기본 연주법을 배울 수 있다. 매주 화요일에서 금요일 오전 10시부터 11시까지 진행한다. 단점은 각자 자신의 우쿨렐레를 가지고 와야 한다는 것이다. 그래서 센터 내 밥스 우쿨렐레(Bob's Ukulele)에서 우쿨렐레를 구입한 후 바로 강좌에 참여하는 이들도 있다. 하지만 우쿨렐레만 있다면 일주일 내내 무료로 배울 수 있어 좋다.
또한 와이키키 하얏트 호텔 1층에 위치한 우쿨렐레 하우스(Ukulele House)에서도 30분 정도 무료 강습을 받을 수 있다. 강의 시간이 정해져 있는 것이 아니므로 직접 가서 강의에 대해 문의하면 시간을 알려준다. 우쿨렐레 하우스가 아니더라도 우쿨렐레를 파는 곳이면 무료 강습을 제공하는 곳이 많으므로 관심이 있다면 직접 물어보는 것이 가장 좋다. 우쿨렐레 가격은 30~3000달러까지 천차만별이지만, 보통 100달러 전후면 괜찮은 우쿨렐레를 살 수 있다. 다른 악기에 비해 배우기는 쉬운 편이고, 한국에 돌아가서도 유튜브나 책을 보면서 충분히 독학할 수 있다.

⊕ 우쿨렐레 하우스

교통 더 버스는 Kuhio Ave.를 통하기 때문에 와이키키 근처라면 걷는 게 가장 편리하고 빠르다(와이키키 트롤리 전 노선 이용 가능) 주소 2424 Kalakaua Ave. Honolulu 오픈 09:00~23:00 전화 808-922-2889 홈피 www.ukulelehousehawaii.com

TIP

우쿨렐레 연주를 미리 들어보고 싶다면 하와이 뮤지션 이즈(IZ)의 'Over the rainbow'를 추천합니다. 허스키한 듯 감미로운 목소리와 직접 연주하는 우쿨렐레의 선율에 귀 기울이면 멀리 하와이 바다 소리가 들리는 듯할 거예요.

03

살아 숨 쉬는 듯한 디자인
하와이안 퀼트 배우기

미국 전통 퀼트 양식에 하와이만의 독특한 색채가 더해진 하와이안 퀼트(Hawaiian Quilt)는 특유의 심플하고 어여쁜 디자인으로 사랑을 듬뿍 받고 있다. 하와이안 퀼트를 여느 퀼트와 구분 짓는 요소에는 여러 가지가 있다. 먼저 소재의 특징. 와우케(Wauke)라는 이름의 하와이 나무 껍질로 만든 '타파 천(Tapa)'은 전 세계에서 유일하게 하와이 퀼트에만 쓰인다(요즘에 와서는 실용적인 일반 면도 많이 쓴다). 기계가 아니라 손으로만 바느질하는 것도 하와이안 퀼트의 특징이다.

하와이안 퀼트의 가장 큰 매력은 살아 숨 쉬는 듯한 디자인에 있다. 흔히 하와이안 퀼트에는 스토리가 묻어 있다고 말한다. 거리에서 흔히 볼 수 있는 플루메리아 꽃과 태양, 바다 등 하와이의 아름다운 자연을 패턴에 이용하기 때문이다.

전통적으로 하와이 사람들은 신부를 맞이하거나 아기가 태어났을 때 퀼트로 침대보를 만들어 선물했다고 한다. 하와이 퀼트 연합에 가입한 200여 명의 마음 좋은 하와이 아주머니들은 매년 연말이면 헌 옷이나 가방의 천을 모아다가 퀼트 담요를 만들어 불우 이웃이나 환자에게 전달한다.

하와이에서 퀼트를 배우기 가장 좋은 곳은 이올라니 궁전이다. 하와이안 퀼트의 전설이라고도 할 수 있는 포아칼라니(Poakalani) 여사가 진행하는 퀼트 클래스가 이올라니 궁전 올드 알카이브 빌딩(Old Archives Building)에서 매주 토요일 오전 9시 30분부터 정오까지 열린다. 수업료는 1인당 약 15달러이고, 퀼팅에 필요한 재료는 수업 당일에 구매할 수 있다. 로열 하와이안 센터(p.185)에서 제공하는 하와이 문화 강좌에도 하와이안 퀼팅 클래스가 있다. 매주 화요일 오전 9시 30분부터 11시 30분까지 제공하며 약 30달러의 재료비가 있다.

⊕ 이올라니 궁전의 퀼팅 클래스

교통 더 버스 2, 42번(School St., Ewa Beach 방면) 주소 364 S. King St. Honolulu 전화 808-223-1108 *수업에 참가하기 위해서는 미리 이메일(cissy@poakalani.com)이나 전화로 등록해야 한다. 홈피 www.poakalani.net

공연도 보고 하와이 전통식도 먹고

루아우 즐기기

루아우(Luau)는 하와이식 디너쇼다. 민속춤과 쇼, 각종 공연을 보면서 보통 뷔페식으로 마련한 하와이 전통 식사를 즐기곤 한다. 음식과 칵테일, 공연 수준, 루아우 세팅(바다 바로 앞이냐, 조금 떨어진 곳이냐, 호텔 수영장 앞이냐)에 따라 1인당 30~200달러까지 가격 차가 크다. 두 시간에서 네 시간까지 프로그램이 다양하고 업체마다 다르지만 루아우의 마지막은 열에 아홉 꼴로 '불쇼'가 장식한다.

루아우는 유명 호텔에서 자체적으로 진행하는 경우와 루아우를 전문으로 하는 업체가 진행하는 경우로 나눌 수 있다. 호텔 루아우는 음식의 맛과 품질이 기본 이상은 되고 모두 호텔 앞 해변에서 열리기 때문에 웬만해서는 실망할 일이 없지만, 가격이 비싸다. 그래서 호텔 루아우의 손님들을 보면 여유 있는 허니문 커플이나 은퇴한 노부부가 유난히 눈에 많이 띈다.

전문 업체의 루아우는 수용 인원이 호텔 루아우에 비해 배는 많아서 뷔페식이라 해도 식사를 하기 위해 기다리는 시간이 길 때가 많다. 하지만 부담 없는 가격에 성대한 하와이식 만찬을 경험해볼 수 있다는 이유로 가족 단위 여행객이나 20명 내지 30명 단체 손님이 많이 찾는다.

루아우 광고는 하와이의 모든 섬에서 볼 수 있는데, 오아후에서는 성수기가 아닐 때, 가능하면 오아후가 아니라 이웃섬에 머물 때 가보길 권한다. 다른 섬과 달리 성수기 때 오아후는 기본적으로 여행객이 눈에 띄게 많아지고 자연히 루아우도 손님들로 북적이고, 가격에 비해 음식과 공연은 제값을 못할 때가 많기 때문이다.

루아우 메뉴 미리 맛보기

칼루아 피그
Kalua Pig

칼루아란 말은 '땅속 오븐에서 굽다'란 뜻으로 루아우 만찬에서 가장 인기 있는 요리다. 하와이라는 섬을 처음 발견하고 정착해 살던 하와이 원주민은 지열을 이용해 요리를 했는데, 장시간 익혀 부드러운 맛이 일품으로 루아우 정찬의 하이라이트로 꼽힌다.

포케
Poke

신선한 횟감을 깍뚝썰기를 해 양념에 버무린 하와이의 대표적인 애피타이저로, 루아우에도 빠짐없이 오른다. 고대 하와이인들은 참치회를 옆으로 길쭉하게 잘라 소금을 뿌려 먹거나 날것 그대로 먹었다. 이렇게 물고기를 길쭉하게 자르는 방식을 포케라고 한다.

포이
Poi

삶은 토란을 으깨어 만든 요리. 포이는 고대 하와이인이 매끼 즐겨 먹었는데 하와이 전통식에서 빼놓을 수 없는 주 요리로, 예전 하와이 사람들의 식탁에 매일 올랐다고 전해진다.

마히마히
Mahimahi

하와이 인근 바다에서 잡히는 흰살 생선으로 다양한 방식으로 요리할 수 있다. 우리나라에서 흔히 먹는 대구와 마찬가지로 어떤 요리법에도 잘 어울려 활용도가 높다.

로미로미 연어
Lomilomi salmon

로미로미 연어는 쉽게 말해 연어 회무침이다. 연어는 보통 수온이 섭씨 15도 이하의 비교적 찬물에서 사는데, 하와이에는 그런 차가운 물이 흐르는 곳이 없었다고 한다. 그래서 고대 하와이 사람들은 날연어를 다져 소금에 절였는데, 그것이 바로 로미로미 연어다.

하우피아
Haupia

회색과 흰색이 잘 조화된 코코넛 푸딩과 비슷한 식감의 디저트로, 주재료는 물과 설탕, 녹말가루, 바닐라, 그리고 코코넛 크림이다. 코코넛 물이나 코코넛 크림으로 섞기 전에 태양열에 말리고, 티(ti) 잎으로 싼 후 화덕에서 익히면 달콤한 하와이 디저트가 탄생한다.

아름다운 꽃목걸이
레이 만들기

'하와이의 꽃목걸이'로 알려진 레이는 예쁘고 만들기도 쉬워서 하와이를 찾은 여행객이 가장 많이 시도해보는 하와이 문화 체험 중 하나다. 흔히 레이는 꽃으로 만든다고 생각하기 쉽지만 사실 주변의 모든 것이 레이의 재료가 될 수 있다. 꽃으로 만든 레이의 경우 플루메리아나 카네이션, 오키드 등이 흔히 쓰이고, 하와이 곳곳에서 쉽게 볼 수 있는 야생의 푸른 잎사귀나 고사리과 식물도 레이 재료로 쓰인다. 각종 꽃이나 식물뿐 아니라 조개나 새의 깃털, 고운 빛깔의 색종이, 심지어 사탕과 초콜릿까지, 실에 꿸 수만 있다면 무엇이든 레이로 거듭날 수 있다.

레이를 만들어보고 싶으면 힐튼이나 하얏트 같은 대형 체인 호텔을 찾으면 된다. 투숙객이 아니어도 가능하며, 일주일에 한 번 정도 레이 만들기 무료 강좌를 실시한다. 또 폴리네시안 문화센터(p.117)나

비숍 뮤지엄(p.142)에서도 이따금 레이 만들기 이벤트를 진행한다.

하지만 하와이 레이를 만나는 가장 좋은 방법은 레이 축제를 찾는 것이다. 5월 1일 노동절은 영어로 '메이 데이(May Day)'지만 하와이에서는 이를 '레이 데이(Lei Day)'라고 부른다. 지난 1927년 하와이의 시인 돈 블랜딩(Don Blanding)의 제의에 따라 설립한 레이 데이는 전 세계에서 하와이 주민들만이 기리는 특별한 날로, 레이를 사랑하는 하와이 주민들에 의해 오늘날까지 이어지고 있다. 많은 하와이 주민이 레이 데이를 기다리는 가장 큰 이유는 이날 와이키키에서 '레이 축제(Lei Day Celebration)'가 열리기 때문이다.

레이 축제에 가면 수백 가지가 넘는 아름다운 하와이 레이를 한자리에서 구경할 수 있을 뿐 아니라 직접 만들 기회도 주어지고, 또 하와이에 산다고 해도 평소에는 접하기 힘든 정통 훌라 춤도 마음껏 감상할 수 있다. 네 살 꼬마부터 아흔의 노인까지 하와이 주민의 창의력과 상상력을 가감 없이 발휘한 레이 전시회도 열린다.

오아후에서 놓칠 수 없는 쇼핑 BEST 7

미국 최저 수준의 세금과 최고 수준의 다양한 제품 라인을 자랑하는 오아후는 세계에서 손꼽히는 쇼핑 파라다이스다. 초대형 야외 쇼핑몰부터 대형 아울렛, 동네 장터 같은 구수함이 있는 파머스 마켓, 하와이 대표 슈퍼마켓까지 꼭 들러봐야 할 오아후 대표 쇼핑 공간을 소개한다.

01

하와이 최대 쇼핑몰

알라모아나 센터 *Ala Moana Center*

알라모아나 센터는 쇼핑 천국 오아후의 대표적인 쇼핑몰로 미국 전역을 통틀어 다섯 손가락 안에 드는 초대형 쇼핑몰이다. 쇼핑을 좋아하든 좋아하지 않든 하와이를 찾는 거의 모든 사람이 한 번씩은 들르곤 한다. 할인 폭이 큰 블랙 프라이데이(추수감사절 연휴)나 크리스마스 쇼핑 시즌에는 마우이와 빅아일랜드, 카우아이 섬에 사는 사람들도 알라모아나 센터로 쇼핑 원정을 온다. 하루 종일 돌아다녀도 다 보지 못할 이 거대한 쇼핑몰에는 네 개의 백화점(Macy's, Neiman Marcus, Nordstrom, Bloomingdale's)이 입점해 있고, 백화점과 백화점 사이에는 명품 브랜드와 리바이스, 디젤 등 대중적인 브랜드 매장 및 레스토랑 340여 개가 들어서 있다.

알라모아나 센터에서 시간 낭비, 에너지 낭비 없이 쇼핑하려면 미리 쇼핑센터 지도에 가고 싶은 스토어를 표기하고 동선을 짜는 것이 좋다. 알라모아나 센터에 입점한 스토어 중 우리나라에는 잘 알려져 있지 않지만 하와이 현지에서는 인기가 많은, 그래서 꼭 가보라고 권하고 싶은 스토어들을 소개한다.

교통 와이키키 출발 시 더 버스 8, 19, 20, 23, 24, 42번 이용. 와이키키 트롤리 핑크라인(쇼핑라인)도 와이키키 10개 정류소를 오간다(편도 2달러). 주소 1450 Ala Moana Blvd.(와이키키에서 도보 20~30분, 자가용으로 약 10분 소요) 오픈 월~토요일 09:30~21:00, 일요일 10:00~19:00 전화 808-955-9517 홈피 www.alamoanacenter.kr(알라모아나 센터의 한국어 웹사이트) 지도 맵북 p.3 Ⓚ

샌드 피플 Sand People

카우아이섬 작고 예쁜 동네, 하날레이에서 처음 문을 연 샌드 피플은 하와이 아일랜드 스타일을 표방하는 멀티숍으로 각종 액세서리와 인테리어 소품, 선물로 구매하기 좋은 아기자기한 하와이 기념품을 판매한다. 가격은 좀 있어도 특별한 하와이 기념품을 사고 싶다면 들러볼 것.

Shopping Point ▶ 하와이 로컬 아티스트들이 디자인한 귀고리. 독특하고 예쁜 제품들이 많다.

전화 808-955-8883 홈피 www.sandpeople.com

배스 앤 보디 워크 Bath & Body Works

이름 그대로 보디용품과 목욕용품을 판매하는 곳으로 다양한 향의 보디 클렌저와 목욕용품을 비롯해 은은한 향의 미스트, 손발 전용 케어 제품 등을 10~50달러의 중저가로 구입할 수 있다.

Shopping Point ▶ 향초, 핸드크림, 립밤 등 선물하기 좋은 소소한 제품을 대폭 할인하는 행사가 거의 항상 있다.

전화 808-946-8020 홈피 www.bathandbodyworks.com

윌리엄스 앤 소노마 Williams-Sonoma

평소 요리를 좋아하거나 부엌용품에 관심이 많다면 윌리엄 앤 소노마에서 반나절은 거뜬히 보낼 수 있다. 냄비나 프라이팬 같은 기본적인 주방용품부터 제빵 제과 도구, 희귀한 소스와 양념, 요리책, 앞치마, 양식기 세트 등 부엌에서 필요한 모든 것을 판매한다. 월마트나 타겟의 부엌용품에 비하면 가격은 많이 비싸지만 품질은 최상이다.

Shopping Point ▶ 간혹 큰 폭의 할인 행사를 진행한다. 그럴 땐 꼭 들러보는 것이 좋다. 스튜용 빨간 냄비로 잘 알려진 르크루제 제품이나 일명 '쌍둥이칼'로 통하는 헹켈 주방용 칼을 최고 50퍼센트까지 할인해 구입할 수 있다.

전화 808-951-0088 홈피 www.williams-sonoma.com

클락스 Clarks

클락스는 하이힐과 '빽구두'도 운동화만큼 편할 수 있다는 것을 증명해 보이는 190년 역사의 영국 브랜드다. 편한 신발의 대명사로 통하는 이 브랜드의 일부 라인을 우리나라에서는 금강제화가 수입해서 판매하고 있는데, 하와이 현지 매장을 방문하면 더욱 다양한 제품을 더 저렴하게 만날 수 있다.

Shopping Point ▶ 영수증만 있으면 구입 후 365일까지 환불이 가능하다. 며칠 신었다 가져가는 것은 곤란하지만 구입한 지 얼마 되지 않아 마음이 바뀌었다면 얼마든지 환불받을 수 있다.

전화 808-949-0909 홈피 www.clarks.com

세포라 Sephora

미국과 유럽의 큰 도시에 하나쯤은 있게 마련인 세포라는 화장품 천국이다. 유명 화장품 브랜드와 향수 브랜드의 대표 상품이 보기 좋게 진열되어 있고 영업시간 내내 메이크업 아티스트가 상주해 있어 무료로 메이크업 상담을 받을 수도 있다. 세포라 자체 브랜드 화장품도 여러 종류가 있는데, 타 브랜드의 유사 상품과 품질은 비슷하면서 가격대가 저렴해 인기가 많다.

Shopping Point ▶ 스테디셀러는 베어 이센추얼(Bare Escentuals) 미네랄 파우더와 컨실러 두 제품이다.

전화 808-944-9797 홈피 www.sephora.com

힐로 해티 Hilo Hattie

알로하 셔츠를 비롯해 하와이 전통 원피스 드레스인 무무(Muumuu), 비치용품, 하와이 책과 음반 등 하와이를 기념할 만한 제품을 모두 판매한다. 1960년대 초에 처음 문을 연 이래 하와이 최대 기념품 브랜드이자 세계 최대의 하와이 제품 생산업체로 성장했다. 알라모아나 센터 외 오아후의 니미츠 스토어와 빅아일랜드, 마우이 그리고 카우아이에도 상점이 여럿 있다.

Shopping Point ▶ 온 가족이 함께 입을 수 있도록 같은 패턴, 다른 사이즈로 선보이는 가족용 알로하 드레스와 셔츠.

전화 808-973-3266 홈피 www.hilohattie.com

니만 마커스 Neiman Marcus

알라모아나 센터 내 메이시스(Macy's)가 중산층을 위한 백화점이고 노드스트롬(Nordstrom)과 블루밍데일(Bloomingdale)이 중상류층을 위한 백화점이라면, 니만 마커스는 상류층 고객을 타깃으로 하는 명품 백화점이다. 1층과 2층 의류 코너를 한 바퀴 돌면 세계의 최신 트렌드가 머릿속에 착착 정리되고, 3층에 가면 자체 브랜드를 달고 나온 고급스러운 인테리어 소품도 만날 수 있다. 판매하는 상품에 관계없이, 빼어난 실내 인테리어와 상품 디스플레이로 미국에서 가장 아름다운 백화점으로 꼽힌다.

Shopping Point ▸ 크리스마스 시즌과 추수감사절 세일, 연말과 연초에 백화점 곳곳에 할인 코너가 마련된다. 다양한 명품 브랜드의 할인 의류, 핸드백을 대폭 할인된 가격에 구입할 수 있다.

전화 808-951-8887 홈피 kr.neimanmarcushawaii.com

라 팔마 도르 La Palma D'Or

이곳의 케이크는 사람으로 치면 얼굴도 마음도 모두 예쁘고 곱다. 새하얀 크림 위에 다소곳이 놓인 딸기 한 조각, 복숭아 한 조각은 보고만 있어도 생기가 돌고 먹기도 전에 이미 든든하다. 인공색소나 향료는 전혀 사용하지 않고 신선한 고급 재료로만 만들어 부드럽고 가벼운 맛이 일품이다.

Shopping Point ▸ 라 팔마 도르의 최고 베스트셀러는 신선한 딸기를 듬뿍 넣어 만든 생크림 딸기 케이크다.

전화 808-941-6161 홈피 www.lapalmedorhawaii.com

TIP

오직 하와이에서만 만날 수 있는 특별한 상품

하와이에서 쇼핑 할 때 'Hawaii Exclusive' 라고 적힌 상품을 눈여겨보세요. 루이비통, 구찌 같은 명품 브랜드부터 룰루레몬, 판도라, 폴로, 레스포색 같은 대중적인 브랜드까지(하다못해 스팸도!) 오로지 하와이에서만 만날 수 있는 상품일 경우가 많습니다. 보통 무지개나 파인애플같이 대표적인 하와이 문양에 브랜드 특유의 감성이 더해진 것들로 구경하는 재미가 쏠쏠합니다.

알라모아나 센터의 **참 좋은 휴식처**

반스 앤 노블(Barnes and Noble, 알라모아나 센터 1층(Street Level))은 하와이 유일의 대형서점이다. 몇 년 전까지만 해도 이와 비슷한 규모의 책방이 두어 곳 더 있었지만, 출판 시장의 불황(슬프게도!) 때문에 결국 이곳만 빼고는 모두 문을 닫았다. 미국 본토의 대형 서점들에 비하면 규모가 크다고 할 수 없지만, 분위기는 한층 오붓하고 자유분방하다. 마음에 드는 책을 골라 서점 한편에 마련되어 있는 카페에 앉아 책장을 넘기면 세상 부러울 것이 없어진다.

알라모아나 센터 중심부에 위치한 센터 스테이지에서는 갖가지 크고 작은 공연이 매일 펼쳐진다. 매일 오후 1시에 있는 훌라 공연을 기본으로, 때때로 우쿨렐레, 지역 어린이 합창단의 합창, 크리스마스 시즌에는 캐롤 공연이 펼쳐진다. 무대는 1층 중앙에 있지만 2층과 3층 중앙에 위치한 커피숍에서도 내려다볼 수 있다. 센터 스테이지 공연 내용은 알라모아나 센터 홈페이지(www.alamoanacenter.kr)의 'Events' 메뉴에서 확인할 수 있다.

하와이에서 일본의 어느 맛집 골목으로 순간이동이라도 한 것 같은 착각을 불러일으키는 시로키야 재팬 빌리지 워크(Shirokiya Japan Village Walk, 알라모아나 센터 1층(Street Level))에는 무려 50여 개 푸드 스탠드가 있다. 푸드코트 형식으로 900여 개의 좌석이 마련되어 있지만, 점심시간이나 퇴근 시간대엔 자리를 찾기 힘들 정도로 인기가 많다. 단돈 1달러에 판매하는 생맥주 한 잔에 갓 구운 타코야키나 초밥 한 줄, 우동 한 그릇이면 묵은 피로가 눈 녹듯이 풀린다.

그 밖에 알라모아나 센터 내 메이시스(Macy's) 백화점 앞 스타벅스, 노드스트롬(Nordstrom) 앞 젤라토 바(Gelato Bar)에도 야외 테이블이 마련되어 있어 커피 한 잔 또는 젤라토 한 입 하면서 한숨 돌리기 좋다.

02

쇼핑의 천국

와이키키 쇼핑가 *Waikiki Shopping Street*

와이키키는 하와이에서 가장 많은 여행객이 모이는 곳이니만큼 명품 브랜드와 브랜드 없는 길거리 숍이 거리에 빼곡하게 들어서 있다. 〈US Weekly〉나 〈People〉 같은 미국의 연예 주간지를 보면 와이키키에서 수십만 달러를 뿌리며 쇼핑을 즐기는 할리우드 스타의 파파라치 컷을 심심치 않게 볼 수 있다.

와이키키를 따라 나 있는 칼라카우아 애비뉴를 빠른 걸음으로 걸으면 한 시간 정도면 충분하다. 하지만 거리 가득 수많은 호텔과 레스토랑, 바, 명품 부티크, 빈티지 옷집, 수공예 액세서리 가게가 들어오라고 유혹의 손길을 보내니 한 시간은커녕 하루 종일도 충분하지 않다. 짧은 시간을 쪼개어 들러볼 만한 와이키키 쇼핑의 대표 주자를 모았다.

교통 와이키키 내에서는 걷는 것이 가장 좋지만, 걷기에 먼 거리를 이동할 때는 트롤리(p.97)를 이용하는 것도 편하다. 더 버스 8, 19, 21, 22번 등 대부분의 와이키키 노선도 Kalakaua Ave.와 Kuhio Ave.를 오간다.

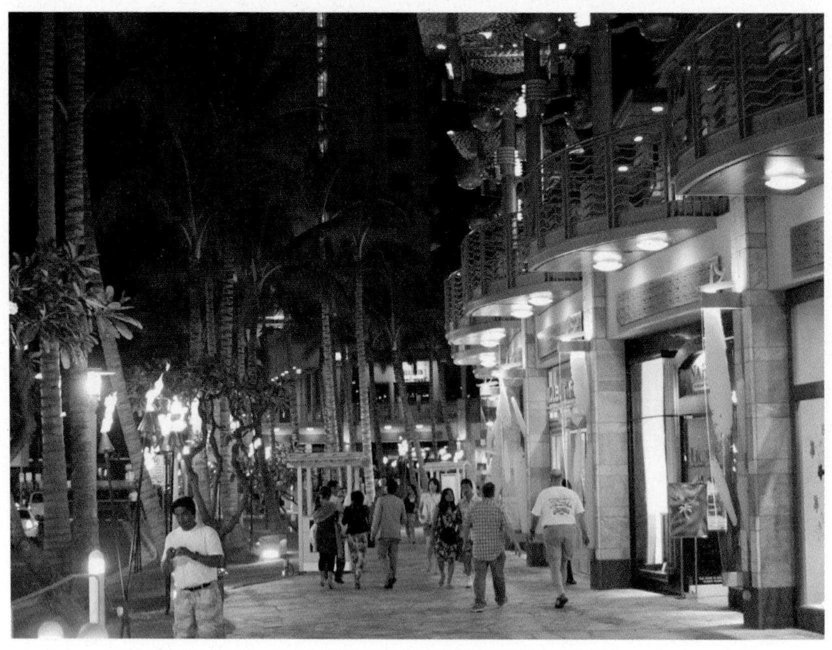

로열 하와이안 센터 Royal Hawaiian Center

와이키키 최대 쇼핑몰로 100여 개의 브랜드가 입점해 있으며 푸드코트를 포함해 다양한 레스토랑도 입점해 있다. 센터 내 매장에서 물이라도 한 병 사면 주차 도장을 찍어 준다. 주차료는 처음 한 시간은 10달러 이상의 영수증 제출 시 무료이고, 이후 두 시간까지 시간당 2달러다. 네 시간을 초과하면 시간당 6달러가 추가된다. 주차비가 비싼 걸로 악명 높은 와이키키에서 비교적 저렴하게 주차를 할 수 있는 곳 가운데 하나다. 와이키키 동쪽에 있을 때는 호놀룰루 동물원 주차장, 와이키키 중심에 있을 때는 이곳 로열 하와이안 센터나 T 갤러리아 하와이의 주차장을 이용하는 것이 비교적 저렴하다.

입점 브랜드 애플 스토어, 펜디, 포에버 21, 에르메스, 케이트 스페이드, 레스포삭, 토리 버치, 오메가 등

주소 2201 Kalakaua Ave. Honolulu 오픈 10:00~22:00 전화 808-922-0588 홈피 www.royalhawaiiancenter.com

인터내셔널 마켓플레이스 International Marketplace

3년의 대대적인 공사를 거쳐 2016년, 현대적인 모습으로 재탄생했다. 총 80여 개의 상점과 식당들이 입점해 있는 가운데 단연 눈을 끄는 것은 미국 고급 백화점인 삭스 피프스 애비뉴 (Saks Fifth Avenue). 인터내셔널 마켓플레이스의 재개장이 많은 관심을 끈 가장 큰 이유이기도 하다. 매일 저녁 시간에는 몰 중앙에 위치한 반얀트리 앞에서 하와이 쇼와 이벤트가 펼쳐진다.

몰 어디에서건 10달러 이상 물건을 구매하면 주차 확인 도장을 받을 수 있어 한 시간까지 무료로 주차할 수 있다. 이후 두 시간은 시간당 2달러가 추가된다.

입점 브랜드 비씨비지 막스 아즈리아, 크리스찬 루부탱, 마이클 코어스, 스와로브스키, 버버리 등

주소 2330 Kalakaua Ave, Honolulu, HI 96815
오픈 10:00~22:00 전화 808-931-6105 홈피 www.shopinternationalmarketplace.com

럭셔리 로 Luxury Row

와이키키 초입, 여덟 개의 명품 브랜드로 이루어진 건물로 이른바 럭셔리 로라고 불린다. 세계적인 휴양지인 하와이 지점의 특성상 '하와이 한정판'이라 이름 붙은 제품을 선보이는 브랜드가 많다.

입점 브랜드 티파니 앤 코, 코치, 구찌, 입생로랑, 샤넬, 보테가 베네타, 토즈, 휴고 보스

주소 2100 Kalakaua Ave. Honolulu 오픈 10:00~22:00 전화 808-922-2246 홈피 www.luxuryrow.com

T 갤러리아 하와이 T Galleria by DFS, HAWAII

1층과 2층에서는 하와이 기념품과 화장품, 액세서리류를, 3층에는 럭셔리 브랜드를 주로 판매한다. 1과 2층에서 판매하는 상품은 누구나 하와이 판매세(4.712%) 없이 구매할 수 있다. 3층은 한 달 이내에 국제선 항공권 정보를 소지한 경우에 한해 판매세와 관세 없이 쇼핑할 수 있다. 단, 3층에서 구입한 상품은 호놀룰루 공항에서 탑승 수속을 마친 후에 인도 받을 수 있다.

입점 브랜드 버버리, 발렌시아가, 토즈, 프라다, 페라가모, 셀린느, 오메가 등

주소 330 Royal Hawaiian Ave. Honolulu 오픈 09:00~21:00 전화 808-931-2700 홈피 www.dfsgalleria.com/en/hawaii

하얏트 리조트 숍 Pualeilani Atrium Shops

하얏트 리젠시 와이이키 리조트 앤 스파(Hyatt Regency Waikiki Beach Resort & Spa)는 와이키키에서 가장 규모가 큰 호텔 가운데 하나로 호텔 내에 40여 개의 숍과 레스토랑이 입점해 있다.

입점 브랜드 UGG, 폴리폴리, 스와치, 코치(남성), 선글라스 헛, 우쿨렐레 하우스 등

주소 2424 Kalakaua Ave. Honolulu 오픈 상점에 따라 영업시간이 천차만별이다. 대부분의 쇼핑 상점은 09:00~23:00에 운영하지만 더 일찍 열고 닫는 곳도 많다. 레스토랑은 아침부터 내내 여는 곳도 있지만 점심, 저녁에만 운영하는 곳도 많다. 전화 808-237-6341 홈피 www.pualeilanishops.com

TIP

매주 금요일 오후 4시 30분부터 6시까지 하얏트 리젠시 와이키키 비치 리조트 앤 스파의 로비에서는 알로하 프라이데이 행사가 열립니다. 무료로 하와이 문화를 체험할 수 있는 기회로, 레이 만들기나 폴리네시안 아트 타투, 훌라 레슨 등을 진행합니다. 행사의 마지막은 폴리네시아 칼춤 공연이 장식합니다. 특히 어린 자녀와 함께라면 한 번쯤 들러볼 만합니다.

03

하와이 최대의 아울렛 몰

와이켈레 아울렛 *Waikele Premium Outlets*

브랜드 제품을 30퍼센트 내지 60퍼센트 할인된 가격에 판매하는 할인 매장 50여 곳이 모여 있는 하와이 유일의 아울렛. 아디다스, 바나나 리퍼블릭, 케이트 스페이드, 익스체인지, 폴로, 막스마라, 코치, 나인 웨스트 등 50여 개 매장이 입점해 있다. 마크 제이콥스와 클로에, 프라다 같은 명품 브랜드를 한자리에서 만날 수 있는 편집 매장 느낌의 바니스 뉴욕(Barneys New York)과 미국 최고급 백화점으로 꼽히는 삭스 피프스 애비뉴(Saks Fifth Avenue)의 할인 매장인 오프 피프스 삭스 피프스 애비뉴(Off 5th Saks Fifth Avenue)도 인기 매장이다.
와이켈레 아울렛까지는 호놀룰루에서 차로 30분가량 소요된다. 렌터카를 이용하지 않을 경우 로버츠 하와이(www.robertshawaii.com/transportation/waikele-outlet-shuttle)라는 관광업체에서 와이키키-와이켈레 아울렛까지 운행하는 셔틀버스를 이용하는 것이 가장 편하다. 편도 10달러, 왕복 18달러이며, 홈페이지를 통해 예약할 수 있다. 버스를 이용하면 더 저렴하긴 하지만 환승을 해야 하고 배차 간격도 긴 편이다. 와이켈레 아울렛 홈페이지를 통해 VIP 클럽에 가입하면 아울렛 안내 데스크에서 쿠폰북과 교환할 수 있는 바우처를 출력할 수 있다.

교통 더 버스 42번(Airport 방면) 탑승 후 Waipahu trasit center에서 433번(Waikele 방면)으로 환승 주소 94-790 Lumiaina St. Waipahu 오픈 월~토요일 09:00~21:00, 일요일 10:00~18:00(크리스마스나 추수감사절 같은 휴일 및 세일 기간에는 미리 홈페이지에서 영업시간을 확인해야 한다.) 전화 808-676-5656 홈피 www.premiumoutlets.com 지도 맵북 p.2 Ⓕ

04

실속파 쇼핑족에게 인기 만점

워드 빌리지와 주변 지역 *Ward Village*

와이키키가 관광객의 거리라면 워드 센터 주변은 주민의 거리다. 알라모아나 센터(p.179)에서 도보로 15분 정도 떨어진 곳에 있는 워드는 원래는 도로 이름이지만 도로 주변으로 상점이 들어서면서 지역을 통칭하는 말이 되었다. 규모 면에서는 알라모아나 센터나 와이키키에 위치한 여러 쇼핑몰의 반의 반도 안 되지만 구석구석 재미있고 예쁘고 알찬 가게들이 착실하게 자리 잡고 있다. 어쩌다 하와이에서의 삶이 무료하게 느껴질 때 한가롭게 워드 센터 주변을 거닐면서 좋아하는 가게들을 순회하다 보면 역시 하와이가 좋긴 좋은걸, 하고 마음을 고쳐먹게 된다.

교통 더 버스 19, 20, 42번(Airport, Ewa Beach 방면) 주소 1240 Ala Moana Blvd. Honolulu 오픈 월~토요일 10:00~21:00, 일요일 · 주요 국경일 10:00~18:00 전화 808-591-8411 홈피 www.wardcenters.com

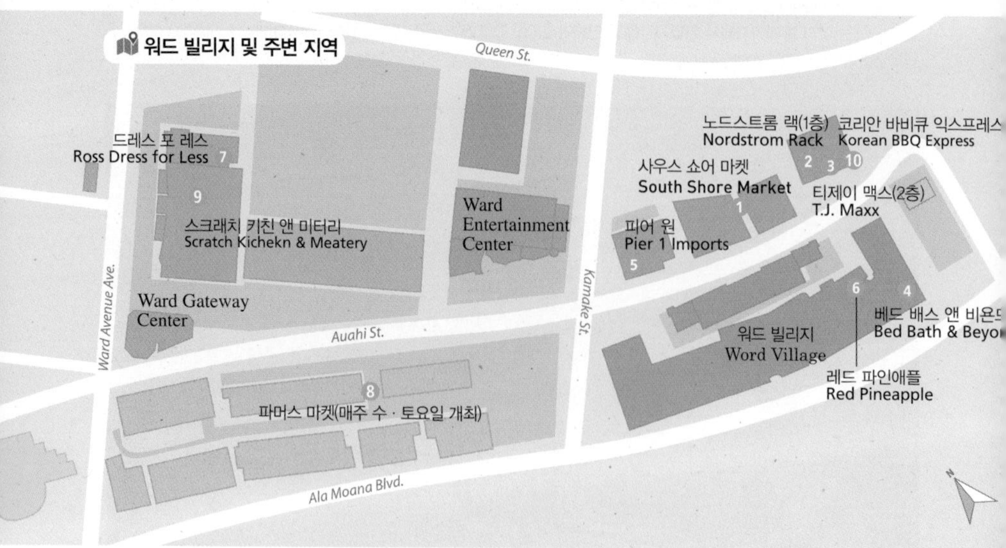

사우스 쇼어 마켓 South Shore Market

2016년 말 워드 지역에 오픈한 복합 쇼핑 공간으로 규모는 크지 않지만, 속이 꽉 찬 가게들이 입점해 있다. 입점해 있는 18개의 상점은 모두 하와이 브랜드로, 하와이에서 생산된 의류와 액세서리, 생활 소품 등을 판매한다. 천편일률적인 하와이 기념품이 아닌 독특하고 의미 있는 기념품을 찾는다면 한 번쯤 들러볼 만하다. 커피빈을 비롯해 간단히 요기하기 좋은 건강식 샌드위치나 피자 등을 판매하는 식당들도 있다. 곳곳에 테이블과 의자가 마련되어 있고 무료 와이파이를 사용할 수 있다.

주소 1170 Auahi St, Honolulu, HI 96814 전화 808-591-8411 지도 p.188 ❶

노드스트롬 랙 Nordstrom Rack

노드스트롬은 미국의 고급 백화점으로 노드스트롬 랙은 노드스트롬에서 넘어온 재고품과 이월 상품, 신제품이지만 소소한 하자가 있는 'B품' 등을 모아 판매하는 '노드스트롬 아울렛'이다. 푸마나 나이키 같은 스포츠 브랜드의 신제품과 세븐 포 올 맨카인드, 트루릴리전 같은 프리미엄 진, 간혹 마크 제이콥스나 케이트 스페이드, 랄프 로렌, 코치 제품도 입고된다.

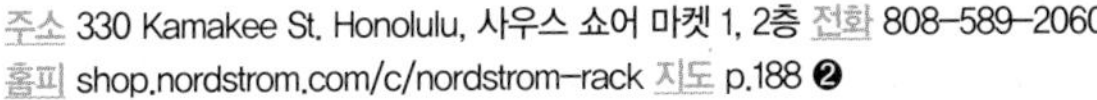

주소 330 Kamakee St. Honolulu, 사우스 쇼어 마켓 1, 2층 전화 808-589-2060
홈피 shop.nordstrom.com/c/nordstrom-rack 지도 p.188 ❷

티제이 맥스 T.J. Maxx

최근 워드 센터가 하와이의 새로운 쇼핑 중심지로 떠올랐으니, 그 중심에는 티제이 맥스가 있다. 지난 2012년, 워드 센터의 한복판에 35만 스퀘어 풋 규모의 하와이 1호점을 연 티제이 맥스는 미 전역에 지점을 두고 있는 브랜드 의류 할인점이다. 품목은 의류가 가장 많고 그 외에 액세서리, 인테리어 소품 등을 20~60퍼센트 할인된 가격에 판매한다. 얼핏 보면 로스와 비슷하지만 로스보다 더 럭셔리한 브랜드 제품을 많이 갖추고 있으며 가격대는 로스보다는 약간 높은 편이다.

주소 1170 Auahi St. Honolulu, 사우스 쇼어 마켓 2층 전화 808-593-1820 홈피 tjmaxx.tjx.com 지도 p.188 ❸

베드 배스 앤 비욘드 Bed Bath & Beyond

베드 배스 앤 비욘드는 이름 그대로 침대방과 화장실에 필요한 모든 것을 판매하는 미국 최대 규모의 인테리어 용품 소매점이다. 침구류와 화장실 용품 외에 주방용품도 다양하게 만날 수 있으며 가격과 품질은 월마트와 백화점 중간 정도다. 인터넷을 통해 '한 품목 20퍼센트 할인' 같은 쿠폰을 구할 수도 있으니 살펴보자.

주소 1200 Ala Moana Blvd. Honolulu 오픈 월~금요일 10:00~21:00, 토요일 09:00~21:00, 일요일 09:00~19:00 전화 808-593-8161 홈피 www.bedbathandbeyond.com 지도 p.188 ❹

피어 원 Pier 1 Imports

미국의 대중적인 가구점. 테이블이나 소파 같은 가구 외에 쿠션이나 향초, 거울 등 인테리어 소품도 많다. 실용적이고 세련된 디자인에 비해 가격 부담은 적어 새내기 주부들이 많이 찾는다.

주소 1108 Auahi St. Honolulu 오픈 월~토요일 10:00~21:00, 일요일 10:00~19:00 전화 808-589-1212 홈피 www.pier1.com 지도 p.188 ❺

레드 파인애플 Red Pineapple

베드 배스 앤 비욘드에서 나와 워드 센터 실내로 들어서면 오른쪽에 작고 예쁜 가게가 보인다. 레드 파인애플이라는 예쁜 이름을 갖고 있는 이곳은 오프라 윈프리가 발행하는 문화 잡지 〈O〉에 자주 소개되는 기발한 생활용품을 비롯해 앞치마와 그릇, 초, 비누, 물통 등 독특하고 예쁜 인테리어 소품이 가득한 컬렉션 숍이다. 독특한 출산용품도 많아서 정성 어린 선물을 마련해야 할 때 들러보면 좋다.

주소 1200 Ala Moana Blvd. Honolulu 전화 808-593-2733 홈피 www.redpineapple.net 지도 p.188 ❻

로스 드레스 포 레스 Ross Dress for Less

로스는 말하자면 진흙 속에 묻혀 있는 진주를 발굴하는 쾌감을 맛볼 수 있는 곳이다(그건 곧 진주는 구경도 못하고 진흙탕에서 구르기만 할 때도 많다는 뜻!). 평생 듣도 보도 못한 브랜드의 상의 · 하의 · 드레스 · 속옷 · 수영복 등이 매장 한가득 촘촘히 걸려 있는 가운데, 그 사이로 잘 보면 도나카란 뉴욕이나 캘빈 클라인, 폴로, 앤 클라인, 뉴발란스 등 익숙한 브랜드 제품이 섞여 있다. 일단 맘에 드는 제품을 찾으면 50퍼센트에서 90퍼센트까지 할인된 가격에 구입할 수 있다. 영유아 옷도 예쁜 것이 많고, 양식기 세트와 냄비 등 부엌용품도 가격 대비 품질이 높다.

주소 333 Ward Ave. Honolulu 전화 808-589-2275 홈피 www.rossstores.com 지도 p.188 ❼

워드 빌리지 파머스 마켓 Farmers Market

매주 수요일 오후 3시부터 7시까지, 토요일 오전 8시부터 정오까지 워드 애비뉴(Ward Ave)와 알라모아나 볼바르(Ala Moana Blvd.)의 교차점에 있는 공터에서 파머스 마켓이 열린다. 햇살 좋은 날 장바구니 들고 가서 튼실한 하와이 아보카도와 파인애플, 꿀 등 신선한 과일과 채소를 가득 담아오면 주말 내내 마음이 든든하다. 간단한 도시락과 포케, 레모네이드, 과일 스무디 등도 팔기 때문에 비치 가는 길에 들러 테이크아웃 해가기도 좋다. 파머스 마켓으로 하와이에서 가장 규모가 큰 KCC 파머스 마켓(p.201)은 이제 너무 유명해져서 관광버스가 들어올 정도. 물건은 많지만 그만큼 상술도 많다. KCC에 비해 규모는 반도 안 되지만 소소하게 들러볼 만하다.

주소 333 Ward Ave. Honolulu. 로스 주차장 지도 p.188 ❽

하와이 쇼핑 달인 되기

주요 상점들 운영 시간

월요일부터 금요일은 오전 10시부터 오후 8~9시, 토요일은 오전 10시부터 오후 6~7시, 그리고 일요일은 오전 11시부터 오후 6시 무렵까지 문을 연다. 오아후의 와이키키와 알라모아나 센터, 마우이의 라하이나, 빅아일랜드의 카우아이와 코나 등 관광객이 많이 몰리는 지역은 밤늦게까지 영업하는 곳도 많다. 추수감사절(11월 넷째 주 목요일)이나 크리스마스 무렵에는 더 늦은 시간까지 문을 열기 때문에 홈페이지에서 영업시간을 미리 확인하는 것이 좋다.

참고로 은행은 오전 8시 30분부터 오후 3~4시, 금요일은 오전 8시 30분부터 오후 6시까지 이용할 수 있고, 토요일과 일요일은 문을 닫는다. 상점을 제외한 일반 회사나 사무실은 대개 월요일부터 금요일 오전 8시부터 오후 5시까지 또는 오전 9시부터 오후 6시까지 근무한다.

세일기간 알아두기

알라모아나 센터나 와이켈레 아울렛을 포함한 하와이 주요 쇼핑몰은 연휴나 명절에 큰 할인 폭의 할인 행사를 진행한다. 보통 연휴 전 주말부터 할인행사를 시작해 연휴 당일까지 이어간다. 밸런타인데이에는 향수나 속옷, 보석류, 개학 전 세일에는 학용품이나 노트북 등으로 연휴 성격에 맞춰 할인 품목이 특화되는 경우도 있지만, 대부분은 행사 기간 동안 모든 품목을 할인하여 판매하곤 한다.

● 득템을 부르는 빅! 세일

2월 14일	밸런타인 데이	7월 4일	독립기념일 (*Independence Day*)
2월 셋째 주 월요일	대통령의 날 (*President's Day*)	8월 중순	개학 전 세일
4월 중순	부활절(*Easter*, 4월 중의 한 일요일로 매년 다르다. 2018년은 1일, 2019년은 21일)	9월 첫째 주 월요일	노동절(*Labor Day*)
5월 마지막 월요일	메모리얼 데이	10월 둘째 주 월요일	콜럼버스 데이
5월 둘째 주 일요일	어머니의 날 (*Mother's Day*)	11월 마지막 금요일	블랙 프라이데이(추수감사절인 목요일 자정에 세일 시작!)
6월 셋째 주 일요일	아버지의 날(*Father's Day*)	12월 25일	크리스마스

내게 꼭 맞는 옷 찾기

하와이(미국 전역)에서 판매하는 의류와 신발의 사이즈 표기는 한국과 다르다. 다음 표를 참고해 사이즈를 알아두면 이 옷 저 옷 입어보는 시간을 절약할 수 있다. 하지만 같은 S사이즈라고 해도 디자인과 브랜드에 따라 차이가 있으므로 직접 입어보는 것이 좋다. 일반적인 동양인 체형이라면 프티(petit) 사이즈도 입어보길 권한다. 프티 사이즈는 전체적으로 체구가 작은 사람을 위한 라인으로 한국에서는 표준 사이즈인 사람 역시 미국 옷은 프티 사이즈가 곧잘 맞는 경우가 왕왕 있다. 프티 사이즈는 바나나 리퍼블릭(Banana Republic)이나 앤 테일러(Ann Taylor) 같은 세미 정장 브랜드에 많으며, 사이즈와 디자인은 같지만 암홀이 좀 더 좁고, 전체 길이도 약간 짧다. 가령 원피스의 일반 라인 사이즈가 0인데도 컸다면, 프티 사이즈 2 또는 0(각각 2P, 0P로 표기)을 입으면 맞을 확률이 높다. 일반 사이즈와 프티 사이즈는 한 단계 정도 차이난다.

상의 & 원피스

	44		55		66		77		88	
한국	80	85	90		95		100		105	
	XS	S	M		L		XL		XXL	
하와이	0	2	4	6	8	10	12	14	16	18
	2P	4P	6P	8P	10P	12P	14P	16P	18P	-
	XXS	XS	S		M		L		XL	

하의

한국	22 ~ 23	24 ~ 25	25 ~ 26	27 ~ 28	29 ~30	30 ~ 31	32 ~ 33
하와이	0	1	3	5	7	9	11
	25	26	27	28	29	30	31

신발 사이즈

한국	225	230	235	240	245	250	255	260	265	270	275
하와이	5.5	6	6.5	7	7.5	8	8.5	9	9.5	10	10.5

05

속이 꽉 찬 하와이의 마트 탐방

슈퍼마켓 *Supermarket*

하와이의 슈퍼마켓은 학교 운동장만큼 넓어서 잠깐 둘러볼 생각으로 들어가도 이것저것 보다 보면 한두 시간이 금방 지나갈 때가 많다. 호텔에서 간편하게 먹을 수 있는 딸기나 오렌지 같은 과일부터 멀미약, 수중 카메라, 자외선 차단제에 수영복 같은 하와이 여행 필수품을 살 때 들르면 좋을 하와이 대표 슈퍼마켓을 소개한다. 각 지점의 주소는 와이키키에서 가장 가까운 곳으로 기입했다.

세이프웨이(카팔루아 지점) Safeway at Kapalua

세이프웨이는 오아후에 가장 많은 체인을 두고 있는 전형적인 '미국 슈퍼마켓'이다. 갖가지 스낵과 과일, 야채, 냉동식품, 와인, 샌드위치와 샐러드 등을 구비하고 있으며 와이키키에서 가까운 카팔루아 지점이 가장 크고 깨끗하다.

주소 888 Kapahulu Ave. Honolulu 오픈 24시간 전화 808-988-2058 홈피 local.safeway.com

홀푸즈 마켓 Whole Foods Market

1980년 텍사스의 작은 가게로 시작한 홀 푸드 마켓은 오늘날 영국과 미국 전역에 270여 개점이 있는 유기농 전문 식품점이다. 화학 비료를 일절 쓰지 않은 유기농 식품과 하와이 땅에서 자란 로컬 식품을 함께 취급한다. 수십 가지 건강식 메뉴 중 원하는 것을 골라 담아 무게로 계산하는 샐러드 바는 아침저녁 할 것 없이 늘 인기만점이다. 해변에 갈 때 테이크아웃 하기 좋다.

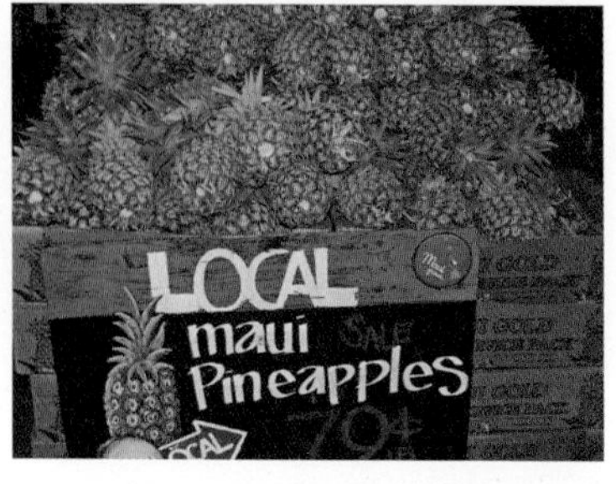

주소 4211 Waialae Ave. Honolulu (Kahala 지점), 388 Kamakee St. Honolulu (Ward Village 지점) 오픈 07:00~22:00 홈피 wholefoodsmarket.com 지도 맵북 p.3 Ⓚ

롱스 드럭스 Longs Drugs

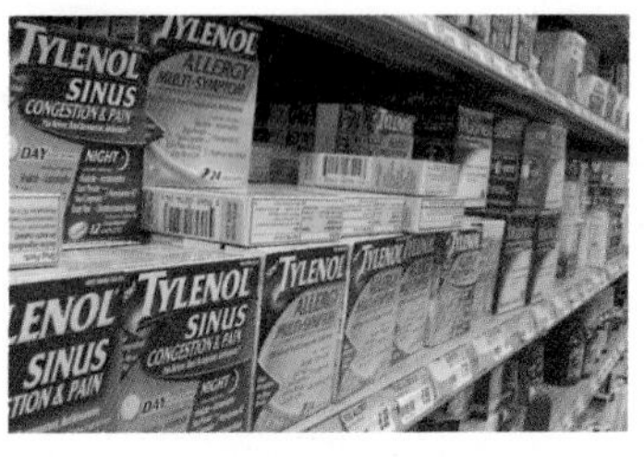

롱스 드럭스의 주 무기는 '약'이다. 내부에 약국이 있어서 의사가 써준 처방전을 들고 약을 사기 위해 줄을 서 있는 사람이 많다. 비타민 등의 건강보조제품을 저렴하게 살 수 있고 약 외에 로레알, 메이블린, 커버걸 같은 미국의 대중적인 화장품 브랜드의 제품도 가장 다양하게 만날 수 있다. 또 디지털 카메라의 사진을 인화해야 할 일이 있을 때도 이곳이 가장 빠르고 저렴하다. 멤버십 카드 제도가 없으며 제품 하단, 노란 종이에 표기된 할인 가격은 계산 시 자동으로 적용된다.

주소 1450 Ala Moana Blvd. Honolulu(알라모아나 센터 지상 2층) 오픈 06:00~23:00 전화 808-956-1331 홈피 www.alamoanacenter.com/Stores/Longs-Drugs

TIP

슈퍼마켓에서 흔히 볼 수 있는 '2 for 1'이라고 적힌 사인은 하나 가격으로 두 개를 살 수 있다는 뜻으로, 하나만 사도 반 가격을 받는 경우가 많아요. 다시 말해 반드시 두 개를 사지 않아도 반 가격으로 할인율을 적용받을 가능성이 높습니다. 반면 'buy 1, get 1 free'는 하나를 사면 하나를 더 준다는 뜻으로 꼭 두 개를 사야 하지요. 두 경우 모두 계산 후 반드시 영수증을 확인하세요.

푸드랜드 Foodland

세이프웨이와 함께 하와이에서 가장 흔히 볼 수 있는 슈퍼마켓으로, 세이프웨이에서 파는 모든 물건(과일과 야채, 냉동식품, 샌드위치, 샐러드 등)을 판매한다. 다른 점이라면 와인 코너가 따로 마련되어 있고, 하겐다즈나 벤앤제리 같은 아이스크림을 더 큰 폭으로 자주 할인하는 편이다. 하지만 상품의 신선도나 다양성 면에서는 세이프웨이가 한 수 위다.

주소 1450 Ala Moana Blvd. Honolulu(알라모아나 센터 지상 1층) 오픈 05:00~22:00 전화 808-949-5044 홈피 foodlandalamoana.com

SAVE MORE!

하와이 곳곳에 있는 대형 슈퍼마켓은 대개 24시간 문을 엽니다. 슈퍼마켓마다 멤버십 카드(신용카드가 아닌 마일리지 카드여서 누구나 만들 수 있다)가 있는데, 이 카드가 있어야 할인가를 적용받을 수 있으니 한 번만 쇼핑하더라도 할인 품목을 구입하려면 만드는 것이 좋아요. 주소란에는 머무는 호텔 주소를 적으면 됩니다.

팔라마 슈퍼마켓 Palama Supermaket

케아모쿠 스트리트의 월마트 건너편에 위치한 88 슈퍼마켓(88 Supermarket, 825 Keeamoku St. 808-941-1300)과 함께 하와이를 대표하는 한인 슈퍼마켓이다. 신라면부터 새우깡, 각종 반찬류와 김치 등 한식 식재료와 제품을 판매한다. 한국에 비하면 가격이 다소 비싸긴 하지만 큰 차이가 있는 건 아니다. 현지 한인 교포는 물론 한류에 빠진 하와이 주민들도 많이 찾는다.

주소 1670 Makaloa St. Honolulu 오픈 08:00~20:00 전화 808-847-4427 홈피 palamamarket.com

돈키호테 Don Quixote

팔라마 슈퍼마켓에서 가까운 돈키호테는 일본 · 중국 · 한국 음식의 식재료를 주로 판매하는 슈퍼마켓이다. 특히 일본 제품이라면 돈키호테를 따를 곳이 없다. 일본의 달달한 전통 과자와 쿠키, 샐러드 드레싱 등 일본의 웬만한 슈퍼마켓에서 찾을 수 있는 거의 모든 식재료를 구비하고 있다. 또 바로 먹을 수 있도록 손질해놓은 갖가지 회와 도시락, 그리고 가전제품, 부엌용품도 판매한다.

주소 801 Kageka st. Honolulu 오픈 월~금요일 08:30~20:00, 토요일 09:00~17:00 휴무 일요일 전화 808-973-4800 홈피 mygnp.com

월마트 Wal-Mart

월마트는 저가 리빙 제품이나 아이들 장난감을 사기에 좋은 대형 마켓이다. 상점 한편에 과일과 야채도 있지만 신선도 면에서 세이프웨이나 푸드랜드에 비해 다소 떨어진다. 대신 소형 믹서나 다리미 같은 전자제품, 그릇이나 식탁보 같은 부엌 용품, 침구 용품, 속옷과 양말 등은 최저가에 가깝다. 또, 부기보드나 스노클링 기어, 대형 튜브 같은 수상 스포츠 용품과 하와이 기념품도 저렴하게 구입할 수 있다.

주소 700 Keeaumoku St. 오픈 24시간 전화 808-955-8441 홈피 walmart.com

타마시로 마켓 Tamashiro Market

규모로 보면 보통 슈퍼마켓의 10의 1도 안 되지만 이곳에서 취급하는 채소, 해산물의 신선도는 단연 오아후 최고다. 해산물 외에 일반 슈퍼마켓에서는 볼 수 없는 이름 모를 진귀한 생선과 개구리 다리 같은 이상야릇한 식재료, 속이 보랏빛인 몰로카이 고구마, 포케도 판매한다. 주방이 딸린 호텔에 머문다면 그날 들어온 싱싱한 버터피시(butterfish)나 모이(moi) 같은 하와이 생선을 사다가 하와이산 바다 소금(Hwaiian sea salt)으로 살짝 간을 해 구워보시라. 유명 레스토랑의 화려한 요리가 부럽지 않을 것이다.

주소 802 N.King St. Honolulu 오픈 월~금요일 09:00~18:00, 토요일 08:00~18:00, 일요일 08:00~16:00 전화 808-841-8047 홈피 tamashiromarket.com

타겟 Target

타겟은 월마트와 마찬가지로 각종 생활용품과 식료품, 의류 등을 판매하는 종합 슈퍼마켓이다. 가격대는 월마트와 비슷하거나 약간 높은 대신 상품의 품질은 전반적으로 조금 더 나은 편이다. 미소니, 필립 림 등 유명 디자이너 브랜드와 콜라보레이션한 의류 라인을 한시적으로 선보이기도 한다. 고가의 디자이너 브랜드 제품을 아주 저렴하게 구매할 수 있는 기회로, 판매일은 타겟 홈페이지를 통해 공지한다. 동양인이 많은 하와이에서는 작은 사이즈가 가장 빨리 판매되므로 구매를 원한다면 문 여는 시간에 맞춰 가야 한다. 진주만(p.120)에서 5분 거리로 알라모아나 센터 지점보다 큰 규모다.

주소 4380 Lawehana St. Honolulu 알라모아나 센터(p.179) 2층. 오픈 08:00~23:00 전화 808-441-3118 홈피 www.target.com

06

좀 더 독특하고 좀 더 특별한

호놀룰루의 편집숍 *Boutique store*

하와이 여행의 목적 가운데 하나가 쇼핑이라면 호놀룰루에 머무는 시간을 가장 많이 잡아야한다. 호놀룰루에는 지상 최대의 옥외 쇼핑몰인 알라모아나 센터도 있지만, 이렇게 작지만 알찬, 아주 멋진 편집숍들도 있다.

코이 호놀룰루 Koi Honolulu

로얄 하와이안 센터(p.185)에 위치한 편집숍. 아크네 스튜디오, 친티 앤 파커, 엠에스지엠, 골든 구스 등 하와이에서 좀처럼 만나기 힘든 컨템포러리 브랜드를 선보인다. 오랜 경력의 바이어가 시즌마다 전 세계 패션 도시를 돌며 고른 제품은 여행객과 현지인 모두의 눈길을 사로잡는다. 한국어를 구사할 줄 아는 퍼스널 쇼퍼가 상주한다. 요즘 하와이에서 핫한 패션 아이템, 일본의 트렌드세터들이 주로 찾는 브랜드 등을 묻는 질문에 척척 대답을 내놓는다.

주소 2201 Kalakaua Ave. Honolulu, HI 96815 오픈 10:00~22:30 전화 808-923-6888

파이팅 일 Fighting Eel

로고 아래, '메이드 인 파라다이스'라는 문구가 예쁜 브랜드로 2003년 절친한 친구 사이의 두 여성 디자이너가 뜻을 모아 런칭했다. 하와이 꽃과 식물, 하늘 등에서 영감을 받은 패턴의 옷이 대부분이다. 몸에 착착 감기는 보들보들한 원피스로 유명하다. 엄마와 아이가 함께 입을 수 있는 모녀 세트 원피스도 인기가 많다. 호놀룰루 다운타운을 비롯해 카일루아와 와이키키, 카할라 등 모두 네 곳에 분점이 있다.

주소 1133 Bethel St. Honolulu, HI 96813 오픈 월~토요일 10:00~18:00, 일요일 10:00~16:00 전화 808-738-9300
홈피 www.fightingeel.com

메이드 인 하와이 뷰티

하와이의 자연이 고스란히 녹아있는 하와이 뷰티 제품을 만나고 싶다면 T 갤러리아 하와이(p.186) 2층 한편에 있는 뷰티 부띠끄를 찾아보자. 빅아일랜드 꿀로 만든 비누와 마우이 설탕으로 만든 스크럽제, 화산지대의 미네랄이 풍부한 토양으로 만든 세안제와 할레아칼라 산자락에서 자라는 라벤더로 만든 룸 스프레이 등 다양한 상품을 판매한다. 하날레이, 마말라니 등 그간 스파 살롱 또는 온라인으로만 만날 수 있던 브랜드를 직접 사용해보고 구매할 수도 있다. 센스 있는 하와이 선물로도 그만이다.

오픈 10:00~22:30 전화 808-923-6888

위 아 아이코닉 We are ICONIC

언젠가 거리를 걷다 소매치기에게 핸드백을 빼앗긴 적이 있다. 그 때 뒤에서 그야말로 번개와 같이 나타나 소매치기를 뒤쫓아 내 핸드백을 찾아다 준 훈남이 있었으니, 바로 이 숍의 주인장이다. 이렇게 용감무쌍한 사람이 하는 가게는 어떤 곳인가 싶어 들어갔다가 곧 단골손님이 되고 말았다. 숍의 주인장은 남다른 패션 센스와 고급스런 안목까지 갖췄다. 가격대가 꽤 높은 편이라 주로 세일 제품을 애용하는데, 상품 회전율이 높아 언제 가도 늘 새로운 세일 품목이 있다. 티비, 이자벨 마랑 에뚜왈, 클레어 브이 등 하와이에서 만나기 힘든 인기 브랜드를 선보이며 온라인 숍의 인기도 높다.

주소 1108 Auahi St. Honolulu, Hawaii 오픈 월~토요일 10:00~20:00, 일요일 12:00~18:00 전화 808-462-4575 홈피 www.shopweareiconic.com

다이아몬드 헤드 비치 하우스 Diamond Head Beach House

하와이에 살게 된 다음부터는 쇼핑을 확실히 덜하게 되었다. 긴팔 옷이 필요가 없는데다 정장으로 차려입을 일도 많지 않기 때문이다. 한 가지 예외가 있는데 수영복 쇼핑이다. 하와이에 와서 눈을 뜨게 된 수영복의 세계는 새로웠다. 색상만 다양한 것이 아니라 비키니 상의와 하의의 디자인에 따라 몸매가 어떻게 달라 보이는지(실제보다 얼마나 더 좋아보이는지), 더불어 수영복 가게에서 흔히 판매하는 비치 타올이나 비치백도 얼마나 예쁜 게 많은지 알게 됐다. 수영복 전문점인 다이아몬드 헤드 비치 하우스는 그런 수영복 구매욕을 부추기는 대표적인 숍으로 그냥 구경만 해도 기분이 좋아지기 때문에 근처 갈 일이 있으면 한번은 들르게 된다.

주소 3128 B Monsarrat Avenue, Honolulu, Hawaii 전화 808-737-8667 홈피 www.diamondheadbeachhouse.com

신선도는 최고, 가격은 최저

파머스 마켓 *Farmers Market*

입에서 살살 녹는 망고, 밭에서 갓 따온 듯한 상추, 방금 구워낸 빵 등 파머스 마켓에서 만나는 상품의 질을 생각하면 가격이 비쌀 것 같지만 오히려 평균 이하다. 1973년부터 하와이의 파머스 마켓 프로그램 POM(The People's Open Market)을 주관하고 있는 호놀룰루 시 카운티에 따르면, 파머스 마켓에서 판매하는 상품은 일반 소매상의 상품에 비해 품질은 뛰어나지만 가격은 평균 35퍼센트 가량 저렴하다고 한다. 대부분 농민이 직접 재배한 농산물을 들고 나와 판매하는 것이라 유통 경로에서 발생하는 비용이 없기 때문이다. POM에 소속된 파머스 마켓은 호놀룰루 전역에 걸쳐 20여 곳에서 매주 한 번씩 열린다.

POM을 비롯해 토요일 오전에 KCC, 일요일 오전에 밀릴라니(Mililani) 고등학교, 목요일 밤에 카일루아(Kailua)에서 열리는 파머스 마켓도 성황리에 열리는 인기 파머스 마켓들이다. 이들 파머스 마켓은 홈페이지에서 매주 예상 판매상과 상품을 소개하므로 취향에 맞는 파머스 마켓을 골라 갈 수 있다.

파머스 마켓은 시작 시간에 가까울수록 상품이 신선하고 또한 붐비지 않아 편하게 즐길 수 있다. 사고 싶은 상품의 판매자가 아직 개시 준비 중일 때는 다른 곳을 먼저 둘러보고 다시 찾는 것이 파머스 마켓을 기분 좋게 즐기는 요령이다.

전화 808-848-2074 홈피 hfbf.org

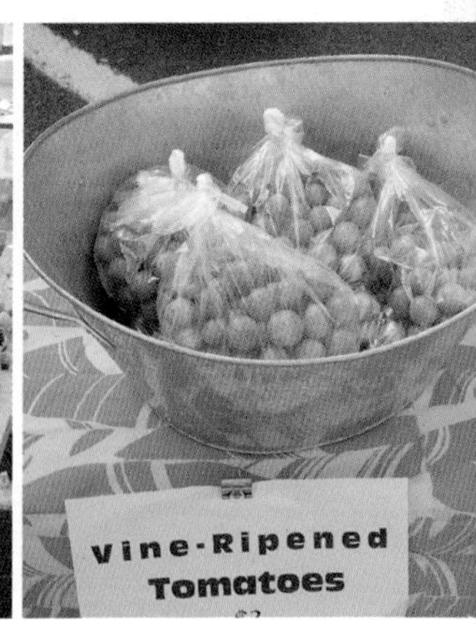

오아후를 대표하는 **맛집** BEST 33

오아후는 하와이의 섬 중 가장 다양한 먹거리가 준비되어 있는 섬이다.
카우아이나 마우이, 빅아일랜드를 여행할 땐
하루 한 끼 정도는 밥을 직접 해 먹거나 도시락을 싸는 등 쌈짓돈을 만들어둘 것.
오아후에 머무는 동안 세상에 다시 없을 식도락 여행을 즐길 수 있도록!

가격 표시($-$$$)
1인분 기준으로 메인 요리 하나에 샐러드나 애피타이저 한 가지를 주문했을 때 기준으로 표기했습니다.
$** 15달러 이하 **$$** 15~30달러 **$$$ 30달러 이상

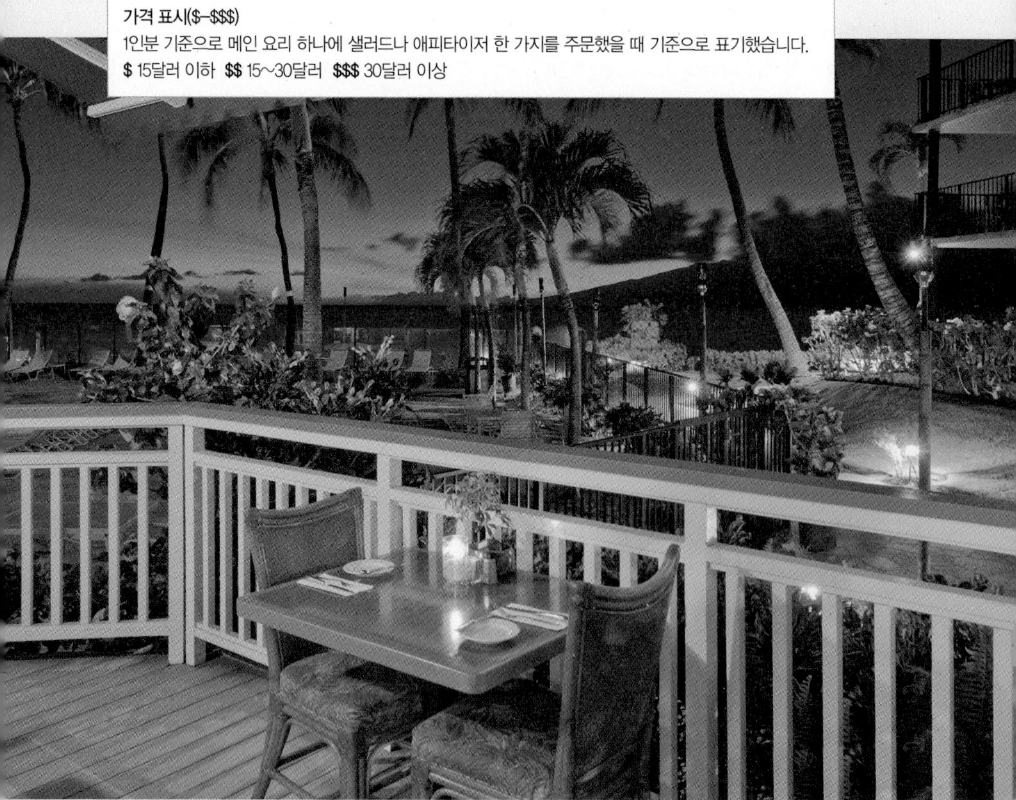

스크래치 키친 앤드 미터리 Scratch Kitchen & Meatery

$$ 아메리칸

겉은 파삭하고 속은 부드러운 크렘 브륄레 프렌치 토스트와 솜이불 같이 폭신한 식감의 팬케이크로 유명하다. 달콤한 프렌치토스트 한 입에 하와이 커피를 곁들이면 절로 눈이 감기면서 미소가 떠오른다. 양이 많은 편이라 넷이 간다면 세 가지만 시켜도 충분할 때가 많다. 저녁에는 라이브 공연이 있다.

주소 1170 Auahi St. Honolulu 오픈 월~금요일 09:00~15:00 17:00~21:00, 토요일 07:00~15:00 17:00~21:00, 일요일 07:30~15:00 전화 808-589-1669 홈피 www.scratch-hawaii.com 지도 p.188 ❽

모닝 글라스 커피 앤 카페 Morning Glass Coffee + Café

$ 카페 & 바

신선하게 볶아 내린 커피를 곁들인 심플한 건강식의 아침 식사를 할 수 있는 곳. 이 카페가 있는 마노아(Manoa)라는 동네가 주는 평온함까지 더해져 갈 때마다 행복지수가 상승하는 것을 느끼게 된다.

주소 2955 E Manoa Rd. Honolulu, HI 96822 오픈 월~금요일 07:00~16:00, 토요일 07:30~16:00 휴무 일요일 전화 808-673-0065 홈피 www.morningglasscoffee.com

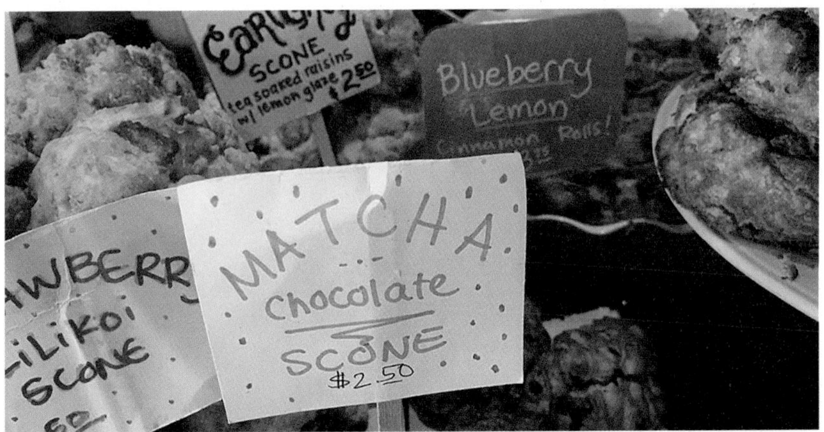

더 베란다 The Veranda

$$$ 하와이안 퓨전

우아한 하와이식 아침 식사를 원한다면 와이키키 비치 정중앙에 서 있는 모아나 서프라이더 호텔의 더 베란다가 안성맞춤이다. 비싸긴 하지만 더없이 평온한 오후를 만끽하게 해주는 애프터눈 티 세트는 오후 12시에서 3시까지 제공되며 1인당 34~48달러다. 아침 뷔페는 1인당 25~34달러며 모아나 서프라이더 호텔에 투숙할 경우 10퍼센트가량 할인을 받을 수 있다.

주소 2365 Kalakaua Ave. Honolulu 오픈 06:00~11:00, 12:00~15:00 전화 808-921-4600 홈피 www.moana-surfrider.com/dining/veranda

알로하 베이크 하우스 앤 카페 Aloha Bake House & Cafe

$ 카페 & 바

워드 빌리지의 뒷골목에 자리해있는 작은 커피숍 겸 빵집. 파인애플 스콘이 참 맛있다. 큼직한 세모 스콘에 캬라멜라이즈된 파인애플 조각이 알알이 박혀 있어 고소한 와중에 달콤함을 만끽할 수 있다. 딸기 스콘, 화이트 초콜렛 스콘, 각종 샌드위치와 샐러드, 직접 만든 피넛 버터도 맛있다. 주차 공간이 협소하고 실내에 앉을 공간이 많지 않으므로 테이크아웃 하는 편이 낫다.

주소 1001 Waimanu St.Honolulu 오픈 월~금요일 07:00~16:00, 토요일 08:00~16:00 휴무 일요일 전화 808-600-7907

레전드 시푸드 레스토랑 Legend Seafood Restaurant

$$ 중식

대부분의 사람들이 차이나타운을 찾는 가장 흔한 이유는 아마 딤섬을 먹기 위해서일 거다. 차이나타운에는 딤섬을 아주 저렴한 가격에 판매하는 딤섬 전문식당이 여럿 있는데, 모두 이른 아침부터 문을 열기 때문에 주말에는 가족 단위로 딤섬 식당을 찾는 이들이 많다. 차이나타운의 딤섬 레스토랑 가운데는 레전드 시푸드 레스토랑과 로열 키친이 추천할 만하며 둘 다 차이나타운 컬처럴 플라자(Chinatown Cultural Plaza) 건물에 입점해 있다.

주소 100 N Beretania St. 오픈 월 · 화 · 목 · 금요일 10:30~14:00 15:30~21:00, 토 · 일요일 08:00~14:00 15:30~21:00 휴무 수요일 전화 808-532-1868 지도 p.134 ❺

야드 하우스 Yard House

$$ 카페 & 바

세계 각국의 맥주 130여 가지를 갖추고 있으며 식사 메뉴는 스테이크와 햄버거, 피자, 타코 등 전형적인 미국 음식으로 이루어져 있다. 고급스러우면서도 캐주얼한 분위기로 남녀노소 모두에게 인기가 많다. 애피타이저 중 고구마튀김(Sweet Potato Fries, 4달러)이나 바삭한 피타 칩에 메인 랍스터와 블루 크랩, 아티초크와 치즈를 섞어 만든 딥이 한 접시에 나오는 'Lobster, Crab & Artichoke Dip'은 맥주 안주로 최고다.

주소 226 Lewers St. Honolulu 오픈 일~목요일 11:00~01:00, 금 · 토요일 11:00~01:30 전화 808-923-9273 홈피 www.yardhouse.com/hi/honolulu-restaurant

짐보 Jimbo

$$ 일식

직접 뽑은 생우동면은 쫄깃쫄깃하고 갖은 야채로 맛을 낸 국물도 깊고 풍성한 맛을 낸다. 다양한 우동 메뉴 외 덮밥과 튀김, 일본식 카레도 선보인다. 모둠 냄비 우동이라 할 수 있는 나베 우동(Nabe Udon)이 가장 인기가 많고 그 외 각종 야채와 우동면을 차갑게 버무린 샐러드 우동도 꾸준하게 인기를 끄는 메뉴다. 점심때 가면 우동과 돈부리나 우동과 유부초밥 등으로 구성되어 있는 콤보 메뉴를 10~15달러 선에 즐길 수 있다.

주소 1936 S King St #103, Honolulu 오픈 점심 11:00~14:45, 저녁 17:00~21:45 전화 808-947-2211

스파이시 파빌리온 Spicy Pavilion

$$ 중식

제대로 된 중국 정통 사천요리를 맛볼 수 있는 식당. 현지화 된 맛이 아니라 사천의 맛 그대로를 살리고 있음을 강조한다. 사천 요리 특성상 혀끝을 알싸하게 마비시키는 자극적인 향신료를 제대로 느낄 수 있는 메뉴가 주를 이룬다. 묘한 중독성이 있어 종종 찾게 된다. 가지, 두부 등 채식주의자가 먹을 수 있는 메뉴도 다양하다.

주소 100 N Beretania St. Ste 113, Honolulu, HI 96817 오픈 화~일요일 11:00–14:30, 17:00–20:30 휴무 월요일 전화 808-888-8306 지도 p.134 ❻

초이스 가든 · 서라벌 Choi's Garden & Sorabol

$$ 한식

호놀룰루의 작은 코리아 타운이라고 일컫는 키아모쿠 스트리트(Keeamoku St.)에 있는 초이스 가든과 서라벌은 하와이의 한인 교포는 물론이고 현지 주민들에게도 사랑받는 한국 음식점이다. 두 곳 모두 갈비와 쇠고기, 돼지고기 즉석 구이를 비롯해 각종 찌개, 잡채, 만둣국, 전 등 대표적인 한국 음식을 선보인다.

초이스 가든

주소 1303 Rycroft St. Honolulu 오픈 17:00~22:00 전화 808-596-7555 홈피 www.choisgardenhonolulu.com

서라벌

주소 805 Keeamoku St. Honolulu 오픈 08:00~01:00(금 · 토요일은 24시간) 전화 808-947-3113 홈피 www.sorabolhawaii.com

포 원 PHO ONE Vietnamese Restaurant

$~$$ 베트남식

깊고 진한 육수의 쌀국수와 그날그날 신선하게 만드는 스프링롤, 베트남 쌈 요리, 베트남식 볶음밥 등을 저렴하고 다양하게 맛볼 수 있으며 알라모아나 센터 근처에 자리해 찾기도 편리하다. 다만 느리고 무심한 서비스에 대해서는 말이 많다. 여타 베트남 레스토랑도 마찬가지로 쌀국수에 곁들여 나오는 고수 잎과 숙주 등은 무한 리필이 가능하다. 라임이나 청양고추 등도 요청하면 별도 요금 부과 없이 가져다준다.

주소 1617 Kapiolani Blvd. Honolulu 오픈 09:00~22:00 전화 808-955-3438

야나기 스시 Yanagi Sushi

$$~$$$ 일식

야나기 스시의 문을 열고 들어서면 "이랏샤이마세이~"하고 손님을 맞이하는 종업원들 틈으로 스시 바에 서서 그날 들여온 횟감에 날렵한 칼질을 하고 있는 대여섯 명의 일본인 요리사가 보인다. 그리고 나머지 공간은 온통 손님들. 점심때 가면 기다리지 않을 때가 많지만 저녁때는 예약을 하지 않으면 기다려야 할 가능성이 높다. 덴푸라와 스시, 사시미, 스키야키, 샤부샤부 등 흔히 일식 하면 생각나는 거의 모든 요리를 내놓는 야나기 스시는 맛깔스러운 정통 일식을 합리적인 가격으로 선보인다.

주소 762 Kapiolani Blvd. Honolulu 오픈 **월~토요일** 11:00~14:00 17:30~02:00, **일요일** 11:00~14:00 17:30~22:00 전화 808-597-1525

소피즈 고르메이 하와이안 피자리아 Sophie's Gourmet Hawaiian Pizzeria

$$ 아메리칸

피자의 도우와 토핑을 직접 골라 세상 하나 뿐인 '나만의 피자'를 만들어 먹을 수 있는 곳. 소피즈 오리지널과 구아바 도우 중 한 가지를 고르고, 홈메이드 소스 한 가지, 치즈 한 가지, 다양한 야채 중 세 가지 또는 다섯 가지를 각각 골라 점원에게 건넨 후 15분만 기다리면 화덕에서 따끈따끈 구워져 나온 피자가 눈앞에 나타난다. 하와이식 칼루아 돼지고기와 하와이안 바베큐 치킨 토핑이 인기가 많다. 김치와 불고기 같은 반가운 이름도 눈에 띈다. 지름 12인치 피자에 다섯 가지 토핑과 치즈 두 가지를 택할 경우 약 13달러로 가격도 합리적이다. 하프(half) 사이즈도 주문 가능하다.

주소 7192 Kalanianaole HWY. Suite D100A(**(코코 마리나 센터 내 위치)** 오픈 11:00~20:00 휴무 **화요일** 전화 808-892-4121 홈피 www.sophiespizzeria.com 지도 **맵북** p.3 Ⓛ

달리는 런치트럭

'발 달린 음식점'이라는 점에서 런치트럭은 우리나라의 포장마차와 비슷하다. 다른 점이라면 포장마차는 밤에 피는 꽃인데 반해 런치트럭은 이름값 하느라 런치 타임(주로 11:30~14:00)에 반짝 나타났다 사라진다. 메뉴를 보면 치킨까스(Chicken Katsu)부터 바비큐 치킨(Chicken BBQ), 갈비(Kalbi), 중국식 볶음면(Chop Suey), 스팸 무수비(Spam Musubi) 등 그야말로 트럭 요리사 마음이지만 가격은 대개 6달러 전후, 주머니 사정 여의치 않은 여행자들의 배를 행복하게 부풀려준다.

밝은 햇살이 한가득 테라스 있는 식당

토미 바하마 레스토랑 Tommy Bahama Restaurant

$$-$$$ 아메리칸

건강식 샐러드, 샌드위치 등 음식 맛도 평균 이상이지만 시원한 풍경과 분위기가 맛을 압도한다. 샐러드와 샌드위치가 주력으로 1층은 토미 바하마 브랜드 숍, 2층은 메인 레스토랑 3층에는 옥외 식사 공간이 있다. 특히 옥외 공간 한편에 자그마한 모래밭이 있어 식사를 즐기는 동안 아이들을 놀게 할 수 있어 좋다.

주소 298 Beachwalk Dr. Honolulu 오픈 11:00~22:00 전화 808-923-8785 홈피 www.tommybahama.com

치즈케이크 팩토리 Cheesecake Factory

$$ 아메리칸

저녁 때 찾아가면 기본 30분 정도는 기다려야 자리를 잡을 수 있다. 미국 전역에 체인을 두고 있는 유서 깊은 음식점으로, 프레시 스트로베리 치즈케이크(Fresh Strawberry Cheesecake)와 레드 벨벳 치즈케이크(Ultimate Red Velvet Cheesecake)가 가장 유명하다.

주소 2301 Kalakaua Ave. Honolulu 오픈 월~목요일 11:00~23:00, 금 · 토요일 11:00~24:00, 일요일 10:00~23:00 전화 808-924-5001 홈피 www.thecheesecakefactory.com

코나 브루잉 컴퍼니 Kona Brewing Company

$$ 카페 & 바

자체적으로 맥주를 생산하는 양조장을 갖추고 있는 하와이 유일의 맥주 공장 겸 레스토랑이다. 하와이 슈퍼마켓은 물론 미국과 일본, 호주에서도 만날 수 있는 코나 맥주가 여기에서 탄생했다. 10가지가 넘는 맥주는 맛이 가지각색이므로 알코올 농도와 씁쓸함의 정도를 보고 입맛대로 골라 마시면 된다. 요트가 정박되어 있는 마리나 쪽 테라스 자리가 좋다.

주소 7192 Kalanianaole Hwy. Honolulu(Koko Marina Center 내 위치) 오픈 11:00~22:00 전화 808-396-5662 홈피 www.konabrewingco.com/ourpubs 지도 맵북 p.3 Ⓛ

타운 Town

$$ 하와이안 퓨전

'local first, organic whenever possible, with aloha always(주민을 우선으로, 가능하면 유기농 재료를, 알로하의 마음으로)'를 모토로 하는 주인 부부의 정성 어린 손맛이 일품인 타운은 깔끔한 맛과 분위기로 빠르게 유명세를 탔다. 캐주얼한 와인 바를 지향하는 만큼 다양한 빈티지 와인을 갖추고 있고 마늘향 가득한 조개 요리나 올리브 오일 수제 파스타처럼 와인과 함께하기 좋은 지중해식 메뉴가 많다. 여느 사이좋은 노부부처럼 바깥에 놓인 테이블에 앉아 식사를 하면서 평화로운 하와이의 일상을 느껴보는 건 어떨까.

주소 3435 Waialae Ave. Honolulu 오픈 월~금요일 점심 11:00~14:30, 월~목요일 저녁 17:30~21:30, 금 · 토요일 17:30~22:00 휴무 일요일 전화 808-735-5900 홈피 www.townkaimuki.com

마리포사 Mariposa

$$$ 아메리칸

마리포사에는 건강식으로 짠 메뉴 하나하나, 샌드위치면 샌드위치, 생선 요리면 생선 요리, 샐러드면 샐러드 모두 부족함이 없다. 높은 천장과 나른한 음악은 어깨에 들어간 힘을 빼게 하고 알라모아나 비치가 훤히 내다보이는 테라스석 전망도 훌륭하다. 니만 마커스 백화점 안에 있어 찾기도 쉽고 가격도 합리적이다. 이렇게 모든 것을 갖춘 레스토랑이라 쉽게 질리지 않고 자꾸만 찾게 된다. 전망을 즐길 수 없는 디너보다는 런치가 훨씬 분위기도 좋고 가격도 합리적이다.

주소 1450 Ala Moana Blvd. Honolulu(알라모아나 센터 내 니만 마커스 백화점 3층) 오픈 월~목 · 일요일 11:00~20:00, 금 · 토요일 11:00~21:00 전화 808-951-3420 홈피 neimanmarcus.com

53 바이 더 씨 53 By The Sea

$$~$$$ 아메리칸

아름다운 다이아몬드 헤드 전망과 넘실대는 태평양 바다만 바라보고 있어도 이미 배가 부른데, 일류 요리사가 선보이는 요리와 방대한 와인 셀렉션을 보유하고 있다. 프로포즈를 하거나 특별한 기념일을 맞아 멋지게 차려입고 오는 이들이 많으므로 한껏 멋을 내고 가도 좋다. 예약 필수.

주소 53 Ahui Street, Honolulu 오픈 11:00~14:00, 17:00~22:00 전화 (808) 536-5353 홈피 www.53ByTheSea.com

호쿠스 Hoku's

$$$ 하와이안 퓨전

와이키키 근처에 오붓하게 둘만의 데이트를 즐길 수 있는 곳이라면 이곳 만한 곳이 없다. 와이키키에서 차를 타고 15분 거리의 한적한 해변가에 위치해 있는 카할라 리조트의 시그니처 레스토랑 호쿠스는 해산물을 이용한 요리가 특히 뛰어나다. 매주 일요일에만 하는 호쿠스의 선데이 브런치 뷔페에 가면 대여섯 가지의 신선한 요리를 마음껏 즐길 수 있다. 가짓수가 많은 건 아니지만 음식 하나하나가 맛있고 분위기도 좋아 보통 2~3주 전에 예약해야 한다.

주소 5000 Kahala Ave. Honolulu 오픈 **월 · 금요일** 05:30~21:30, **화 · 수 · 목 · 토요일** 05:30~22:00, **일요일** 09:00~15:00 17:30~22:00 휴무 **월-화요일** 전화 808-739-8780 홈피 www.kahalaresort.com/honolulu_restaurants/hokus 지도 **맵북** p.3 Ⓚ

앨런 웡스 Alan Wong's

$$$ 하와이안 퓨전

이곳에서 가장 권할 만한 요리는 5코스 샘플링 메뉴로, 가격은 1인당 100달러 내외다. 와인 페어링도 가능하다. 드레스 코드는 남자는 칼라가 있는 셔츠에 긴 바지나 반바지, 여자는 하와이풍 원피스 정도를 차려입으면 무난하다.

주소 1857 S. King St. Honolulu 오픈 17:00~22:00 전화 808-949-2526(예약 필수) 홈피 www.alanwongs.com

로이즈 와이키키 Roy's Waikiki

$$$ 하와이안 퓨전

환상적인 오션뷰가 있는 것도, 분위기가 그리 뛰어난 것도 아니지만 그 유명한 로이 스타일의 하와이 요리를 맛볼 수 있어 손님이 끊이지 않는다. 인기 메뉴는 하와이 미소 버터피시(Misoyaki Charred Hawaiian Style Butterfish)로, 버터피시는 입에서 살살 녹는 은대구과의 생선이다.

주소 226 Lewers St. Honolulu 오픈 **일~목요일** 17:00~21:30, **금 · 토요일** 17:00~22:00 전화 808-923-7697 홈피 www.roysrestaurant.com

스시 사사부네 Sushi Sasabune

$$$$ 일식

하와이에는 제대로 된 스시 오마카세 메뉴를 즐길 수 있는 곳이 꽤 있다. 이곳은 일본과 하와이 현지에서 공수한 신선한 생선과 적당히 찰지고 갓 지은 밥의 따스함을 머금은 샤리의 조화가 일품이다. 배부를 때 스탑, 하면 그때까지 먹은 음식을 계산하는 방식인데 랍스터 까지 먹을 경우(+사케나 와인 한 잔) 1인당 세금과 팁 포함 180~200불 정도 나온다. 사전 예약 필수.

주소 1417 S King St. Honolulu, HI 96814 오픈 **화~토요일** 12:00~13:30, 17:30~21:30 전화 808-947-3800

타나카 오브 도쿄 Tanaka of Tokyo

$$$ 아메리칸 & 일식

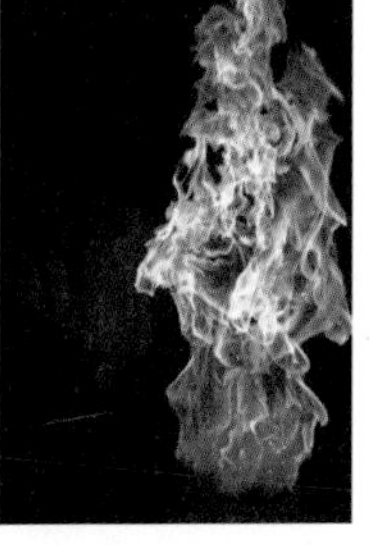

미니 서커스라 불러도 될법한 불쇼와 함께 철판요리의 향연이 펼쳐진다. 특히 와규 스테이크와 랍스터가 신선하고 맛깔스럽다. 하와이 음식이 전반적으로 짠 편인데, 저염(low sodium), 버터 조금만(light on butter), 등 원하는 대로 담당 셰프에게 요청할 수 있어 좋다. 특히 어린 자녀가 있다면, 코앞에서 펼쳐지는 '음식 마술쇼'에 반할 가능성이 꽤 높다.

주소 **알라모아나 센터(000) 3층. 와이키키 쇼핑 플라자(Waikiki Shopping Plaza)와 오하나 와이키키 이스트 호텔(Ohana Waikiki East)에도 분점이 있다.** 오픈 11:00~14:00, 17:00~21:30 전화 808-945-3443 홈피 www.tanakaoftokyo.com

레이즈드 바이 더 웨이브즈 Raised By The Waves

$~$$ 카페 & 바

서핑을 즐기는 포토그래퍼와 패션 모델인 친구 둘이서 같이 뭐 좀 재밌는 일을 해보자며 얼마 전 문을 열었다는 노스쇼어의 작은 까페. 아사이볼, 망고볼, 비건 쿠키, 마카데미아 콜드 브루 등 화사한 하와이 하늘 아래 먹으면 그만인 메뉴들을 판매한다. 음식도 음식이지만 알로하 정신으로 무장한 하와이 언니 오빠들이 반겨주어 더 좋은 곳이다.

주소 56-565 Kamehameha Hwy., Kahuku 오픈 목~토요일 08:00~17:00, 일요일 08:00~15:00 휴무 월~수요일 홈피 www.raisedbythewaves.com 지도 맵북 p.3 ©

글레이저스 커피 Glazer's Coffee

$ 카페 & 바

'Welcome all coffee people' 글레이저스 입구의 작은 흑판에는 이렇게 다정한 문구가 적혀 있다. 대중화된 커피 체인이 거리를 잠식해 시애틀이나 뉴욕이 아닌 다음에야 미국 어딜 가도 동네 커피숍을 찾아보기 힘든 요즘, 글레이저스는 하와이의 몇 안 되는 '동네 커피숍'이다. 인근 하와이 대학교 학생과 교수가 손님의 주를 이룬다. 언제 가도 참 맛있는 커피가 있고 따뜻한 음악이 있다.

주소 2700 South King St. Honolulu 오픈 월~목요일 07:00~22:00, 금요일 07:00~21:00, 토 · 일요일 08:00~22:00 홈피 www.glazerscoffee.com

와이올리 키친 앤 베이크 숍 Waioli Kitchen & Bake Shop

$ 아메리칸

하와이의 자연 한 가운데 쏙 들어와 있는 예쁜 까페 겸 레스토랑. 1922년 고아원이었던 곳을 개조한 역사적인 장소에서 새 소리, 바람 소리, 꽃 향기에 둘러 싸여 마시는 커피와 블루베리 스콘은 행복 그 자체다.

주소 2950 Manoa Rd. Honolulu 오픈 화~일요일 07:30~14:30 휴무 월요일 전화 808-744-1619 홈피 www.waiolikitchen.com

호놀룰루 뮤지엄 오브 아트 카페 Honolulu Museum of Art Café

$$ 아메리칸

마음이 좀 복잡하다 싶을 때 혼자 찾아가곤 하는 곳. 사실 음식이 엄청 맛있는 건 아니지만 뮤지엄 특유의 차분하고 어딘지 예술적인 공기에 둘러싸여 차도 마시고 건강식 샐러드도 먹고 나면 마음이 한결 단정해진다. 혼밥, 혼차 하는 이들이 많은걸 보면 나만 그렇게 느끼는 것은 아닌 것 같다. 식사 후 시간이 나면 정원에 앉아 햇빛을 쐬어도 좋고 좋아하는 작품을 찾아보는 것도 참 좋다. 카페만 이용한다면 입장료는 내지 않아도 된다.

주소 900 S Beretantia St.Honolulu 오픈 화~일요일 11:00~14:00 휴무 월요일 전화 808-532-8734 홈피 www.honolulumuseum.org

커피 토크 Coffee Talk

$ 카페 & 바

와이키키에서 차로 15분만 가면 100년 역사가 살아 숨 쉬는 마을, 카이무키(Kaimuki)가 나온다. 낮은 집들이 멀리 수평선을 바라다보며 어깨를 나란히 하고 있는 중산층 주택가로, 카이무키 한가운데 자리 잡고 있는 커피 토크에 가면 와이키키와는 또 다른 소박하고 평온한 하와이를 볼 수 있다.

골든 리트리버나 도베르만 같은 의젓하기 이를 데 없는 애견과 함께 아침 산책을 나온 여인, 유모차를 끌고 들어오는 젊은 아빠, 뿔테 안경을 코에 걸치고 오래도록 신문을 읽는 할아버지를 흔히 만날 수 있다. 무선 인터넷 가능.

주소 3601 Waialae Ave. Honolulu 오픈 06:00~18:00 전화 808-737-7444

쿠아 아이나 Kua Aina

$ 아메리칸

이미 오래전부터 누구도 부인할 수 없는 하와이 제일의 햄버거 집으로 군림해온 쿠아 아이나는 서퍼들의 마을, 할레이바(p.115)에 있다. 성수기엔 아침에 가도 줄을 서서 기다려야 할 정도로 인기가 많다. 그 비결은 도톰한 햄버거 패티를 미디엄으로 살짝 구워 육즙이 많은 데 있다. 특히 아보카도 버거와 파인애플 버거가 유명하다.

주소 66-160 Kamehameha Hwy. Haleiwa(노스 쇼어) 오픈 11:00~20:00 전화 808-637-6067 홈피 www.kua-aina.com 지도 맵북 p.2 Ⓕ

마나 무수비 Mana Musubi

$ 하와이안

하와이 무수비 계의 지존이라 할 만한 곳으로 모든 무수비는 당일 새벽에 만든다. 당일 만든 무수비가 모두 소진되는 한 시 전후에 문을 닫곤 한다. 메뉴는 10여 가지이며, 모두 최고급 쌀과 재료를 사용하며 만든다. 가격은 2달러 미만이다. 밥알 하나 하나가 살아있는 것은 물론이고, 정갈한 포장과 친절한 서비스까지, 무엇하나 흠 잡을 것이 없다. 테이크아웃, 그리고 현금 결제만 가능하다.

주소 1618 S King St.Honolulu 오픈 화~토요일 06:30-13:00 휴무 월 · 일요일 전화 808-358-0287 홈피 www.hawaiimusubi.com

아히 앤 베지터블 Ahi&Vegetable

$~$$ 하와이안

흔한 포케 요리법과 달리 참치를 다져서 주먹만 하게 뭉친 후에 초밥 위에 올려 내놓는 메뉴로 오랜 시간 사랑을 받아온 실속 있는 맛집이다. 아침마다 생선 경매 시장에서 공수해온 참치로 만들기 때문에 신선함이 무엇보다 큰 장점이고 양념 역시 너무 강하지 않다. 가격도 10달러대로 저렴한 편. 초밥, 흰쌀밥, 현미밥 중에 선택할 수 있는데, 참치와의 궁합은 초밥이 탁월하다.

주소 1126 Fort St Mall Honolulu, HI 96813 오픈 월~목요일 10:00~18:00, 금요일 10:00~17:00 휴무 토 · 일요일 전화 808-599-3500 홈피 www.ahiandvegetable.com

코리안 바비큐 익스프레스 Korean BBQ Express

$~$$ 한식

하와이 사람들이 즐겨 먹는 '플레이트 런치(plate lunch–하나의 접시에 밥과 반찬을 골고루 담아 간편하게 먹는 점심 메뉴)' 스타일의 한국 음식을 선보인다. 갈비를 비롯해 바베큐 치킨, 고기전, 생선전, 비빔밥 등 모든 메뉴가 깔끔하고 맛깔스럽다. 푸짐한 양에 비해 가격은 저렴한 편인데 일반 레스토랑과 같은 서버의 서비스를 제공하지 않으며 주문한 음식을 담아주면 직접 가져가는 반 셀프 서비스이기 때문이다. 주 메뉴를 주문한 후 반찬은 미리 만들어둔 것에서 고르는 방식으로, 네모난 일회용 도시락에 깔끔하게 담아주기 때문에 해변이나 공원에 피크닉 갈 때 포장해 가기 좋다.

주소 333 Ward Ave. Honolulu 오픈 월~토요일 07:00~21:00, 일요일 09:00~18:00 전화 808-596-8023 홈피 www.kbehi.com 지도 p.188 ⑩

지피스 Zippy's

$ 하와이안

지피스는 하와이의 대표적인 패스트푸드점이다. 햄버거, 김치볶음밥, 데리야키 치킨, 칠리 등 국적 불문하고 하와이 사람들이 좋아하는 모든 요리를 판매한다. 미국 본토에 있는 대학으로 진학한 하와이 아이들이 방학 때 하와이에 오면 공항에 내리자마자 가장 먼저 간다는 곳일 정도로 대중적으로 큰 인기를 누리고 있다. 가장 유명한 건 지피스의 각종 칠리(Chili) 메뉴로, 걸쭉하게 씹히는 고기와 콩 맛이 일품이다. 그 외 바삭하게 튀긴 치킨요리와 하와이식 햄버거 스테이크인 로코 모코(Loco Moco), 하와이식 잔치국수인 사이민(Saimin)도 인기다. 24시간 문을 열기 때문에 야밤에 출출할 때 들르기도 좋다.

주소 601 Kapahulu Ave. Honolulu(와이키키 지점) 오픈 24시간 전화 808-733-3725 홈피 www.zippys.com

입이 심심할 때,
오아후 간식 BEST 6

늦은 오후 입이 심심할 때, 잠 못 드는 밤 출출할 때, 밥보다는 군것질이 하고 싶을 때 자꾸만 생각나는 오아후의 군것질 거리들.

1 버비즈의 모찌 아이스크림

다이어트 중이라면 섣불리 버비즈(Bubbies Homemade Ice Cream & Desserts)를 찾으면 안 된다. 쫀득쫀득한 찹쌀떡 안에 부드러운 아이스크림이 숨어 있는 모찌(Mochi) 아이스크림은 일단 한 번 맛보면 자꾸만 먹게 만드는 중독성이 엄청나다. 열 가지가 넘는 맛을 구비하고 있다. 푸드랜드 알라모아나 지점(p.195)과 홀푸즈 마켓(p.194)에서 판매한다.

주소 Koko Marina Shopping Center 7192 Kalanianaole Hwy D103 Honolulu, HI 96825 오픈 일~목요일 10:00~23:00, 금 · 토요일 10:00~자정 전화 808-396-8722 홈피 www.bubbiesicecream.com

2 바난의 바나나 아이스크림

2010년, 하와이의 서퍼 세 명이 의기투합해 만들어 그야말로 대박이 난 바나나 아이스크림 전문점. 본점은 하와이대학 근처(1810 University Ave.)에 있고, 다이아몬드 헤드와 와이키키에 간이 매장이 있다. 아이스크림과 토핑 등 메뉴에 쓰이는 모든 과일은 하와이에서 나고 자란 것을 사용하며 일체의 인공 감미료나 첨가제는 사용하지 않는다. 컵(Cup), 볼(Bowl), 보트(Boat) 중 하나를 고르는데 파파야를 아이스크림 받침으로 쓰는 '보트'가 가장 맛있다.

주소 3212 Monsarrat Ave(다이아몬드 헤드 트럭), 2301 Kalakaua Ave(와이키키) 오픈 09:00~18:00 전화 808-563-0050 홈피 www.bananbowls.com

3

아일랜드 빈티지의 셰이브 아이스

하와이의 셰이브 아이스는 보통 형형색색의 시럽으로 만들어 불량식품 이미지가 강한 반면, 빈티지 셰이브아이스는 천연 과일 시럽과 생과일만을 사용한다. 단, 그만큼 가격이 상대적으로 높은 편이다. 토핑을 추가할 땐 가격을 확인할 것.

주소 1450 Ala Moana Blvd. 블루밍데일 백화점 맞은편 오픈 월~토요일 09:00~21:00, 일요일 09:00~19:00 전화 808-942-7770 홈피 www.islandvintagecoffee.com

4

토미 바하마의 파인애플 크렘 브륄레

하와이 파인애플에 부드러운 커스터드 크림이 쏙 들어가 있다. 크림 부분을 어느 정도 먹은 다음에는 파인애플 바닥을 콕콕 찔러 파인애플 즙에 크림을 섞어 먹으면 새콤달콤한 맛이 일품이다. 맛도 맛이지만 보기에도 예뻐서 토미 바하마 레스토랑(p.208)의 대표 디저트로 자리 잡았다.

주소 298 Beachwalk Dr. Honolulu 오픈 11:00~22:00 전화 808-923-8785 홈피 www.tommybahama.com

5

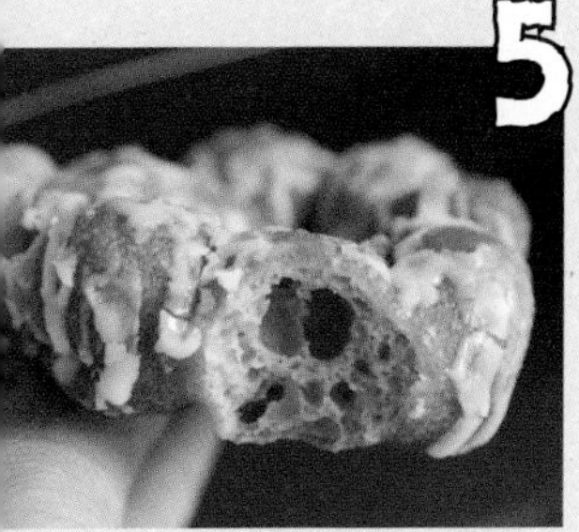

릴리하 베이커리의 크림 퍼프

1950년에 오픈한 유서깊은 '동네 빵집'으로 촉촉하고 부드러운 크림 퍼프와 쫀득하고 달콤한 포이 도넛으로 유명하다. 포이 도넛을 맛보길 추천한다. 갓 내린 뜨거운 커피 한잔과 함께 한 입 베어 물면 세상 근심이 사라진다. 알라모아나 센터(p.179) 내 메이시스(Macy's) 백화점에 분점이 있다.

주소 515 North Kuakini St. Honolulu 오픈 화요일 06:00~24:00, 수 · 목 · 금 · 토요일 24시간, 일요일 00:00~20:00 휴무 월요일 전화 808-531-1651 홈피 lilihabakeryhawaii.com

레오나드의 말라사다

솜사탕이 새털구름 같다면 레오나드(Leonard's Bakery)의 말라사다(malasada)는 양털구름 같다. 보송보송한 도넛은 서서히 사라지며 입 안 가득 부드러움이 남는다. 말라사다는 쉽게 말하면 설탕에 굴린 도넛이지만 세상 그 어느 도넛도 말라사다만큼 폭신하고 보드랍지 않다. 게다가 레오나드의 말라사다는 주문 즉시 굽기 때문에 속까지 따뜻하다.

6

주소 933 Kapahulu Ave. Honolulu 오픈 월~목요일 05:30~22:00, 금 · 토요일 05:30~23:00 휴무 일요일 전화 808-737-5591 홈피 www.leonardshawaii.com

오아후에서 머물기 좋은 **숙소** BEST 12

오아후는 방문객이 가장 많은 하와이 섬이니 만큼
어딜 가도 숙소는 많지만 와이키키에 머무는 것이 가장 편하다.
사람 구경도 하고 늦은 밤까지 쇼핑도 하고,
번잡한 길거리에서 군것질도 실컷 할 수 있다.
오아후의 다양한 숙소를 소개한다.

만족도 별 다섯!

와이키키 대표 호텔

와이키키는 오아후의 중심이자 하와이 여행의 중심이다. 매일 다양한 문화 행사가 열리고 주요 관광지를 경유하는 셔틀버스도 와이키키를 중심으로 운행한다. 2마일(3.2㎞)에 이르는 와이키키 비치 옆에는 힐튼이나 하얏트, 메리어트 같은 세계적인 이름의 체인 호텔이 촘촘히 늘어서 있다. 와이키키 비치를 호텔 앞마당으로 두고 있는 이들 호텔의 숙박료는 오아후에서 가장 비싸지만, 눈부신 오션뷰의 진수를 맛볼 수 있다는 이유로 인기가 하늘을 찌른다. 그중에서도 만족도가 높은 호텔은 다음과 같다.

할레쿨라니 호텔 Halekulani Hotel

신혼여행객들에게 특히 인기가 많은 로맨틱한 호텔. 객실은 물론이고 호텔 안에 있는 세 개의 레스토랑(La Mer, Orchids, House without a Key)과 스파(Spa Halekulani)도 세계 최고 수준이다. 이 호텔에는 총 400여 개의 룸과 40여 개의 스위트룸이 있다. 그중에서도 세계적인 명성의 디자이너 베라 왕이 디자인한 베라 왕 스위트룸(Vera Wang suite room)은 누구라도 한 번쯤 꿈꿔봄직한 환상의 꽃밭이다. 주말이면 호텔 앞뜰에서 결혼식을 올리는 커플을 만날 수도 있다.

주소 2199 Kalia Rd. Honolulu 전화 808-923-2311 홈피 www.halekulani.com

모아나 서프라이더 Moana Surfrider, A Westin Resort & Spa

1901년에 문을 연 와이키키 최초의 호텔. 100년이 넘는 역사와 전통을 자랑하니 다녀간 사람만도 수십, 수백만 명은 될 것이다. 와이키키의 화려하며 현대적인 호텔들 틈에서 도도하게 고풍스러운 아름다움을 뽐내고 있는 클래식한 호텔이다.

주소 2365 Kalakaua Ave. Honolulu 전화 808-922-3111 홈피 www.moana-surfrider.com

힐튼 하와이안 빌리지 Hilton Hawaiian Village Beach Resort & Spa

하와이 최대의 리조트인 힐튼 하와이안 빌리지에는 볼거리 할거리가 무척 많아 투숙객이 아니라도 한번쯤 들러봄직하다. 시도 때도 없이 훌라 댄서들이 나타나 훌라를 추며, 매주 금요일 저녁에는 음악과 춤, 와이키키 유일의 불꽃놀이 쇼가 펼쳐진다. 네 개 동으로 이루어진 호텔은 3000여 개의 객실을 갖추고 있으며, 레스토랑 14개, 바와 라운지 5개, 상점 90여 곳이 입점해 있다. 어린이 프로그램을 가장 잘 갖추고 있는 곳 가운데 하나며 수영장 시설과 워터 슬라이드도 하와이 최대 수준이다. 단, 이곳에서는 고요하고 평화로운 휴가를 기대할 수는 없다. 힐튼 하와이안 빌리지는 단체 관광객과 컨벤션 관련 단체 여행객이 가장 많이 머무는 호텔 가운데 하나다.

주소 2005 Kalia Rd. Honolulu 전화 808-949-4321 홈피 www.hiltonhawaiianvillage.com

퀸 카피올라니 호텔 Queen Kapiolani Hotel

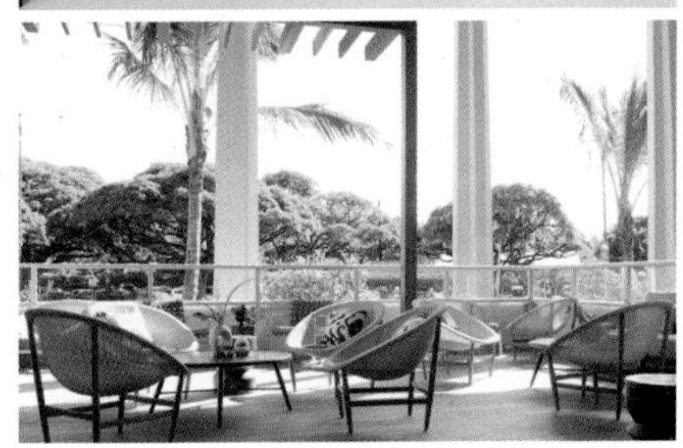

호놀룰루 동물원 맞은편에 위치한 퀸 카피올라니 호텔은 와이키키에서 소위 '가성비'가 가장 좋은 곳이 아닐까 싶다. 최근 약 375억 원에 달하는 대대적인 리노베이션을 통해 새롭게 태어난 만큼 로비도, 객실도 매우 깔끔하다. 호텔 곳곳에는 하와이의 오랜 역사를 보여주는 대형 벽화와 사진이 전시되어 있다. 해질 무렵, 3층에 위치한 레스토랑, 덱(Deck)에 가면 다이아몬드 헤드 분화구와 태평양을 배경으로 지는 해를 바라보면서 하와이안 칵테일을 마시는 호사를 누릴 수 있다. 1박 당 200달러 미만의 예산이라면 눈 여겨 볼 것.

주소 150 Kapahulu Ave, Honolulu, HI 96815 전화 808-922-1941 홈피 www.queenkapiolani.com

알라모아나 호텔 Ala Moana Hotel

와이키키 한복판은 너무 복잡하지만 그렇다고 와이키키에서 너무 멀리 떨어지기는 싫다면 알라모아나 호텔을 반길 것이다. 알라모아나 센터에 인접해 있어 쇼핑하기 좋고, 상당수의 버스가 알라모아나 센터 정류장을 지나기 때문에 버스를 타기도 좋다. 게다가 길 건너에는 아름다운 알라모아나 비치 파크도 펼쳐져 있다. 여느 와이키키 호텔처럼 화려한 시설은 없지만 실속 있는 여행을 원한다면 만족스러울 것이다.

주소 410 Atkinson Dr. Honolulu 전화 808-955-4811 홈피 kr.alamoanahotel.com

02

알뜰족을 위한

와이키키 호스텔

하와이는 다양한 여행객이 많은 만큼 숙박업소도 다양하고 세분화되어 있다. 아래 소개하는 호스텔은 와이키키에서 비교적 저가 숙소로 분류된다. 한 방에 2층 침대가 여러 개 놓인 도미토리 룸부터 주방이 포함된 스튜디오까지 종류가 다양한 편이다. 대부분의 호스텔은 숙박객에 한해 부기보드와 스노클링 장비 등 해변용품을 무료로 대여해준다.

도미토리 룸의 하룻밤 숙박료는 20달러 전후. 적게는 두 명에서 많게는 여덟 명이 한방을 쓰는데 보통 공동으로 이용하는 주방과 화장실, 인터넷 시설이 구비되어 있다. 가격이 저렴하다 보니 학생 여행객이 많아서 전 세계에서 날아온 젊은이들을 사귈 수 있다는 장점이 있다. 통금 시간이 있는 곳도 있는데 여자들끼리 여행할 때는 이런 호스텔이 더 안전할 수 있다. 예약을 받는 곳과 선착순인 곳이 반반이다.

와이키키 비치사이드 호스텔 Waikiki Beachside Hostel

전화 808-923-9566 홈피 www.waikikibeachsidehostel.com

폴리네시안 호스텔 Polynesian Hostel Beach Club

전화 808-922-1340 홈피 www.polynesianhostel.com

호스텔링 인터내셔널 Hostelling International

전화 808-946-0591 홈피 www.hostelsaloha.com

호스텔 대신 룸 쉐어

에어비앤비(airbnb.co.kr)나 VRBO(vrbo.com)과 같은 사이트를 통한 베케이션 렌탈은 알뜰 여행객에게는 이미 친숙한 숙박 형태다. 룸을 쉐어하는 옵션(Shared Room)을 선택하면 호스텔처럼 방을 함께 쓰는 곳이 검색되는데 호스텔보다 저렴하게 예약 가능한 경우가 많다.

현지인 민박

비앤비 *Bed & Breakfast*

레이스와 꽃무늬 벽지로 꾸민 다락의 나무 침대에 누워 깊은 잠을 자고, 아침이면 얼굴 가득 웃음을 띤 파마머리 할머니와 마주 앉아 마을의 전설을 들으며 커피를 홀짝대는 곳. 평소 내가 생각한 비앤비(B&B)의 모습은 그런 것이었지만, 정작 하와이에 와서 경험한 비앤비는 이렇게 정형화된 이미지에 반항이라도 하듯 제각각 뚜렷한 개성을 뽐내고 있었다.

열 명이 넘는 숙박객이 아침 종이 울리면 일제히 나와 둥그렇게 둘러앉아 정답게 식사하는 곳이 있는가 하면, 아침 식사로 침대 머리맡에 파운드케이크와 오렌지 주스가 놓여 있는 곳도 있다. 또 순번을 정해 목욕탕을 나눠 쓰는 곳이 있는가 하면, 방마다 화장실이 딸린 건 물론이고 호텔 못지않은 고급 가구로 꾸며놓은 곳도 있다.

이렇게 비앤비 시설과 가격은 천차만별이지만 여느 체인 호텔에서는 느낄 수 없는 친밀하고 아늑한 분위기는 비앤비의 트레이드마크 같은 것이어서 곧 죽어도 비앤비만 고집하는 사람이 꽤 많다. 아래에 소개한 비앤비 전문 사이트에 접속하면 자세한 설명과 사진을 곁들인 인기 비앤비 숙소 정보를 얻을 수 있다.

베스트 비앤비 Best B&B
홈피 www.bestbnb.com

와이키키 지역 이외의

인기 호텔 및 리조트

터틀베이 리조트

고요한 휴가를 꿈꾼다면 활기 넘치는 와이키키는 정답이 아닐 수 있다. 조용하고 평화로운 숙소에 머물고 싶다면 다음 네 곳의 호텔을 눈여겨 볼 만하다. 먼저 카할라 호텔 앤 리조트(Kahala Hotel & Resort)는 와이키키에서 동쪽으로 5분만 달리면 닿는 곳으로 우리나라의 청담동이나 캘리포니아의 비벌리힐스와 비교할 수 있는 곳이다. 하와이 제일의 부촌으로 담 높은 주택들이 어깨를 맞대고 있는 카할라 호텔 앤 리조트는 중심에서 약간 벗어난 곳에 있고, 숙박료도 오아후 최고 수준이지만 사생활이 완벽하게 보장되는 휴가를 즐길 수 있다. 그래서인지 알아보는 이 없는 곳에서 휴가를 즐기고 싶은 할리우드 스타나 은밀한 시간을 보내고자 하는 신혼여행객이 많이 찾는다.

오아후 섬 중부, 카폴레이에 위치한 아울라니 디즈니 리조트(Aulani Disney Resort & Spa)는 디즈니사가 2011년 새롭게 문을 연 특급 리조트로, 가족 여행객을 위한 최고의 서비스와 시설을 자랑한다.

아울라니 디즈니 리조트 앤 스파

초대형 튜브를 타고 여유로운 여행을 즐기기 좋은 수영장 여러 개와 미끄럼틀, 스노클링 라군, 수족관, 놀이시설, 무료 탁아시설, 레스토랑 등을 갖추고 있다.

아울라니 디즈니 리조트 앤 스파

포시즌스는 세계적인 명성의 최고급 리조트로, 빅아일랜드, 마우이, 라나이에 이어 오아후에도 2016년 여름 문을 열었다. 아울라니 리조트에 인접해 있지만 두 리조트의 성격과 분위기는 완전히 다르다. 디즈니 캐릭터를 전면에 내세운 아울라니 리조트가 어린 자녀를 동반한 가족 여행객에게 인기가 많다면 포시즌스는 평화롭고 낭만적인 하와이 휴가를 보내기에 더없이 좋은 곳이다. 미국의 유명 건축가인 에드워드 킬링스워스가 디자인한 지상 17층 규모의 리조트는 전면 통유리로 조망하는 오션뷰를 포함 총 371개의 객실과 5개의 레스토랑과 바, 4개의 수영장 등으로 이루어져 있다.

오아후 섬 북부의 호텔이라고 하면 터틀 베이 리조트(Turtle Bay Resort)가 유일하다. 카할라 리조트를 비롯한 여타 와이키키 고급 리조트에서 간혹 느껴지는 경직된 분위기와 어깨에 힘 들어간 서비스는 찾아볼 수 없다. 하와이 주민이 꼽는 제일의 가족 리조트로 평온한 하와이 휴가를 보내기에 안성맞춤이다. 숙박료는 1박당 400달러 선.

⊕ 카할라 호텔 앤 리조트

전화 808-739-8888 홈피 www.kahalaresort.com 지도 맵북 p.3 Ⓚ

⊕ 아울라니 디즈니 리조트 앤 스파

전화 808-674-6200 홈피 ww.disneyaulani.com 지도 맵북 p.2 Ⓙ

⊕ 포시즌스 리조트 오아후 앳 코올리나

전화 808-679-0079 홈피 www.fourseasons.com/kr/oahu 지도 맵북p.2 Ⓙ

⊕ 터틀 베이 리조트

전화 808-293-6000 홈피 www.turtlebayresort.com 지도 맵북 p.2 Ⓑ

포시즌스 리조트

터틀베이 리조트

Aloh

MAUI

로맨틱 파라다이스 마우이

ABOUT MAUI

마우이는 어떤 곳일까?

마우이(Maui)는 하와이에서 신혼여행객을 포함한 커플 여행객이 가장 많이 찾는 섬이다. 숨 막히는 해돋이 장관을 볼 수 있는 세계 최대의 휴화산과 해 질 녘이면 온 세상이 진분홍빛으로 물드는 라하이나 항구가 있다. 또 세상에서 가장 아름다운 해안 드라이브로 꼽히는 하나 드라이브도 마우이의 자랑이다. 4월부터 12월까지 겨울철이면 마우에에서 하와이 바다를 찾는 혹등고래를 종종 관찰할 수도 있다.

ALL ABOUT MAUI

별명 계곡의 섬(Valley Isle)
면적 약 730만 제곱마일(1883㎢). 제주도 면적보다 약 10% 더 넓고, 하와이 섬 중에선 빅아일랜드 다음으로 크다.
인구 약 15만 명
주요 도시 카훌루이(Kahului), 라하이나(Lahaina)
마우이의 매력 수많은 해변(하와이 섬 중 마일당 해변 수가 가장 많다), 달콤한 마우이 골드 파인애플, 섬 가득 느낄 수 있는 낭만

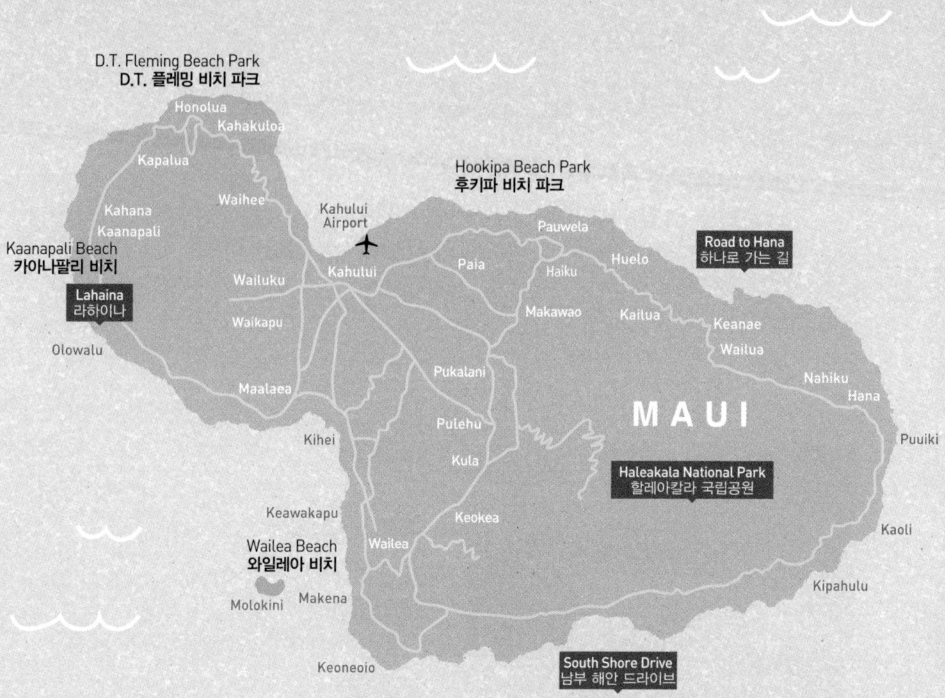

D.T. Fleming Beach Park
D.T. 플레밍 비치 파크

Honolua
Kahakuloa
Kapalua

Hookipa Beach Park
후키파 비치 파크

Waihee
Kahana
Kaanapali
Kahului Airport
Pauwela

Road to Hana
하나로 가는 길

Kaanapali Beach
카아나팔리 비치

Kahului
Paia
Haiku
Huelo
Wailuku

Lahaina
라하이나

Makawao
Kailua
Keanae
Waikapu
Olowalu
Wailua
Pukalani
Nahiku
Maalaea
Hana

MAUI

Pulehu
Kihei
Puuiki
Kula

Haleakala National Park
할레아칼라 국립공원

Keawakapu
Keokea
Kaoli

Wailea Beach
와일레아 비치

Wailea
Kipahulu
Molokini
Makena
Keoneoio

South Shore Drive
남부 해안 드라이브

HOW TO GO TO MAUI
마우이 가는 방법

우리나라에서 마우이로 향하는 직항 항공편은 없다. 마우이에 가려면 호놀룰루 국제공항에 내려 하와이 주내선으로 갈아타야 하기 때문에 대부분은 오아후에서 며칠 보내고, 마우이로 이동한다. 미국에서 출발한다면 직항 항공편을 이용하여 마우이로 이동할 수 있다. 특히 샌프란시스코와 오클랜드, 로스앤젤레스가 있는 캘리포니아에는 마우이로 향하는 직항 노선이 꽤 많고, 가격도 300~400달러로 저렴한 편이다.

마우이에는 카팔루아 공항(Kapalua Airport), 하나 공항(Hana Airport), 카훌루이 공항(Kahului Airport), 이렇게 세 개의 공항이 있다. 앞의 두 곳은 이웃섬에서 마우이로 출퇴근하는 사람들이 많이 이용하는 작은 공항이고, 일반 여행객은 카훌루이 공항을 이용한다. 짐 찾는 곳 옆에 여행안내소가 있다.

호놀룰루 공항(오아후)에서 카훌루이 공항(마우이)까지 주내선을 이용할 경우 50분가량 소요된다. 하와이안항공과 사우스웨스트항공이 주내선을 운행하며, 홈페이지에서 가격을 비교해 보고 직접 구매하는 것이 가장 저렴하다. 다만 가장 저렴한 요금의 경우 환불이 불가능하고 탑승 시간을 바꾸지 못하므로 일정이 변경될 가능성이 있다면 환불이 가능한지 알아본 뒤 구매하는 편이 현명하다.

하와이안항공

홈피 www.hawaiianairlines.co.kr

사우스웨스트항공

홈피 www.southwest.com

카훌루이 공항

전화 808-872-3800 홈피 airports.hawaii.gov/ogg

여행안내소

전화 808-872-2893

하와이 공항 핫라인

전화 888-697-7813 홈피 airports.hawaii.gov/hnl/flights

대중교통

마우이의 대중교통인 마우이 버스(Maui Bus, p.232)는 공항을 경유하지 않는다. 리조트에만 머물 예정이라 렌터카가 필요 없다면 스피디셔틀을 이용하는 것이 가장 저렴하다. 마우이 전 지역에 걸쳐 다수의 호텔과 리조트를 경유한다. 요금은 거리에 따라 1인당 30~50달러 정도이며, 매일 오전 6시부터 오후 11시까지 운행한다. 택시를 이용할 경우, 카아나팔리(Kaanapali)까지 80달러, 와일레아(Wailea)까지 60달러, 카팔루아까지는 100달러 정도 택시비를 예상해야 한다.

스피디셔틀

전화 877-242-5777 홈피 www.speedishuttle.com

로열 세단 앤 택시 Royal Sedan and Taxi

전화 808-874-6900 www.royaltaximaui.com

시비 택시 CB Taxi

전화 808-243-8294 홈피 www.cbtaximaui.com

홀푸즈 마켓(마우이 지점)

주소 70 Kaahumanu Ave. Kahului 오픈 07:00~21:00 전화 808-872-3310

월마트(카훌루이 지점)

주소 101 Pakaula St. Kahului 오픈 06:00~23:00 전화 808-871-7820

렌터카

공항을 나와 오른쪽으로 고개를 돌리면 렌터카 업체들의 접수처가 보인다. 예약한 업체의 접수처에 가서 미리 체크인을 하고, 접수처 뒤쪽으로 이동하여 무료 셔틀버스를 타면 렌터카가 대기하고 있는 장소로 데려다준다(셔틀버스를 타고 렌터카 업체 사무실로 가야 체크인을 할 수 있는 곳도 있다. 약 10분 소요). 마우이에서 운전할 때 주의할 사항은 마우이에서 운전하기(p.236) 참조.

SAVE MORE!

카훌루이에는 홀푸즈 마켓, 월마트 등의 대형 소매점이 모여 있어요. 호텔과 리조트가 몰려 있는 카아나팔리나 카팔루아 쪽 물가가 조금 더 비싸기 때문에 여행 중 필요한 물품은 카훌루이에서 사는 것이 좋아요. 또, 마카다미아 초콜릿이나 열쇠고리 같은 기념품을 저렴하게 살 수 있고, 마우이에 머무는 동안 쓸 스노클링 장비나 선크림, 수영복 등도 구입할 수 있어요. 내비게이션에 주소를 찍고 가도 되지만, 차를 빌릴 때 공항 여행안내소나 렌터카 업체 직원에게 지도를 그려달라고 하세요.

MAUI PUBLIC TRANSPORTATION

마우이의 대중교통

마우이에는 주요 여행지를 편하게 둘러볼 볼 수 있는 마우이 버스가 있어 뚜벅이 여행자들도 손쉽게 이용할 수 있다. 물론 렌터카를 이용할 때처럼 자유롭게 다니기는 힘들지만, 주요 호텔과 쇼핑몰을 연결하는 셔틀버스와 연계해서 둘러보면 기본적인 명소는 대부분 갈 수 있다.

마우이 버스 Maui Bus

마우이 버스는 총 11개 노선, 13개 번호의 버스로 이루어져 있으며 이용하기 쉽고 간편하다. 하지만 마우이 버스만으로는 섬 구석구석까지는 이동하기는 어렵다. 주로 유동인구가 많은 시내 주변을 경유하므로, 안타깝게도 할레아칼라를 비롯한 마우이의 많은 국립공원에는 정차하지 않는다. 즉, 오아후에서처럼 렌터카 없이도 쉽게 섬 이곳저곳의 명소를 구경하기는 어렵다.

버스 운임은 한 번 탈 때마다 2달러이며 환승 적용이 안 되기 때문에 갈아타거나 왕복으로 타야 할 일이 있다면 데일리 패스(Daily Pass)를 구매하는 편이 경제적이다. 오아후의 더 버스와 마찬가지로 승객 1명당 좌석 아래에 들어갈 만한 중간 사이즈 짐 한 개만 가지고 탑승할 수 있다. 서

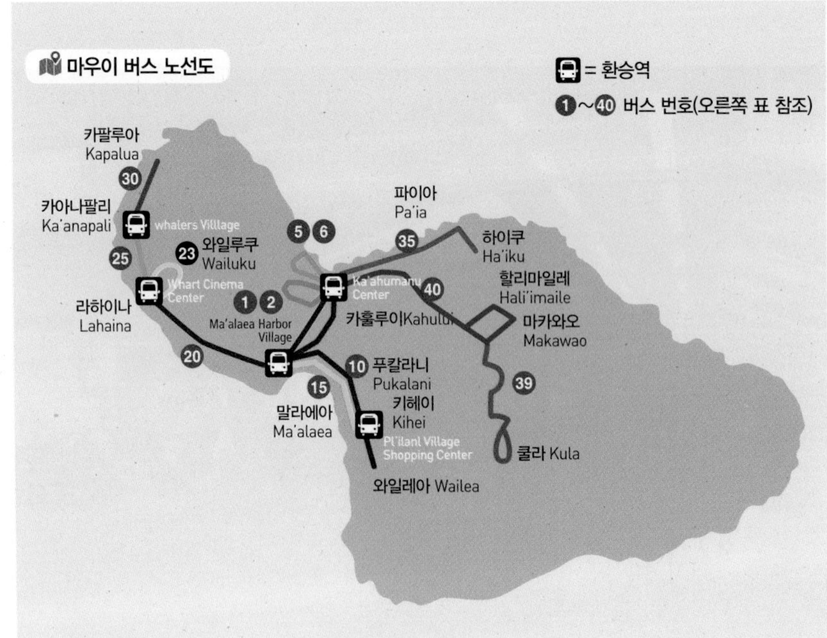

서핑보드는 휴대하고 탑승할 수 없다.

버스 시간표 또한 노선만큼이나 간소하다. 전 노선을 한 시간에 한 대꼴로 운행하기 때문에 황금 같은 시간을 아깝게 버스 기다리는 데 허비하지 않으려면 이동 전 홈페이지에서 원하는 목적지의 버스가 언제 도착할지 배차 시간을 미리 확인하는 것이 좋다.

요금 편도 2달러, 데일리 패스 4달러 전화 808-871-4838
홈피 www.mauicounty.gov/bus

라하이나 캐너리 셔틀 Lahaina Cannery Shuttle

마우이 서부 지역을 둘러볼 때는 라하이나 캐너리 셔틀을 이용하면 편하다. 카팔루아와 카아나팔리에 위치한 대부분의 호텔에서 출발해 카아나팔리에 있는 웨일러스 빌리지(The Whalers Village), 워프 시네마 센터(the Wharf Cinema Center), 힐로 해티(Hilo Hattie), 그리고 라하이나 캐너리 몰(Lahaina

마우이 버스 노선 개요

노선 구분	노선명	번호	구간
━━	나필리 아일랜더 (Napilii Islander)	30번	카아나팔리-카하나-나필리 구간 (Kaanapali-Kahana-Napili)
━━	카아나팔리 아일랜더 (Kaanapali Islander)	25번	라하이나-카아나팔리 구간 (Lahaina-Kaanapali)
━━	라하이나 아일랜더 (Lahaina Islander)	20번	카훌루이-와일루쿠-말라에아-라하이나 구간 (Kahului-Wailuku-Maalaea-Lahaina)
━━	라하이나 빌리저 (Lahaina Villager)	23번	라하이나(Lahaina) 시내
━━	키헤이 빌리저 (Kihei Villager)	15번	키헤이-말라에아 구간 (Kihei-Maalaea)
━━	키헤이 아일랜더 (Kihei Islander)	10번	카훌루이-말라에아-키헤이-와일레아 구간(Kahului-Maalaea-Kihei-Wailea)
━━	와일루쿠 룹/와일루쿠 리버스 룹 (Wailuku Loop/ Wailuku Reverse Loop)	1 · 2 번	카훌루이-와일루쿠 구간 (Kahului-Wailuku)
━━	카훌루이 룹/카훌루이 리버스 룹 (Kahului Loop/ Kahului Reverse Loop)	5 · 6번	카훌루이(kahului) 시내
━━	업컨드리 아일랜더 (Upcountry Islander)	40번	카훌루이-푸칼라니-마카와오-할리마일레 구간 (Kahului-Pukalani-Makawao-Haliimaile)
━━	하이쿠 아일랜더 (Haiku Islander)	35번	카훌루이-파이아-하이쿠 구간 (Kahului-Paia-Haiku)
━━	쿨라 빌리저 (Kula Villager)	39번	푸칼라니-쿨라 구간 (Pukalani-Kula)

Cannery Mall)까지 경유하는 마우이 서부 지역 셔틀버스로 한 시간에 한 대꼴로 운행한다.

요금 편도 1달러 전화 808-871-4838 홈피 www.lahainacannerymall.com/shuttle

카아나팔리 트롤리 Kaanapali Trolley

마우이 서부, 그중에서도 카아나팔리에 위치한 리조트에 머물 예정이라면 카아나팔리 트롤리가 유용한 발이 되어줄 것이다.
창문도 없이 탁 트인 트롤리에 몸을 실으면 하와이 바람을 맞으며 쉐라톤, 웨스틴, 메리어트, 하얏트 등 주요 호텔에서 카아나팔리의 해변과 골프장, 그리고 웨일러스 빌리지(p.277)까지 쉽게 갈 수 있다. '카아나팔리 리조트 셔틀'이라고도 불리며 요금은 무료다.

오픈 10:00~22:00 요금 무료 전화 808-667-0648 홈피 www.kaanapaliresort.com

와일레아 셔틀 Wailea Shuttle

카아나팔리의 무료 트롤리처럼 와일레아도 와일레아 지역에 머무는 투숙객을 위해 와일레아 지역 주요 호텔과 와일레아 쇼핑 빌리지, 골프장

라하이나 캐너리 셔틀 운행시간

	웨일러스 빌리지 쇼핑몰 (The Whalers Village) (Front)	라하이나 캐너리 몰 (Lahaina Cannery Mall)(Front)	워프 시네마 센터 (The Wharf Cinema Center)(Back)	라하이나 캐너리 몰 (Lahaina Cannery Mall)(Front)
AM	6:00	6:10	6:30	6:50
	7:00	7:10	7:30	7:50
	8:00	8:10	8:30	8:50
	9:00	9:10	9:30	9:50
	10:00	10:10	10:30	10:50
	11:00	11:10	11:30	11:50
PM	12:00	12:10	12:30	12:50
	1:00	1:10	1:30	1:50
	2:00	2:10	2:30	2:50
	3:00	3:10	3:30	3:50
	4:00	4:10	4:30	4:50
	5:00	5:10	5:30	5:50
	6:00	6:10	6:30	6:50
	7:00	7:10	7:30	7:50
	8:00	8:10	8:30	8:50
	9:00	9:10	9:30	

※운행시간은 업체 사정에 따라 변동 가능

및 테니스장을 손쉽게 오갈 수 있는 무료 셔틀버스를 운행하고 있다.
오전 6시 30분부터 오후 8시 30분까지 이용할 수 있으며 배차 간격은 20~30분 정도다. 와일레아 지역에 머물 경우, 묵고 있는 호텔 프런트나 컨시어지에서 셔틀버스 운행 정보를 확인할 수 있다.

TIP

마우이의 셔틀버스는 각 지역 쇼핑센터 측이 손님을 유치하기 위해 운행하는 것으로, 이들 버스의 노선은 쇼핑센터와 주요 호텔을 잇는 수준에 그치기 때문에 셔틀버스를 타고 마우이 여행을 즐기기에는 무리가 있습니다. 쇼핑센터 내에서 쇼핑을 즐기거나 식사를 하거나 또는 쇼핑센터 인근의 비치를 갈 때 이용하기엔 좋아요.

카아나팔리 트롤리 운행시간

	쉐라톤&카아나팔리 비치 (Sheraton & Kaanapali Beach)	웨일러 빌리지&웨스틴 (Whalers Village & Westin)	마우이 메리어트&하얏트 (Maui Marriott & Hyatt)	카아나팔리 골프 코스 (Kaanapali Golf Course)	마우이 카아나팔리 빌라 (Maui Kaanapali Villas)	로열 라하이나 마니 엘도라도 페어웨이 숍 (Royal Lahaina Mani Eldorado Fairway shop)
AM	10:00	10:02	10:04	10:06	10:13	10:16
	10:21	10:23	10:25	10:27	10:35	10:38
	10:50	10:52	10:54	10:56	10:03	10:06
	11:30	11:32	11:34	11:36	11:51	11:55
PM	12:45	12:47	12:49	12:51	12:58	1:01
	1:10	1:12	1:14	1:16	1:23	1:26
	1:45	1:47	1:49	1:51	1:58	2:02
	2:25	2:27	2:29	2:31	2:38	2:42
	3:05	3:07	3:09	3:11	3:18	3:21
	3:45	3:47	3:49	3:51	3:58	4:01
	4:25	4:27	4:29	4:31	4:38	4:41
	5:05	5:07	5:09	5:11	5:18	5:21
	5:45	5:47	5:49	5:51	6:02	*6:10
	7:00	7:02	7:04	7:06	7:13	7:16
	7:25	7:27	7:29	7:31	7:38	7:41
	8:00	8:02	8:04	8:06	8:25	8:29
	8:35	8:37	8:39	8:41	8:48	8:51
	9:15	9:17	9:19	9:21	9:25	9:29
PM	*9:40	*9:43	*9:45	*9:47	*9:53	*9:56
		10:00				

※운행시간은 업체 사정에 따라 변동 가능

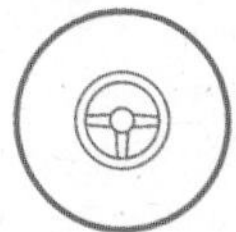

DRIVING AROUND MAUI

마우이에서 운전하기

마우이는 차량이 많고 복잡한 오아후보다는 훨씬 도로사정이 좋은 편이다. 기본적인 교통법규만 숙지한다면 초보자도 어렵지 않게 운행할 수 있다. 마우이에서 운전할 때 꼭 알아야 할 사항들을 정리했다.

주요 하이웨이 알아두기

마우이 섬의 서쪽에는 340번과 30번 하이웨이(Honoapiilani Hwy), 동쪽에는 360번과 36번 하이웨이(Hana Hwy)가 있고, 그 밖에 카훌루이 공항에서 할레아칼라 국립공원으로 이어지는 37번 하이웨이(Haleakala Hwy)가 있다. 지도와 표지판의 도로는 모두 번호로 표기되어 있으니 발음하기 벅찬 도로 이름은 몰라도 괜찮다.

▶ **맵북 p.4~5 참조**

고래 구경은 주차 후에

겨울철에 30번 하이웨이를 달리다 보면 저 멀리 바다에서 점프하는 고래가 보이는 경우가 있다. 운전하면서 고래를 구경하다 사고가 나는 일이 흔하다고 한다. 고래를 보고 싶다면 30번 하이웨이 곳곳에 있는 전망대에서 잠시 차를 세우고 안전하고 편안하게 고래를 바라보길.

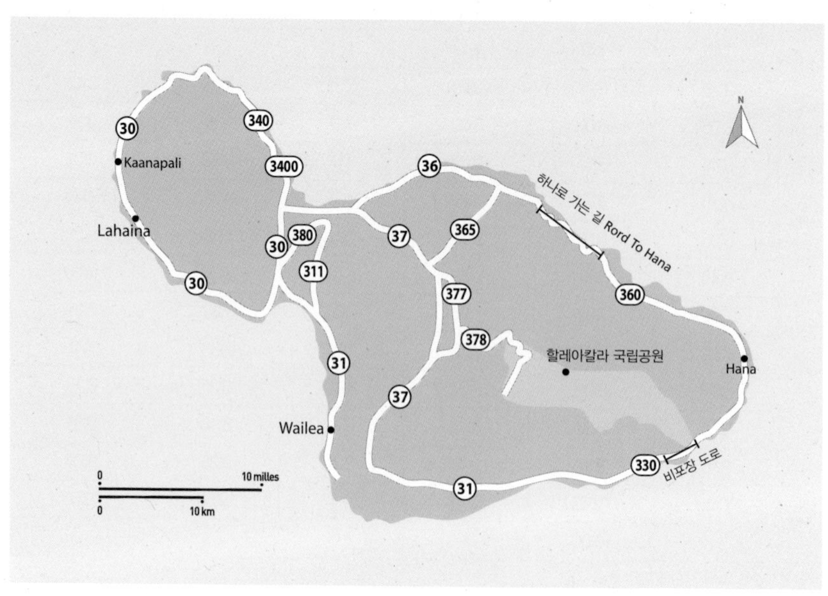

러시아워는 오후 3~6시

마우이의 도로는 비교적 한가하지만 출퇴근 시간인 오전 7~9시와 오후 3~6시에 공항이 있는 카훌루이와 라하이나의 주요 도로는 다소 혼잡하다. 러시아워에 이 지역을 지날 것 같다면 여유 있게 출발하는 것이 좋다.

비포장도로 주의하기

마우이 도로는 대부분 포장이 잘 되어 있다. 유일하게 남부 해안 드라이브(p.263)에 5마일 정도의 꽤 긴 비포장 구간이 나오는데, 이곳을 운전하려면 사륜 구동차(4WD)를 빌려야 한다고 계약서에 명기하고 있는 렌터카 업체가 많다. 그러나 경험상 일반 승용차로도 남부 드라이브 해안을 즐기는 데 큰 무리는 없다(렌터카에서 사륜 구동차가 있어야 한다고 하는 것은 비포장도로가 험해서라기보다는 외딴 남부 해안 드라이브까지 원조를 보내려면 비용이 많이 들기 때문이 아닌가 싶다).

마우이 요주의 운전지

마우이에서의 운전이 쉽다고는 해도 다음 두 곳에서는 정신을 바짝 차려야 한다.

❶ **하나로 가는 길(p.256).** 세 시간가량 좁고 구불구불한 길을 가야 해서 상당한 집중력과 주의력이 필요하다.

❷ **할레아칼라 국립공원(p.241).** 해돋이를 보려면 해가 뜨기 전에 정상에 올라야 하는데 가로등이 많지 않으므로 주의해야 한다.

❶과 ❷ 모두 가는 길에 주유소나 식품점이 없다. 길을 떠나기 전에 미리 연료 탱크를 가득 채우고, 음식과 식수를 충분히 챙겨야 한다. 자세한 내용은 하나 드라이브와 할레아칼라 국립공원 본문을 참조하자.

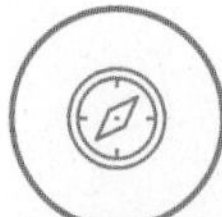

MAUI BEST COURSE

마우이 베스트 여행 코스

마우이에서 이틀 정도만 짧게 머물 예정이라면, 본문에 소개한 마우이 명소 중 꼭 가고자 하는 한 곳만 선택하고, 나머지 시간은 해변에서 여유 있게 보내는 것이 좋다. 할레아칼라 국립공원과 하나 드라이브는 마우이를 대표하는 명소로, 둘 중 한 곳은 꼭 가보길 권한다.

옵션 1 짜릿한 모험을 즐긴다면

라하이나 산책 · 보트 투어

숙소에 체크인을 한 후, 호텔 앞 해변이나 기타 마우이 해변(p.246)을 찾아 한가로운 시간을 보낸 후, 오후에 라하이나(p.250)로 향한다. 라하이나의 거리를 거닐다가 이른 저녁식사를 한 후 호텔로 돌아온다.

TIP 마우이 도착 시간이 이르다면 몰로키니 투어 보트(p.267)나 라나이 섬 투어(p.286)를 할 수 있다. 라하이나에서 흔히 이용할 수 있는 선셋 크루즈를 타거나 서쪽 해안에서 스노클링을 해도 좋다.

할레아칼라 국립공원

할레아칼라 국립공원의 해돋이를 감상하려면 새벽 2시에는 일어나 길 떠날 채비를 해야 한다. 해돋이를 보고 난 후에는 산악자전거를 타고 분화구를 돌아내려오는 다운힐 바이킹(p.270), 또는 호스머 그로브 트레일(p.243)을 따라 숲 속의 산책을 즐기며 할레아칼라 국립공원 곳곳을 탐험한다.

TIP 오후 일정에 여유가 있거나 하룻밤 더 묵는다면 웨일러스 빌리지(p.277)나 숍스 앳 와일레아(p.277)에 들러 여유롭게 쇼핑을 즐기며 하루를 마무리한다.

할레아칼라 국립공원에 간다면 정확한 출발 시각은 머무는 호텔 컨시어지에 문의하는 것이 가장 좋아요. 해 뜨는 시간은 계절마다 조금씩 차이가 있고, 호텔에서 할레아칼라 국립공원 정상까지 소요되는 시간도 인터넷 지도 서비스보다 호텔에 문의하는 것이 더 정확합니다.

옵션 2 평화로운 휴식을 원한다면

하나 드라이브

오전에 도착해 렌터카를 찾아 바로 '하나로 가는 길(p.256)'로 향한다. 운전하며 각 명소들을 충분히 즐긴 후, 저녁에 호텔로 이동하여 체크인을 한다.

DAY 2

마우이 남부 드라이브

하나의 작은 호텔이나 레스토랑에서 여유로운 아침 식사를 즐기고 오헤오 협곡과 마우이 와이너리가 있는 하나 남부를 운전해 공항으로 향한다.

TIP

하루 더 머문다면 생각해볼 수 있어요!

–알리이 쿨라 라벤더 농장(p.245)
–마우이 서부 해안과 리조트 쇼핑(p.276)
–할레아칼라 국립공원에서의 캠핑(p.241)
–윈드서핑이나 서핑 강습(p.272)

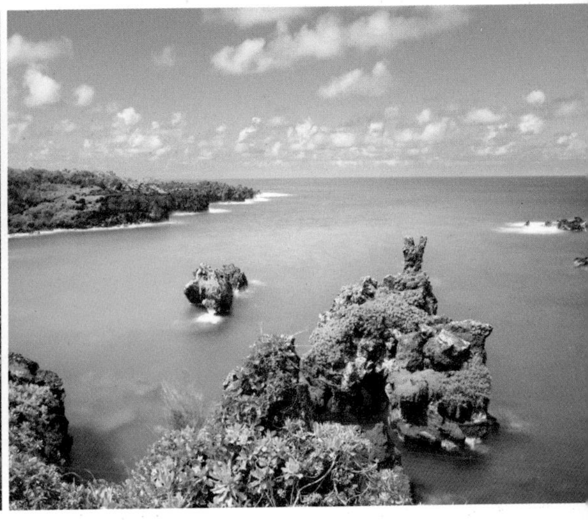

마우이에서 꼭 가볼 **명소** BEST 5

'Maui Noi Ka Oi.'
마우이 주민들이 즐겨 쓰는 하와이어로 '역시 마우이가 최고'라는 뜻이다.
마우이를 사랑하는 건 비단 이곳 주민만은 아니다.
세계적인 여행 잡지와 신문에서 실시하는 설문조사에서
늘 '세계 최고의 섬' 상위권에 랭크되는 마우이, 그 진짜 매력을 알아본다.

01

세계 최대의 휴화산

할레아칼라 국립공원 *Haleakala National Park*

한라산보다 약 1.5배나 높은 할레아칼라 정상(3050m)은 세계에서 가장 아름다운 해돋이를 볼 수 있는 곳으로 유명하다. 하와이의 열렬한 팬이었던 작가 마크 트웨인의 말처럼 할레아칼라는 '세상에서 가장 숭고한 장관(the sublimest spectacle)'을 빚어낸다.

하와이어로 '태양의 집'이라는 뜻의 할레아칼라는 지도상에서 마우이섬의 절반가량에 해당하는 커다란 휴화산으로, 할레아칼라의 분화구는 맨해튼 전체를 삼킬 정도로 깊고 넓다. 할레아칼라 국립공원을 여행하는 데에는 두 가지 코스가 있다(편의상 A코스와 B코스로 나누어 설명, p.242 지도 참조).

교통 카훌루이에서 37번 하이웨이를 타고 달리다가 이어서 377번, 그다음에는 378번 하이웨이로 갈아탄다(A코스 기준). 공항이 있는 카훌루이에서 할레아칼라 국립공원까지는 약 40마일(64km)이며 2시간 소요된다. 일단 국립공원 입구를 지나면 정상까지 가는 주요 도로는 하나뿐이다. 주소 State Hwy. 378, Kula 요금 자동차 1대당 25달러(3일간 유효), 캠핑 무료(지정된 캠핑장에 텐트를 칠 때는 별도의 허가증을 받지 않아도 된다. 최대 7일 가능) 전화 808-572-4400, 808-871-5054 (날씨 정보) 홈피 www.nps.gov/hale 지도 맵북 p.5 Ⓖ

Haleakala National Park
Kaupō Trailhead

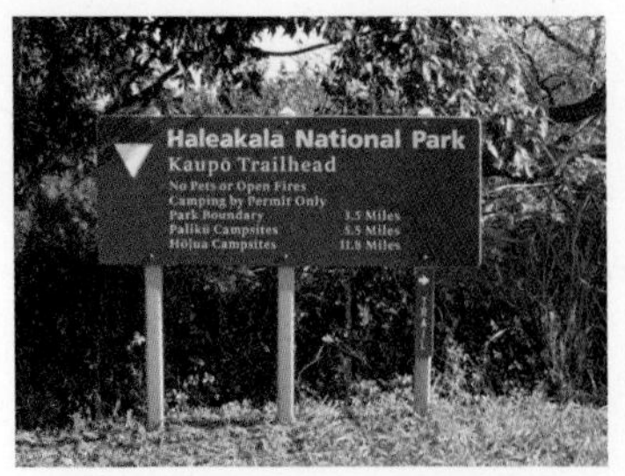

A코스는 공항이 있는 카훌루이에서 출발해 할레아칼라 국립공원 본부를 지나 정상까지 이동하는 동선이다. B코스는 카훌루이에서 출발해 마우이 동남쪽에 있는 하나 마을로 이동한 다음, 키파훌루(Kipahulu)를 통과해 할레아칼라 국립공원으로 들어간다. 단, A코스와 B코스는 서로 이어지는 구간이 없으며 최종 종착지 역시 서로 다르다(하단 지도 참조).

A코스 카훌루이 공항 → 할레아칼라 국립공원 입구 → 정상
B코스 카훌루이 공항 → 마우이 동남쪽의 하나 마을 → 키파훌루 → 할레아칼라 국립공원 입구 → 국립공원 내부

마우이에 머무는 시간이 짧은 일반 여행객의 경우, 두 코스 중 하나를 택해야 하는데 A코스가 압도적으로 인기가 많다. B코스는 정상까지 이어지지 않아 할레아칼라 해돋이를 볼 수 없기 때문이다. 처음 할레아칼라 국립공원을 찾는다면 A코스를 추천한다. B코스는 정상에 다녀온 후, 할레아칼라 국립공원의 또 다른 면을 보고 싶을 때 이용하면 좋다.

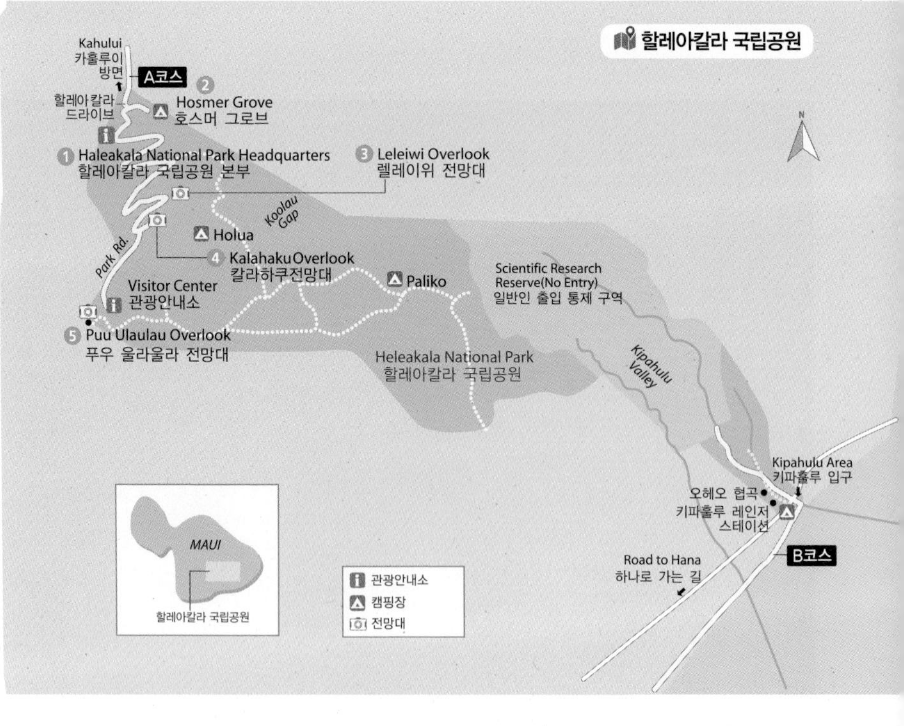

할레아칼라 국립공원
Kahului
카훌루이
방면
A코스
할레아칼라
드라이브
2 Hosmer Grove
호스머 그로브
1 Haleakala National Park Headquarters
할레아칼라 국립공원 본부
3 Leleiwi Overlook
렐레이위 전망대
Koolau Gap
Holua
Park Rd.
4 Kalahaku Overlook
칼라하쿠전망대
Paliko
Visitor Center
관광안내소
5 Puu Ulaulau Overlook
푸우 울라울라 전망대
Scientific Research
Reserve(No Entry)
일반인 출입 통제 구역
Heleakala National Park
할레아칼라 국립공원
Kipahulu Valley
Kipahulu Area
키파훌루 입구
오헤오 협곡
키파훌루 레인저
스테이션
B코스
Road to Hana
하나로 가는 길
MAUI
할레아칼라 국립공원
관광안내소
캠핑장
전망대

정상에서 바라보는 해돋이가 할레아칼라 국립공원의 하이라이트이긴 하지만 정상에 이르기 전의 할레아칼라 국립공원도 충분히 매력적이다. 해돋이를 보러 간다면 이 모든 건 내려오는 길에 보면 된다. 당연한 얘기지만 해뜨기 전엔 아무것도 보이지 않으니까 말이다.

할레아칼라 국립공원 주요 명소

❶ 할레아칼라 국립공원 본부 Haleakala National Park Headquarters

국립공원 본부(공원 관리사무소라고 보면 된다)에서는 할레아칼라 국립공원과 관련한 각종 정보지를 얻을 수 있고, 캠핑 허가증(permit)도 여기서 발부받는다. 깨끗한 화장실과 마실 물이 있고, 국립공원 내 유일한 공중전화도 이곳에 있다.

오픈 08:00~16:00

❷ 호스머 그로브 트레일 Hosmer Grove Nature Trail

할레아칼라 국립공원 입구를 지나 첫 번째 갈림길에서 좌회전하면 '호스머 그로브'라는 캠핑장이 나온다. 아담한 동네 놀이터 같은 이 캠핑장 안쪽으로 짧은 트레일 코스가 있다. 무조건 앞으로 전진하다 보면 한 바퀴 돌아 제자리로 오게 되어 있으며 30분가량 소요된다. 19세기에 뿌리를 내렸다는 하와이 나무와 야생화가 피어 있는 이 길은 가볍게 걷기 좋다.

❸ 렐레이위 전망대 Leleiwi Overlook

다시 주요 도로로 복귀해서 정상을 향해 가다 보면 곳곳에 전망대가 보인다. 그중 반드시 발도장을 찍어야 할 곳을 꼽아보면, 첫 번째는 '마일 마커(p.258 참조) 17'과 '마일 마커 18' 사이에 있는 렐레이위 전망대. 주차장에 주차를 하고 잘 가꿔놓은 트레일을 따라 10분 정도 걸어가면, 광활한 산맥이 반쯤 펼친 부채처럼 겹겹이 펼쳐진 것이 보인다.

❹ 칼라하쿠 전망대 Kalahaku Overlook

두 번째 들러볼 만한 전망대는 칼라하쿠 전망대다. 영화 〈화성침공〉이나 〈스타트렉〉의 한 장면 같은 할레아칼라의 독특한 풍광을 감상할 수 있으며, 전망대 근처에는 '은검초'라는 식물이 많이 피어 있다. 할레아칼라 국립공원의 마스코트와도 같은 하와이 거위 네네(Nene) 역시 이곳의 전망을 좋아하는지 꽤 자주 나타난다.

❺ 푸우 울라울라 전망대 Puu Ulaula Overlook

칼라하쿠 전망대를 지난 뒤, 할레아칼라 관광안내소(Haleakala Visitor Center)가 보이면 고지가 멀지 않았다. 관광안내소에 가면 할레아칼라 국립공원을 포함한 하와이 화산에 대한 심도 있는 정보를 얻을 수 있다. 관광안내소 주최로 교육적 성격이 강한 국립공원 가이드 투어나 소규모 강연이 열리기도 하며, 국립공원 내 다양한 하이킹 코스에 관해서도 도움을 얻을 수 있다.
관광안내소를 등지고 정면을 바라보면 멀리 할레아칼라 천체관측소(Haleakala Observatories)가 눈에 들어오는데, 일반 여행객은 출입 금지다. 대신 푸우 울라울라 전망대(별칭은 '레드 힐')가 있다. 관광안내소 바로 앞에 있는 이 자리가 바로 세상에서 가장 아름다운 해돋이를 볼 수 있는 곳이다. 전망대 근처에 사람이 너무 많다 싶으면, 관광안내소를 등지고 섰을 때 정면으로 보이는 돌무더기 위로 올라갈 것. 날씨가 좋을 때는 이웃섬이 전부 보인다.

⊕ 할레아칼라 관광안내소
오픈 06:00~15:30 휴무 1월 1일, 크리스마스

할레아칼라 국립공원 갈 때, 기억하세요!

• 마우이 날씨정보센터(Maui Community Forecast, 808-877-5111)로 전화하면 할레아칼라 정상의 날씨를 알 수 있다(항상 맞는 건 아니다). 호텔 카운터나 컨시어지에 문의해도 된다.
• 정상에 가까울수록 산소가 희박해지기 때문에 호흡 곤란을 겪을 수 있다. 두통과 탈수도 흔한 증상이다. 정상까지 가는 도중 어지럼증이 심해지면 즉시 내려올 것. 천식 환자나 임산부, 담배를 많이 피우거나 심장 질환이 있는 사람은 미리 전문의와 상담하는 것이 좋다.
• 할레아칼라 드라이브에 들어서면 주유소나 식료품점, 화장실 등의 편의시설이 거의 없다. 푸칼라니(Pukalani)가 할레아칼라 국립공원에 도착하기 전에 생필품을 살 수 있는 마지막 마을이다.
• 정상에 올라가면 매우 춥다. 1000미터를 올라갈 때마다 평균 섭씨 5도씩 떨어져 정상에 도착하면 체감온도는 거의 영하로 떨어진다. 특히 해돋이를 보러 간다면 단단히 무장해야 한다. 나는 항상 스키 재킷과 모자, 장갑을 챙겼는데도 매번 코끝이 얼얼하고 볼이 시렸다. 미처 겨울옷을 준비하지 못했다면 비치 타월이나 담요라도 챙길 것.
• 할레아칼라는 해돋이가 압권이지만 일몰도 나쁘지 않다. 해돋이 시간을 맞추기 힘든 일정이라면 일몰에 뜨거운 태양의 정기를 받는 것도 좋겠다.

알리이 쿨라 라벤더 농장 Alii Kula Lavender Farm

할레아칼라 국립공원에서 차로 30분 정도 이동하면 도착할 수 있는 알리이 농장은 규모가 크다거나 대단한 즐길 거리가 있는 곳은 아니다. 하지만 마우이의 한적한 산 중턱에서 불어오는 바람을 맞으며 라벤더 활짝 핀 들길을 걸을 수 있다.

매일 09:30, 10:30, 11:30, 13:00, 14:30에 유익하고 재미있는 설명을 들으면서 농장을 둘러보는 '데일리 워킹 투어'가 있다(1인당 12달러). 투어에 참가하지 않아도 그냥 둘러볼 수 있다. 또한 투어가 아니라도 농장 내에 위치한 작은 상점에서 라벤더를 이용해 구운 쿠키와 빵을 맛볼 수 있다. 그 외 라벤더를 이용해 만든 드레싱, 꿀, 차 종류와 라벤더 로션, 비누, 오일 등도 판매한다.

어린 자녀가 있는 가족이라면 라벤더 정원 구석구석에 숨겨놓은 보물찾기에 참가하는 것도 좋다. 기념품 매장에서 보물찾기 지도를 나눠주는데, 그냥 둘러보면 지나치기 쉬울 만한 곳에 보물이 있다. 보물찾기에 성공하면 기념품 매장에서 깜짝 선물을 받을 수 있다.

교통 마우이 버스 39번 주소 1100 Waipoli Rd. Kula 오픈 09:00~16:00 요금 만 13세 이상 3달러, 만 12세 이하 무료 전화 808-878-3004 홈피 www.aliikulalavender.com 지도 맵북 p.5 Ⓖ

Welcome to Ali'i Gardens Maui

TIP

투어를 하지 않더라도 농장 내 가게에서 판매하는 라벤더 제과류 중 한 가지는 꼭 맛보세요. '라벤더 스콘'을 추천합니다. 야외 테라스에서 은은한 라벤더 향을 맡으며 평화로운 시간을 만끽해보세요.

햇볕은 쨍쨍 모래알은 반짝

마우이 해변 *Maui Beach*

마우이에 갈 때는 여분의 수영복을 챙겨 가야 한다. 아침에는 이 바다에서 수영하고 오후에는 저 해변에서 태닝하고, 저녁에는 또 호텔 가까운 바다에서 물장구치려면 수영복 두 벌이 기본, 세 벌은 선택이다. 마우이는 하와이 섬 가운데 마일당 해변 수가 가장 많다. 특히 섬 서쪽에는 그야말로 세계적으로 이름난 해변이 오밀조밀 모여 있다.

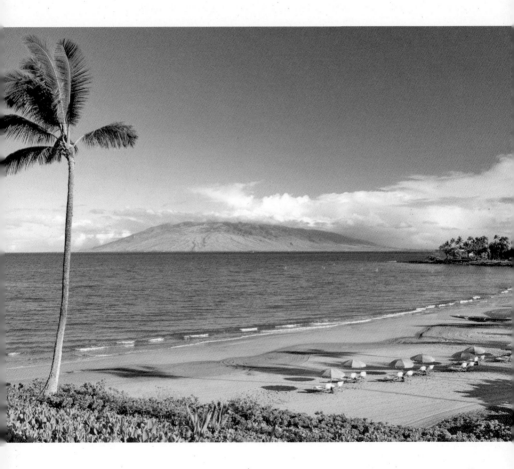

카아나팔리 비치 Kaanapali Beach

투명한 바다와 고운 모래를 뽐내는 카아나팔리 비치는 마우이를 찾는 여행객 대부분이 적어도 한 번은 찾는 마우이의 대표 해변이다. 겨울철 며칠을 제외하곤 파도가 낮고 물살이 강하지 않아 물가를 아장아장 걸어다니는 꼬마도 눈에 많이 띈다. 바다도 바다지만 전 세계에서 날아온 여행자를 만나는 즐거움도 크다.

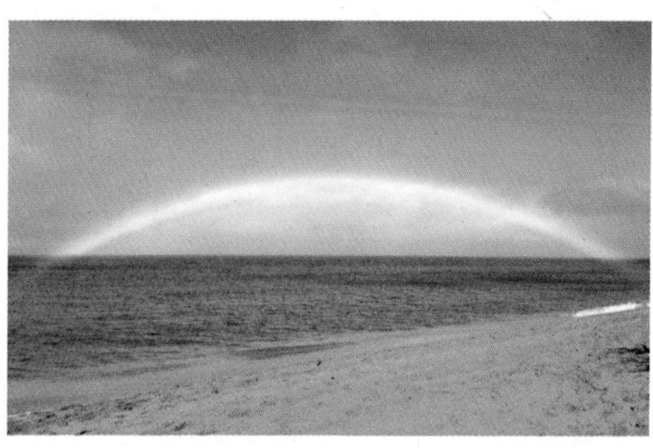

교통 마우이 버스 25번. 자동차로는 30번 하이웨이를 타고 가다가 카아나팔리 리조트로 빠진다. 카아나팔리 지역의 리조트 군락에 머물지 않는다면 10달러 이하의 주차비를 내야 한다(무료 거리 주차가 있긴 하지만 오전에 일찍 가지 않으면 빈자리를 찾기 힘들다). 주소 2525 Kaanapali Pkwy. Lahaina 지도 맵북 p.4 Ⓔ

와일레아 비치 Wailea Beach

포 시즌(Four Seasons), 그랜드 와일레아(Grand Wailea), 페어몬트 케아 라니(Fairmont Kea Lani) 같은 세계 최고의 리조트들이 고심 끝에 와일레아에 말뚝을 박은 것은 아마도 와일레아 비치가 있기 때문일 것이다. 포 시즌과 그랜드 와일레아 앞바다가 와일레아 비치다. 초승달 모양으로 우아하게 휘어진 이곳은 금빛 모래로 이루어진 해변으로, 마우이 커플들의 데이트 장소로 각광받는다. 겨울철에 와일레아 비치 근처에 고래가 출몰하기 때문에 이를 구경하기 위해 이곳을 찾는 이도 많다. 또 하나, 넓은 바다를 일순간 물들이는 일몰도 와일레아 비치에서만 볼 수 있는 장관이다.

교통 마우이 버스 10번. 자동차로 간다면 ① Kihei Rd.를 타고 가다가 와일레아로 진입한 후, 이들 리조트 중 한 곳에 주차하고 로비를 지나 해변으로 나간다(이 방법이 더 편하지만 주차비를 내야 한다). ② 두 리조트 사이에 나 있는 길, Wailea Alanui Dr. 쪽으로 운전해 간다. 이 도로에 오르면 곧 '해변으로 가는 길(Shoreline Access)'이라고 적힌 표지판이 보이는데 그쪽으로 가면 주차 공간이 나온다. 주소 Wailea Alnui Dr, Wailea–Makena 지도 맵북 p.4 Ⓙ

TIP

와일레아 비치에서 5분 정도 남쪽으로 달리면 말루아카 비치(Maluaka Beach)가 있어요. 마스크를 쓰고 스노클을 입에 꽉 물고 보트들이 동동 떠 있는 쪽으로 수영해 가다 보면 미역과 해초를 뜯어 먹으며 맛나게 식사 중인 녹색바다거북(green sea turtle)을 만날 수도 있습니다. 그래서 마우이 주민들 사이에서는 '터틀 비치(Turtle Beach)'라는 별명으로 통해요. 바다의 풍광을 즐기기보다 스노클링을 하는 것에 의미를 둔다면 와일레아 비치보다는 말루아카 비치로 가세요.

후키파 비치 파크 Hookipa Beach Park

높은 파도로 유명한 오아후의 해 질녘 해변이 전 세계 서퍼들의 로망이라면, 꾸준한 바람과 끝없이 일렁이는 파도가 있는 마우이의 후키파 비치는 전 세계 윈드서퍼들의 이상향이다. 그러니 세계적으로 권위 있는 윈드서핑 대회를 보고 싶다면 후키파 비치로 가면 된다. 특히 윈드서핑에 가장 이상적인 바람이 불고 파도가 이는 여름철에는 거의 매주 주말, 빨갛고 노란 원색의 돛을 단 프로페셔널 선수들의 윈드서핑 묘기를 감상할 수 있다. 이곳에서는 윈드서핑이 아니라 서핑보드 또는 부기보드 하나만 껴안고 물에 들어가도 저절로 파도타기가 된다.

교통 마우이 버스 35번. 자동차로는 카훌루이 공항에서 하나 쪽으로 36번 하이웨이를 타고 가다 보면 파이아(Paia)를 지나 후키파 비치 파크로 가는 표지판이 나온다. 주소 Mile Marker 9, Hana Hwy. Paia 전화 808-572-8122 홈피 www.paiamaui.com/beaches/hookipa-beach-park 지도 맵북 p.5 Ⓖ

D.T. 플레밍 비치 파크 D.T. Fleming Beach Park

카팔루아 비치(Kapalua Beach)와 함께 마우이 최고의 해변으로 꼽히는 D.T. 플레밍 비치 파크는 일반 여행객에게 많이 알려지지 않아 조용해서 더 좋다. 지난 몇 년 동안 각종 매체가 '미국 최고의 해변'으로 선정하면서 지금은 전보다 많은 이들이 찾고 있지만 아직까지 고유의 평온함을 간직하고 있다. 백사장에 누워 바다를 바라보면 멀리 몰로카이 섬이 보이고, 해변 뒤편으로는 건강하게 쭉 뻗은 야자수들이 만들어낸 시원한 그늘이 있다.

교통 마우이 버스 30번(Napili Kai에서 하차 후 도보로 25분). 카파훌루에 있는 리츠칼튼 리조트의 앞마당이 D.T. 플레밍 비치 파크의 남쪽이다. 30번 하이웨이를 타고 가다가 리츠칼튼 리조트로 빠져 리조트 주차장에 주차하는 것이 가장 편하다. 지도 맵북 p.4 Ⓐ

고래를 만나기 가장 좋은 섬
마우이

알래스카에 갔던 고래가 따뜻한 하와이 바다를 찾아오는 이른바 '고래 시즌'은 11월부터 4월이다. 마우이는 하와이 섬 중 고래를 구경하기에 가장 좋은 섬으로 세계 각지, 심지어 하와이의 다른 섬에 사는 주민들도 고래 시즌이 되면 고래를 보고, 고래의 노래를 듣기 위해 마우이로 몰려든다.

혹등고래는 태평양 한가운데에서 점프를 하면 마우이 서쪽 해안에서도 볼 수 있을 정도로 몸집이 크고 움직임도 엄청나다. 보트를 타지 않고 고래를 관람하기에 가장 좋은 곳은 마우이 서부 해안으로, 30번 하이웨이를 타고 서부 해안도로를 달리다 보면 태평양 수면 위로 당차게 비상하는 고래를 볼 수 있다. 특히 마일 마커 9지점, 맥그레거 포인트(MacGregor Point)에 닿으면 반드시 차를 세우고 고래를 찾아볼 것. 마우이의 비영리 단체 퍼시픽웨일재단(Pacific Whale Foundation)의 고래 전문가들이 오전 8시 30분부터 오후 3시 30분까지 이곳에 나와 고래 관련 정보를 제공하고 무료로 망원경도 빌려준다.

좀 더 가까이에서 고래를 만나고 싶다면 고래 구경을 목적으로 하는 투어 보트를 타면 된다. 고래 시즌에는 매 시간 바다에 나가 고래만 보고 들어오는 투어 보트가 대거 등장하며, 대부분 고래를 볼 때까지 돌아오지 않는다는 개런티 프로그램을 운영한다.

⊕ 퍼시픽웨일재단

전화 808-201-4014 홈피 www.pacificwhale.org

03

유서 깊은 관광 도시

라하이나 *Lahaina*

오아후에 와이키키가 있다면 마우이에는 라하이나가 있다. 라하이나는 낭만적인 항구 도시로 1년에 평균 약 200만 명의 여행객이 드나드는 번화한 관광 도시다. 동시에 19세기의 하와이 문화를 만날 수 있는 유서 깊은 도시로 오랜 문화유산을 잘 보존하고 있는 역사적인 공간이다. 라하이나에 사는 2만여 명의 시민은 그들의 역사와 문화에 대해 대단한 애정과 자부심을 갖고 있다.
라하이나의 중심지인 프런트 스트리트(Front St.)에는 검정 돌담이 일렬로 늘어서 있고, 돌담을 따라 고풍스러운 옛 건물이 띄엄띄엄 자리하고 있으며 그 사이는 아이스크림 가게와 옷가게, 아트 갤러리들이 채우고 있다. 돌담 너머로는 커다란 돛을 올린 배 서너 척이 정박해 있고, 하얗게 부서지는 파도가, 서서히 지는 태양이, 노을 무렵 진분홍으로 물든 하늘이 있다.

교통 마우이 버스 20, 25번, 라하이나 캐너리 셔틀(p.233) 이용. 자동차로 마우이 서쪽 리조트에서 출발할 때는 38번 하이웨이를 타고 남쪽으로 가다가 30번 하이웨이를 만나는 곳에서 좌회전한다. 라하이나루나 로드(Lahainaluna Rd.)에서 다시 좌회전해서 도로 끝까지 가면 라하이나의 주요 도로인 프런트 스트리트가 나온다. 지도 맵북 p.4 Ⓔ

하와이 최초의 왕이면서 가장 훌륭한 왕으로 평가받고 있는 카메하메하 왕은 라하이나를 유난히 좋아했다고 알려져 있다. 덕분에 라하이나는 카메하메하 왕이 수많은 하와이 부족국가를 하나의 국가로 연합했을 당시 하와이 왕국의 수도(1820~1845년)였다.
1840년대로 접어들면서부터 라하이나는 고래잡이의 천국으로 변모했다. 한 번에 수백 척의 고래잡이배와 천 명이 넘는 선원이 드나들면서 라하이나에는 자유분방한 뱃사람들과 그들이 이뤄내는 쾌락의 밤이 이어졌다. 영미 문학에는 소설 《모비딕》 등 이때의 라하이나를 배경으로 하는 작품이 많다. 19세기 중반, 향락의 도시였던 라하이나는 미국 북동부 대서양 연안 지역인 뉴잉글랜드에서 건너온 선교사들에 의해 변모하기 시작했다. 이들 선교사들은 라하이나에 학교를 세우고, 신문을 만들고, 문자를 보급하며 라하이나의 근대화에 기여했다고 전해진다. 또한 하와이안 원피스 '무무'도 이때 탄생했다.
오늘날 라하이나는 마우이 문화와 관광의 중심지로 발전했다. 이 지역의 예술가들을 만날 수 있는 갤러리와 레스토랑, 옷가게, 기념품 가게가 약 1.5마일(2.4km) 되는 길이의 프런트 스트리트를 채우고 있고 주말에는 크고 작은 이벤트가 줄 이어 열린다.

● 라하이나 즐기기 1. 프런트 스트리트 거닐기

라하이나를 즐기는 가장 좋은 방법은 프런트 스트리트를 따라 여유롭게 거니는 것이다. 프런트 스트리트 곳곳에 있는 안내데스크(Information)나 볼드윈 홈에서 워킹 투어 지도를 받을 수 있다(p.253 지도 참조).

TIP

숙소가 마우이 서부에 위치해 있다면 마우이의 대중교통(p.232)에 소개한 라하이나 캐너리 셔틀을 타면 마우이 서부에서 라하이나까지 편하게 올 수 있습니다. 몰로키니 보트 투어(p.267)나 고래 관람 보트 가운데에도 라하이나 항구에서 출발하는 경우가 많은데, 하루 종일 라하이나에서 일정을 보낸다면 하루쯤 운전하지 않고 셔틀버스를 이용하는 것도 좋습니다.

라하이나에는 오션아트축제(Ocean Arts Festival), 국제카누축제(International Festival of Canoes), 라하이나 맛축제(Taste of Lahaina Food Festival) 같은 성대한 축제가 연중 계속 열린다. 그중에서도 10월 마지막 주에 열리는 핼러윈 행사는 세계인의 축제로 자리 잡았다. 그 외 하루하루 새롭게 기획하는 라하이나의 각종 문화행사와 축제 정보는 라하이나 공식 홈페이지와 라하이나 복원 재단(Lahaina Restoration) 홈페이지에서 얻을 수 있다.

● 라하이나 즐기기 2. 역사적인 명소 둘러보기

라하이나는 하와이 마을 중 가장 걷기 좋은 여행지 중 하나다. 55에이커(약 22만㎡) 면적으로 역사의 면면을 들여다볼 수 있는 건축물이 많고, 그중 상당수가 국가 보물로 보호받고 있다. 앞서 간략히 살펴본 역사를 중심으로 들러볼 만한 라하이나 명소를 소개한다.

⊕ 라하이나 공식 홈페이지

전화 808-667-9193 홈피 www.visitlahaina.com

⊕ 라하이나 복원 재단

전화 808-661-3262 홈피 www.lahainarestoration.org

볼드윈 홈 Baldwin Home

선교를 목적으로 뉴잉글랜드에서 라하이나로 온 의사 드와이트 볼드윈이 살던 저택. 라하이나에서 가장 오래된 건물로 1834년에 지었다. 19세기 선교 활동의 기점이자 볼드윈 의사의 병원으로도 사용되었다. 지금은 당시의 모습을 복원하여 일반인에게 개방하고 있다.

교통 마우이 버스 20, 25번 주소 120 Dickenson St. Lahaina 요금 어른 7달러, 만 12세 이하 무료 전화 808-661-3262 홈피 www.lahainarestoration.org/baldwin.html 지도 p.253 ❶

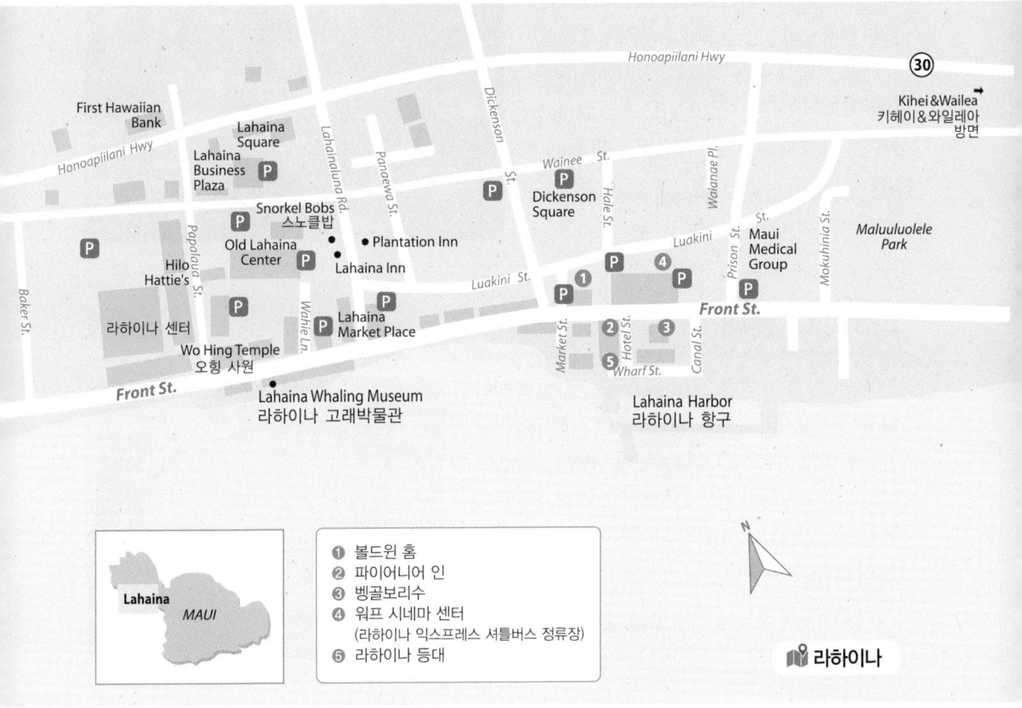

Honoapiilani Hwy
30
Kihei&Wailea
키헤이&와일레아 방면
First Hawaiian Bank
Lahaina Square
Lahaina Business Plaza
Honoapiilani Hwy
Lahainaluna Rd.
Panaewa St.
Dickenson St.
Wainee St.
Dickenson Square
Hale St.
Wainae Pl.
Snorkel Bobs
스노클밥
Plantation Inn
Old Lahaina Center
Lahaina Inn
Hilo Hattie's
Papalaua St.
Luakini St.
Luakini St.
Prison St.
Maui Medical Group
Mokuhinia St.
Maluuluolele Park
Baker St.
라하이나 센터
Wahie Ln.
Lahaina Market Place
Market St.
Hotel St.
Canal St.
Front St.
Wharf St.
Wo Hing Temple
오힝 사원
Front St.
Lahaina Whaling Museum
라하이나 고래박물관
Lahaina Harbor
라하이나 항구

Lahaina
MAUI

❶ 볼드윈 홈
❷ 파이어니어 인
❸ 벵골보리수
❹ 워프 시네마 센터
(라하이나 익스프레스 셔틀버스 정류장)
❺ 라하이나 등대

N

라하이나

파이어니어 인 Pioneer Inn

1901년 조지 프리랜드라는 사람이 설립한 이래 오늘날까지 숙박객을 받고 있는 라하이나 최초의 호텔이다. 1950년대까지만 해도 마우이 서부에는 오로지 이 호텔밖에 없었다. 지금의 카아나팔리와 카팔루아의 대규모 리조트 단지는 그 후 철저한 계획으로 빠르게 건설한 것. 1964년 대대적인 리모델링을 거쳐 열 개의 스위트룸과 180여 개의 일반 객실이 있는 별 두 개짜리 호텔로 다시 태어났다.

교통 마우이 버스 20, 25번 주소 658 Wharf St. Lahaina 전화 808-661-3636 홈피 www.pioneerinn-maui.com 지도 p.253 ❷

벵골보리수 Banyan Tree Square

많은 이들이 만남의 장소로 이용하는 반얀 트리 스퀘어(Banyan Tree Square)에는 1873년생 벵골보리수가 뿌리내리고 있다. 이곳의 인도산 벵골보리수는 라하이나 기독교 포교 50주년을 기념해 심은 것으로, 당시에는 작은 나무에 지나지 않았지만 지금은 반얀 트리 스퀘어를 가득 채울 만큼 거대하게 자랐다.

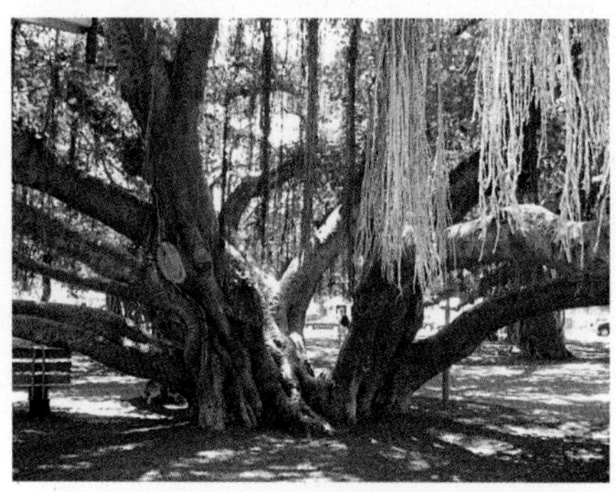

교통 마우이 버스 20, 25번 주소 649 Wharf St. Lahaina 지도 p.253 ❸

라하이나 등대 The Lihaina Lighthouse

카메하메하 왕의 명령으로 1840년에 건설한 라하이나 등대는 하와이 최초의 등대로 오랜 시간 라하이나 항구를 밝게 비춰주었다. 1800년대 성행한 고래잡이 어선의 항해를 돕기 위해 건설했으며, 초창기의 등대는 나무로 만들었다. 지금의 등대는 1937년에 같은 형상으로 복원한 것이다.

교통 마우이 버스 20, 25번 주소 외로이 홀로 서 있는 등대라 주소는 없지만 파이어니어 인 맞은편 항구에 있어 쉽게 찾을 수 있다. 지도 p.253 ❺

주차비가 점심값보다 비싸다면?
라하이나 주차장 저렴하게 이용하기

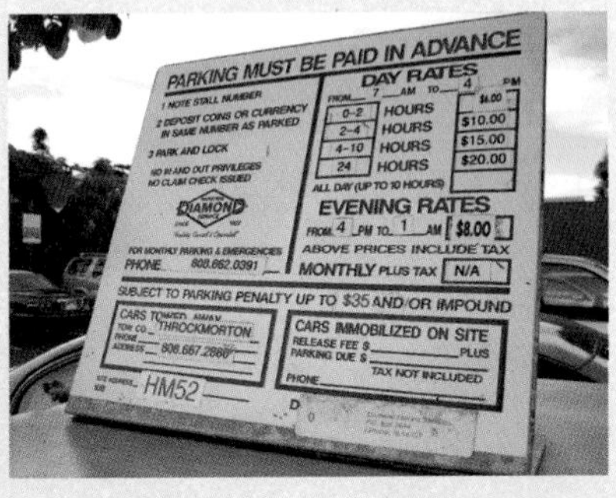

라하이나의 주차난은 와이키키 못지않게 심각하다. 지정 시간을 5분만 초과해도 예외 없이 딱지가 붙는다. 단속이 엄하기 때문에 시간을 엄수해야 한다.
라하이나의 주차 장소 중 가장 좋은 곳은 프런트 스트리트에 한 줄로 구획되어 있는 무료 주차 공간(3시간까지)이지만, 웬만큼 운이 좋지 않고는 빈자리를 찾기가 쉽지 않다. 무료 주차장이 꽉 찼다면(그럴 가능성이 매우 높다), 다음은 구매 고객에 한해 무료 주차권을 제공하는 라하이나 센터(Lahaina Center)나 라하이나 쇼핑센터(Lahaina Shopping Center) 주차장을 고려해도 좋다. 쇼핑센터마다 무료 주차시간이 다르기 때문에 주차장을 나서기 전에 미리 무료 주차 스탬프를 받아두는 것이 좋다. 주차를 한 후 해당 쇼핑센터에 들어가 물 한 병 사 들고 이렇게 물어보면 된다. "하우 캔 아이 겟 파킹 베러데이터드(How can I get parking validated?)"
라하이나에 머무는 시간이 길지 않다면 유료 주차장을 이용하는 것도 많이 비싸지 않고 편리하다.

● 유료 주차장 이용 방법

1단계 주차장에서 티켓 판매기를 찾는다.
↓
2단계 시간을 선택하고 돈을 넣는다.
↓
3단계 티켓(또는 영수증)을 뽑는다.
↓
4단계 차 밖에서 보이도록 자동차 앞 유리 안쪽에 티켓을 놓는다.

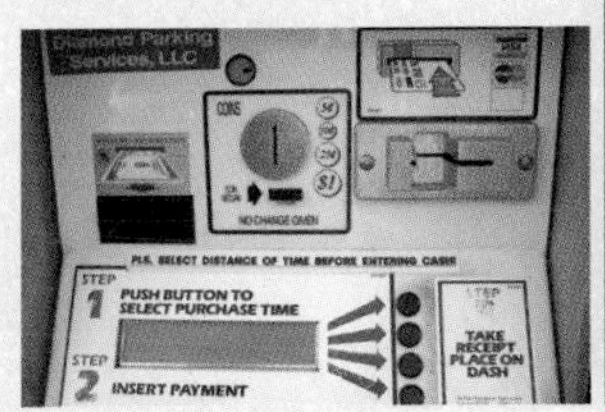

04

마우이의 '보물찾기' 드라이브

하나로 가는 길 *Road to Hana*

하나(Hana)는 마우이의 평화로운 시골 마을이다. 흔히들 마우이 사람들은 하나 앞에 '헤븐리'를 붙여 헤븐리 하나(Heavenly Hana)라는 애칭으로 부르곤 한다. '천국 같은 하나'. 딱 맞는 애칭이다. 하나는 천국처럼 평화로운 마을이며, 그 평화로움이 넘쳐 꾸벅꾸벅 졸게 만들 소지가 다분한 마을이다. 그럼에도 불구하고 하나를 꼭 가봐야 하는 이유는 하나까지 가는 길이 무척이나 특별하기 때문이다.

하와이 해안 드라이브의 진수

파이아(Paia)에서 시작해 하나까지 이어지는 '하나로 가는 길'은 가장 하와이다운 드라이브 코스다. '하나로 가는 길'의 공식은 '360번 하이웨이(360 Hwy.)'다. 이름만 하이웨이이지 실제로는 모든 차가 평균 시속 40마일(60km) 이하로 달리는 아주 좁은 2차선 도로다. 약 56마일(90km)을 가는 동안 617개의 커브가 등장하며 한번 이 길에 오르면 하나에 이르기 전까지는 마땅히 차를 돌릴 만한 데가 없다. 또 짧긴 하지만 비포장 구간도 자주 나오는 편이고, 차 한 대 겨우 지날 수 있는 좁은 돌다리가 54개나 있기 때문에 차를 멈추고 건너편에서 오는 차가 돌다리를 건널 때까지 기다려야 할 때도 많다. 여기까지만 들으면 꽤 우울하지만 아직 실망하기엔 이르다.

드라이브를 하는 동안 고개를 들어 하늘을 보면 우산처럼 펼쳐진 나뭇잎들 사이로 솜사탕 같은 구름이 보인다. 맑은 공기에 푹 적셔 있는 진한 풀향이 드라이브 내내 코를 간질이고, 향이 진한 구아바 나무와 파인애플 나무는 바라만 봐도 배가 부르다. 드라이브 중반을 넘어서면 가슴 넓은 태평양 바다가 모습을 드러낸다.

36번 하이웨이를 타고 파이아를 지나 남쪽으로 내려가다 보면 후키파 비치 파크(p.248)가 나온다. 이곳을 지나 '마일 마커 16'이 표시된 곳까지 가면 하이웨이 번호가 36번에서 360번으로 바뀐다. 이 지점에서 마일 마커는 다시 '0'으로 돌아간다. 아마도 본격적으로 S라인의 도로가 시작되는 곳이기 때문인 것 같다. 이 지점을 지날 때 자동차 계기판의 마일 표시를 초기화해두길 바란다. 여기서부터가 바로 하나로 가는 길의 시작이기 때문이다.

표지판이 거의 없기 때문에 주변 명소를 얘기할 때 보통은 1마일(1609m)에 하나씩 서 있는 마일 마커(위 사진)를 기준으로 한다. 이를테면 "15마일 마커 근처의 그 폭포 있죠?" 이런 식이다. 그러니 계기판의 마일 표시를 도로에 맞춰 '0'으로 초기화해두면 '하나로 가는 길'을 지나는 동안 이 책의 내용과 비교해 현재 위치를 쉽게 파악할 수 있다.

지도 **맵북** p.5 Ⓖ

TIP

마일 마커가 있어야 할 자리에 없는 것도 있고 심지어 잘못 표시되어 있는 것도 있어요. 책 본문에 언급한 마일 마커는 직접 방문했을 때 확인한 것이므로 자동차 계기판의 마일 표시와 책이 다를 때는 실제 도로의 마일 마커 표시를 기준으로 한 이 책을 믿어주기 바랍니다.

마일 마커로 찾는, 하나로 가는 길의 숨은 명소

'하나로 가는 길'이 유명한 것은 드라이브 중간중간 이름난 명소가 많기 때문이다. 어느 지점에 사람이 많이 모여 있다면 "왓츠 데어(What's there)?" 하고 물어보면 된다. 그렇지만 또 너무 자주 차에서 내리다 보면 길만 헤매다 시간을 허비할 수도 있다. 특히 당일 코스로 하나에 다녀오는 일정이라면 더 효율적으로 움직여야 한다. 여차하면 '하나로 가는 길'을 다 지난 후에 나타나는 '오헤오 협곡(p.264)'을 만나지 못할 수도 있다. 그렇게 되면 오헤오 협곡에서의 기가 막힌 수영과 하이킹을 포기해야 하며, 어두워져서 꼼짝없이 하나에서 발이 묶이기 때문이다(뭐 그렇다고 해도 그리 나쁠 건 없겠지만!).

다음은 하나로 가는 길에서 여섯 시간 내에 도착할 수 있는 장소들 중 한번쯤 들러볼 만한 곳이다.

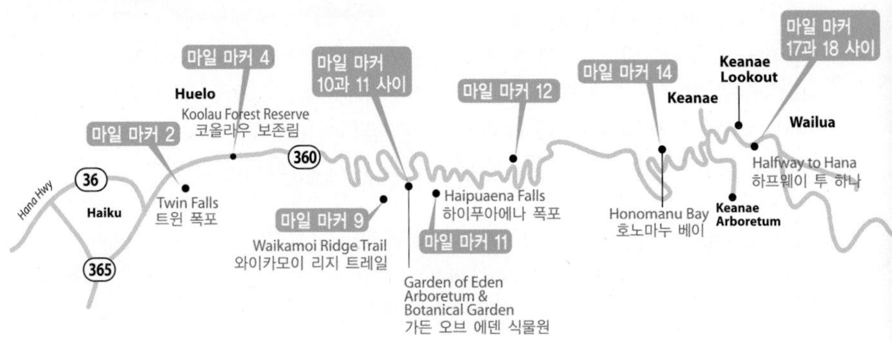

❶ 마일 마커 2

트윈 폭포(Twin Falls). '마일 마커 2' 근방에 가면 시멘트 다리가 나온다. 다리를 건너기 전에 오른쪽을 보면 빨간 문이 있고 이 문을 폴짝 뛰어넘어 5분 정도 직진하면 폭포가 나온다. 그 방향으로 10분 정도 더 걸어가면 폭포가 하나 더 있다. 빨간 문에는 'NO TRESPASSING(통행불가)' 표지판이 붙어 있지만 수많은 사람이 드나드는 것을 보면 별 문제는 없어 보인다. 통행불가 표시가 있는 건 폭포로 난 길의 일부가 사유지이기 때문이다. 법을 지키고 싶다면 트윈 폭포는 잊어주시고 가던 길 계속 가면 되겠다. 트윈 폭포보다 멋진 폭포가 앞으로 얼마든지 있다.

❷ 마일 마커 4

여기서부터 하와이 주에서 지정한 코올라우 보존림(Koolau Forest Reserve)이 시작된다. 1년 강수량이 80인치(2m)가량 되는 이 울창한 수풀림에는 구아바와 망고, 아보카도 나무가 높이 솟아 있다. '마일 마커 4'를 지나면서부터 길은 더욱 좁아지고 커브도 심해진다.

❸ 마일 마커 9

잠시 걷고 싶다면, '마일 마커 9' 가까이 있는 와이카모이 리지 트레일(Waikamoi Ridge Trail)을 따라 가벼운 산행을 하면 좋다. '마일 마커 4'에서 시작된 코올라우 보존림에 속해 있는 곳으로 산책하듯 천천히 걷다 보면 한 바퀴 돌아 제자리로 오게 된다.

❹ 마일 마커 10과 11 사이

가든 오브 에덴 식물원(Garden of Eden Arboretum and Botanical Garden). 에덴동산을 연상시키는 이 꽃밭에는 태평양 바다 곁에서 나고 자란 500여 종에 이르는 꽃과 나무가 살고 있다. 총면적은 26에이커(1만㎡)나 되지만 한 시간이면 모두 둘러볼 수 있다.

전화 808-572-9899 홈피 www.mauigardenofeden.com

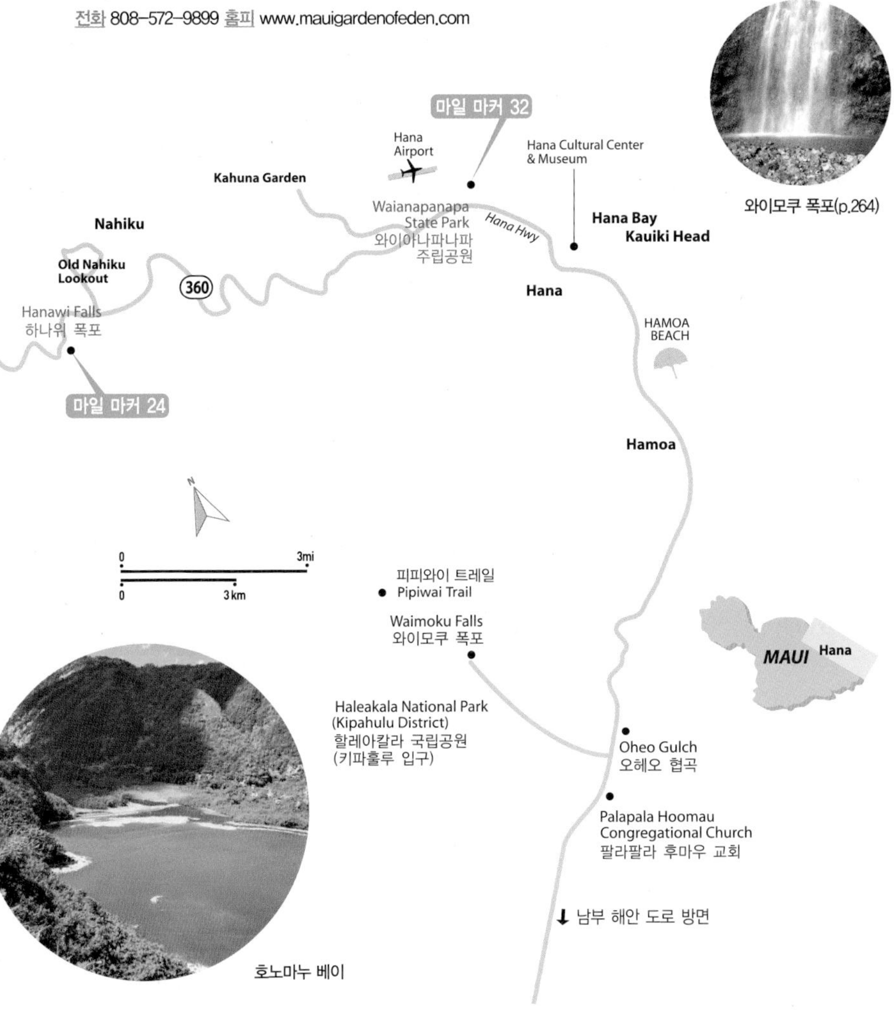

와이모쿠 폭포(p.264)

호노마누 베이

⑤ 마일 마커 11

'마일 마커 11'을 지나 곧 나오는 다리 근처에 주차된 차가 있다면, 차 주인은 하이푸아에나 폭포(Haipu-aena Falls)에서 수영을 즐기고 있을 가능성이 크다. 다리 옆으로 보이는 트레일을 따라 1분 정도 걸어가면 차분한 분위기의 폭포가 보인다. 길이 미끄럽다면 비가 왔다는 뜻이므로 수영은 피하는 것이 좋다.

⑥ 마일 마커 12

도시락을 준비해왔다면 '마일 마커 12'를 지나자마자 차를 멈추면 된다. 멋진 바다를 전망으로 피크닉 테이블이 있고 화장실도 있다.

⑦ 마일 마커 14

호노마누 베이(Honomanu Bay). 하나 드라이브에서 접근할 수 있는 해변 중 가장 아름다운 곳이다. '마일 마커 14'를 지나자마자 나오는 '정지(STOP)' 사인 옆으로 들어가면 호노마누 베이로 이어진다. 안전요원이 없고 파도가 거칠어서 수영은 권하고 싶지 않지만 선탠을 하거나 물장구만 쳐도 행복하다.

⑧ 마일 마커 17과 18 사이

'마일 마커 18'에 못 미쳐 길 오른편을 보면 '하프웨이 투 하나(Halfway to Hana, 실제로는 하나로 가는 길의 반이 아니라 3분의 2 정도 되는 지점이다)'라는 이름의 작은 상점이 있다. 여기에서는 맛 좋은 바나나빵을 맛볼 수 있다. 이 홈메이드 빵을 먹기 위해 먼길을 달려오는 단골 손님이 꽤 많다고 한다.

⑨ 마일 마커 24

'마일 마커 24'를 지나면 하나위 폭포(Hanawi Falls)가 기다리고 있다. 하나위 폭포에서는 수영을 할 수 없다. 다리 뒤로 돌아가는 길이 미끄럽고 가파르기 때문에 매우 위험하다.

⑩ 마일 마커 32

이쯤 오면 어서 빨리 꼬불꼬불한 드라이브를 끝내고 하나에 가서 쉬고 싶을지 모른다. 하지만 그렇다고 와이아나파나파 주립공원(Waianapanapa State Park)을 그냥 지나칠 순 없다. 맑은 물이 흐르는 동굴(Waiomao Caves), 과거 화산 폭발로 생성된 검은 모래 해변, 큰 키의 잘생긴 나무까지, 하루 종일 있어도 떠나고 싶지 않은 곳이다.

전화 808-984-8109 홈피 www.hawaiistateparks.org/parks/maui/waianapanapa.cfm

유쾌한 하나 드라이브를 위해 기억하세요!

• 하나 드라이브는 '명소'의 기준을 어디에 두느냐에 따라 짧게는 한 단락, 길게는 몇 쪽에 걸쳐 이야기할 수 있다. 그래서 가이드북이나 관광 자료를 보면 명소가 각각 다른 것이 많은데, 시간을 낭비하지 않으려면 믿을 만한 자료 한두 가지만 참고하는 것이 현명하다.

• 쉬지 않고 달리면 파이아(Paia)에서 하나까지 세 시간 정도 걸리지만 '하나로 가는 길'을 충분히 즐기려면 하루는 잡아야 한다. 그러니 아침 일찍 길을 나서는 것이 좋다. 하루 평균 2000여 대의 차, 매년 50만 명이 찾는 이 길은 정오만 돼도 정체가 시작된다. 가능하면 아침 8시 전에 파이아에 도착하는 것이 좋고, 주말보다 주중에 가는 것이 좋다.

• 하나로 가는 길은 커브가 심하고 비포장 구간도 꽤 있어서 인내심을 갖고 거북이 운전을 해야 한다. 맞은편에서 오던 차와 다리를 가운데 두고 만났을 때는 상대 차가 먼저 건너올 때까지 기다려주고, 뒤차가 가까이 따라오면 먼저 지나갈 수 있도록 비켜서주는 것이 하나로 가는 길에서 통용되는 운전 매너다.

• 파이아에서 자동차 연료통을 가득 채우고 간단한 스낵도 준비할 것. 하나로 가는 길에는 주유소나 레스토랑이 없다(과일 스탠드는 많지만). 그리고 수영복과 비치 타월을 챙기는 것이 좋다. 시원한 폭포와 강줄기를 발견했을 때, 언제라도 수영을 즐길 수 있도록 말이다.

• 하나로 가는 길에는 도둑이 많다. 아주 잠시 차를 떠날 때도 반드시 문을 잠그고, 고가품으로 보일 만한 물품은 트렁크나 의자 밑에 넣어두는 것이 좋다.

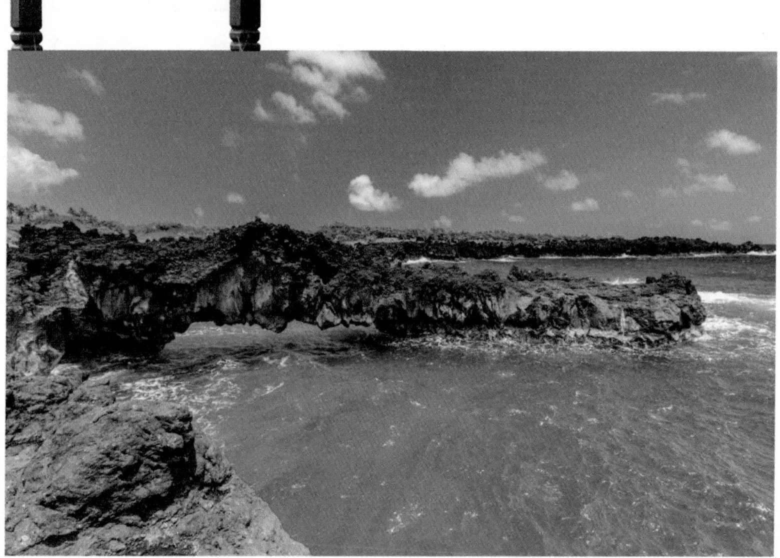

하나 마을 Hana

하나 드라이브의 끝은 '하나 마을'이다. 하나는 1860년대 사탕수수 농장 마을로 탄생했다. 당시에는 포르투갈, 일본 등에서 이민 온 사람들이 주를 이루었지만 현재는 전체 인구 1000여 명 중 하와이인의 비율이 가장 높다. 이름이 붙어 있는 도로라고는 골목길을 포함해 예닐곱 개가 전부이고, 많지도 않은 상점은 대개 오후 6시면 문을 닫을 정도로 작다. 하지만 시골 마을이 늘 그렇듯 이곳에 사는 사람들은 모두 한 가족이라고 해도 좋을 만큼 유대가 깊고, 그들의 뿌리 깊은 알로하 정신은 여행자들에게도 예외 없이 적용된다. 그러니 풀밭이나 해변에 앉아 있을 때 낯선 사람이 친근하게 말을 건다고 해도 놀랄 건 없다. 주말 오후가 되면 하나 주민들은 하나둘 마을 공원으로 모여든다. 잔디밭에 모여 앉아 지역 가수가 부르는 노래를 듣기도 하고, 고전 영화를 보기도 한다.

일정이 허락한다면 하나에서 하룻밤 지내고 다음 날 아침 남부 해안을 둘러보고 호텔로 돌아가도 좋다. 하나의 비앤비(B&B), 호텔 등 숙박 정보는 하나 마우이 홈페이지(www.hanamaui.com)에 총망라되어 있다.

하나 마을에서 와이너리까지

남부 해안 드라이브 *South Shore Drive*

하나 마을에서 시작해 마우이 남쪽 해안을 돌아 마우이 와이너리까지 이어지는 마우이 남부 해안 드라이브는 평화로운 해안 드라이브의 진수를 보여준다. 호텔이나 리조트는커녕 집 한 채도 없다. 왼쪽에는 산, 오른쪽에는 바다만이 조용하게 제자리를 지키고 있을 뿐이다. 뛰어난 풍광에도 남부 해안도로가 이렇게 한적한 이유는 대부분의 렌터카 회사가 사륜 구동이 아닌 일반 승용차로 이 도로를 운전하는 것을 금지하기 때문이다. 비포장이라고는 하지만 상태가 아주 나쁜 것은 아닌데도 말이다. 남부 해안 드라이브 중 들러볼 만한 명소를 소개한다.

오헤오 협곡 Oheo Gulch

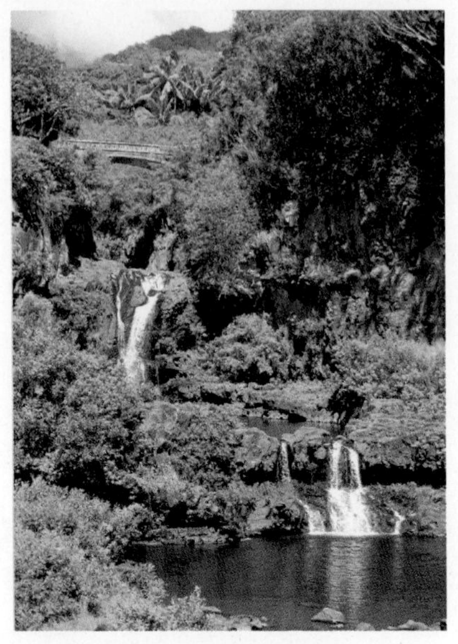

오헤오 협곡의 계곡은 물놀이를 하기에 더없이 좋은 장소다. 협곡은 험준한 골짜기를 말하는데, 할레아칼라 국립공원의 일부인 오헤오 협곡은 골짜기라고 부르기엔 스케일이 너무 큰, 그야말로 신의 걸작품이다. 하나에서 31번 하이웨이를 타고 짧게는 30분, 길게는 한 시간 남쪽으로 달리면 지나게 되는 작은 마을 '키파훌루(Kipahulu)'에 자리한 오헤오 협곡은 계단형으로 이어진 '연속 폭포'로 유명하다. 폭포는 도미노 블록 쓰러지듯 이어져 태평양 바다로 연결되는데 바라만 봐도 머리부터 발끝까지 시원해진다.

폭포와 폭포 사이에는 '일곱 개의 신성한 물가(Seven Sacred Pools)'라고 이름 붙은 계곡이 흐른다. 사실 이 말에는 두 가지 오류가 있다. 첫째, 일곱 개보다 훨씬 많은 물가가 있으며, 둘째, 이 물이 신성하다는 근거는 어디에도 기록되어 있지 않다. 하나의 어느 호텔 주인이 여행객을 끌어모으기 위해 붙인 것이라는데, 이름이야 어찌 됐든 이 계곡은 현지 주민과 여행객 모두가 열광하는 마우이 최고의 원시적인 수영장임에는 틀림없다. 협곡 근처에는 화장실과 피크닉 테이블만 있고, 샤워 시설은 없지만 바닷물이 아니어서 수영한 후에도 개운하다.

계곡과 평행하게 난 오솔길을 따라 2마일(3.2km) 정도 올라가면 연속 폭포의 대모 격인 '와이모쿠 폭포(Waimoku Falls)'가 나오는데, 비가 많이 와서 가는 길이 미끄럽거나 계곡 물이 넘칠 위험이 있을 때는 계곡 진입로를 폐쇄하기도 한다. 오헤오 협곡의 관광안내소 역할을 하는 '키파훌루 레인저 스테이션(Kipahulu Ranger Station)'에 문의하면 현재 상황을 알 수 있고, 모기약도 빌려준다. 근처에는 캠핑장도 있으며 카파훌루 레인저 스테이션에서 캠핑 허가증을 발부받을 수 있다.

교통 마일 마커 42 지점에 오헤오 협곡의 시작점이라 할 수 있는 키파훌루 레인저 스테이션이 있다. 내비게이션에는 'Oheo Gulch' 입력. **주소** Hana Hwy. Mile Marker 42, Hana **오픈** 08:00~16:00 **전화** 808-572-4400 **홈피** www.nps.gov/hale/planyourvisit/kipahulu.htm **지도** 맵북 p.5 Ⓛ

SAVE MORE!

오헤오 협곡은 할레아칼라 국립공원 안에 위치해 있지만, 국립공원을 가로질러 가는 건 불가능해요. 할레아칼라 국립공원의 많은 부분이 일반차량의 진입이 금지된 보호구역이기 때문에 정상으로 가는 길인 A코스(p.242 지도 참조)를 택할 경우, 오헤오 협곡까지 연결된 길이 없습니다. 하지만 할레아칼라 국립공원에 갔을 때 구입한 입장권이 있다면 여기서 다시 쓸 수 있어요. 입장권(차 1대당 25달러)은 구입한 날로부터 3일간 유효해요.

팔라팔라 후마우 교회 Palapala Hoomau Congregational Church

오헤오 협곡을 지나온 방향 그대로 1.2마일(1.9km) 정도 더 달리면 푸른 바다를 내려다보고 서 있는 아담한 교회가 있다. 1857년에 지은 교회의 창에는 하와이 옷을 입은 예수 그림이 그려져 있다. 겉모습을 보고 교회를 판단하는 것은 안 될 일이지만, 불필요한 장식 하나 없이 소박한 이런 교회라면 당장이라도 들어가 무릎 꿇고 기도하고 싶어진다. 그래서 종교 유무를 떠나 많은 사람이 팔라팔라 후마우 교회를 찾는지도 모르겠다. 교회 뒷마당에는 세계 최초로 대서양 횡단 비행에 성공해 영웅이 된 미국의 찰스 린드버그(Charles Lindberg)의 무덤이 있다. '내가 새벽 날개를 타고 바다 저편 가장 먼 곳에 가 자리를 잡을지라도…'(시편 139장)라고 새겨진 묘비와 함께.

교통 31번 하이웨이를 타고 가다가 마일 마커 41 지점을 지났을 때 왼쪽을 보면 나무들 사이로 교회가 보인다. 표지판을 따라 좌회전해서 낮은 돌벽을 따라 들어가면 입구가 나온다. 주소 Hana Hwy. Mile Marker 41, Hana 전화 808-248-8040 지도 맵북 p.5 Ⓛ

마우이 와이너리 Maui's Winery

오헤오 협곡을 지나 31번 하이웨이 끄트머리에 자리한 마우이 와이너리는 산 정상의 약수터와 같다. 땀 흘려 산을 오른 자만이 맛볼 수 있는 달달한 약수처럼, 먼지 휘날리면서 마우이 남부 해안의 비포장도로를 달려온 자만이 마우이 와이너리의 와인을 음미할 수 있다. 마우이 유일의 포도주 양조장인 마우이 와이너리는 1974년에 설립되었으며 방문객 누구나 와인을 시음할 수 있다. 레드 와인과 화이트 와인, 스파클링 와인, 각각 두세 가지씩 골고루 갖추고 있다. 특히, 파인애플 와인(Maui Splash)과 라즈베리 와인(Framboise de Maui)이 인기가 많다. 각기 다른 네 가지 와인을 한 잔씩 맛보는 테이스팅의 요금은 12달러 내지 16달러다. 매일 오전 10시 30분과 오후 1시 30분에는 무료 와이너리 투어를 진행한다.

주소 마우미 버스 39번. 자동차로는 오헤오 협곡에서 남쪽으로 위치해 있는 팔라팔라 후마우 교회를 지나면 5마일(8km)가량의 비포장도로가 나온다. 이 도로를 지나면 울루팔라쿠아 목장(Ulupalakua Ranch)이 나오고 목장 바로 건너편에 와이너리가 있다. 주소 153 Kula Hwy. Kula 오픈 10:00~17:00 요금 무료 전화 877-878-6058 홈피 www.mauiwine.com 지도 맵북 p.4 Ⓙ

TIP

마우이 남부 해안 드라이브는 마우이의 숨은 명소를 볼 수 있는 좋은 기회라고 생각합니다. 하지만 커브가 많고 험한 길 때문에 주저하는 사람들도 많습니다. 모험가 기질이 있다면 남부 해안을 운전해서 섬을 가로질러 호텔이 있는 마우이 서부 해안으로 올라가고, 그렇지 않다면 다시 하나로 온 길을 그대로 돌아가면 됩니다.

마우이에서 꼭 해볼 액티비티 BEST 6

신비로운 바닷속 탐험, 구름 사이로 달리는 자전거 여행
바람을 가르는 신나는 파도타기, 숲 속을 헤치는 짜릿한 모험
오직 마우이에서만 가능한 이색 체험 여섯 가지를 소개한다.

마우이 열대어 총집합

몰로키니 스노클링 *Molokini Snorkeling*

쉐라톤 리조트 앞에 있는 카아나팔리 비치의 블랙 록(Black Rock) 부근을 비롯해 마우이 서쪽에는 바로 해변에 뛰어들어 스노클링을 할 수 있는 곳이 많다. 하지만 마우이 스노클링의 지존은 역시 몰로키니(Molokini) 섬 주변이다.

하와이 주정부가 지정한 해양생태계보호구역이며 동시에 야생조류보호구역인 몰로키니의 정체는 사실 침몰한 사화산 분화구의 일부다. 다시 말해 과거 거대한 화산이 머리 부분만 남기고 모두 바다에 가라앉으면서 생성된 화산섬으로, 위에서 내려다보면 완벽한 초승달 모양이고 옆에서 보면 섬 뒷부분(초승달의 바깥 둥근 부분)의 벽이 절벽처럼 가파르게 바닷속으로 떨어진다. 거의 수직으로 바닷속 약 200피트(45m)까지 떨어지는 이 벽이 몰로키니 섬으로 몰아치는 바닷바람과 거센 파도를 막아주는 역할을 하기 때문에 섬 앞바다는 항상 고요하고 한적하다. 덕분에 마우이 근해의 열대어와 가오리, 거북, 장어, 돌고래 등이 몰로키니 섬으로 모여드는데, 햇빛 비치는 날에는 스노클링 마스크만 쓰

고도 바닷속 150피트(45m)까지 내려다볼 수 있다. 몰로키니 보트 투어는 주로 마알라에아 항구(Maalaea Harbor)나 키헤이(Kihei)에서 출발한다. 보통 오전과 오후 하루 두번 출항한다. 몰로키니 투어는 업체를 불문하고 인기가 많기 때문에 되도록 빨리 예약하는 것이 좋다. 스노클링은 오전에 해야 바람도 적고 파도도 세지 않아 더 많은 열대어를 볼 수 있지만(그래서 보통 오후 스노클링은 10퍼센트 정도 할인받을 수 있다), 추위를 많이 탄다면 바닷속에 있더라도 따뜻한 햇살을 등과 목, 허리 가득 느낄 수 있는 오후의 스노클링도 괜찮다.

1980년 고래와 사랑에 빠진 젊은 과학도 그렉 코프먼(Greg Kaufman)이 창설한 퍼시픽웨일재단(Pacific Whale Foundation)은 혹등고래의 연구와 보호를 목적으로 하는 비영리 단체다. 어린이와 어른을 위한 해양 생태계 교육 프로그램을 포함해 몰로키니 투어 같은 상업 투어도 진행하며, 투어 수익의 일부는 혹등고래 연구에 쓰인다. 이들의 투어는 특히 교육적인 성격이 강하다. 마우이 남부 해안에서 3마일(4.8km)가량 떨어진 몰로키니로 가는 동안 갑판에서는 마우이 생태계를 주제로 한 작은 설명회가 열린다. 친절한 한국인 스태프가 있는 카이 카나니(KaiKanani)의 몰로키니 스노클링도 훌륭하다. 카이 카나니는 몰로키니와 가까운 마우이 남부 해안, 마케나 비치에서 출항할 수 있는 자격을 갖춘 몇 안 되는 업체로 몰로키니까지 단 15분 만에 이동할 수 있어 보다 여유 있게 스노클링을 즐길 수 있다. 카이 카나니의 몰로키니 투어는 모두 아침 일찍 출발해 반나절을 보낸 후 항구로 돌아오는 일정이며 친절한 스태프들이 승선부터 스노클링, 식사 모두를 책임진다.

퍼시픽웨일재단

전화 800-942-5311 홈피 www.pacificwhale.org

카이 카나이

전화 808-879-7218, 808-740-1941(한국어) 홈피 www.kaikanani.com

마우이 오션 센터 Maui Ocean Center

마우이 오션 센터는 하와이에서 가장 규모가 큰 수족관이다. 살아 있는 암초관(Living Reef)부터 귀상어 항구관(Hammerhead Harbor), 조수 웅덩이관(Tide Pool), 오픈 오션 전시관(Open Ocean Exhibits) 등 테마별로 나뉘어 있다. 산호부터 각종 물고기, 바다표범, 상어를 포함해 마우이 오션 센터에서 만날 수 있는 모든 해양 생물은 현재 하와이에 서식하고 있는 생물들이다(고래와 돌고래로 대표되는 고래목 동물은 전시를 목적으로 한 포획이 금지되어 있어 만날 수 없다). 하와이는 지구상에서 가장 독특한 해양 환경을 보유하고 있는데, 마우이 오션 센터는 이런 하와이 해양에 대해 더욱 깊이 이해할 수 있는 기회를 제공한다. 마우이 오션 센터는 지난 30여 년 동안 해온 열대 해양 세계에 대한 연구를 통해 하와이 해양 생물의 습성을 밝혀내고 있으며 수족관 곳곳에서 그 흔적을 찾아볼 수 있다.

스쿠버다이빙 자격증이 있다면 '샤크 다이브 마우이 프로그램(Shark Dive Maui Program)'을 통해 상어, 가오리, 각종 열대 물고기가 헤엄치는 상어관에 입수할 수 있다. 문의는 이메일(info@mauiocenacenter.com)이나 전화(808-270-7075)로 하면 된다.

지도 마우이 버스 20번 주소 192 Maalaea Rd. Wailuku 오픈 09:00~17:00(7~8월 09:00~18:00) 요금 어른 35달러, 만 4~12세 25달러, 3세 이하 무료 전화 808-270-7000 홈피 www.mauioceancenter.com 지도 맵북 p.4 Ⓕ

SAVE MORE!

마우이 오션 센터 홈페이지서 10퍼센트 내지 20퍼센트 절약할 수 있는 할인 패키지를 받을 수 있어요.

스릴 만점 자전거 모험

다운힐 바이킹 *Downhill Biking*

구름과 같은 높이에서 시작해 정면에 바다가 보이는 곳까지 내려오는 자전거 여행. 할레아칼라 국립공원의 정상에서 출발해 발 밑에 파도가 치는 곳까지 자전거를 타고 달려가는 모험을 말한다. 마우이를 제외하고는 지구상 어디에서도 할 수 없는 멋진 경험인 것은 분명하지만 매우 위험하다. 실제로 하와이 지역 신문에는 다운힐 바이킹을 하다가 사고를 당했다는 뉴스가 몇 개월에 한 번은 실리고, 도로(바로 옆은 낭떠러지!) 가장자리에 붙어 아슬아슬하게 페달을 밟는 바이커들은 오히려 보는 이를 더 아찔하게 만든다. 달리는 자동차 피하랴, 최소 20마일(32km) 속도 유지하랴 정신없는 와중에 정상에서는 산소까지 모자라 호흡이 가쁘다.

그러니 다운힐 바이킹을 시도한다면 기본적으로 자전거는 자유자재로 다룰 줄 알아야 한다. 또 아무리 기초 체력이 튼튼하다고 해도 어린이에게는 절대 권하고 싶지 않다. 투어 업체 중에는 자전거는 균형만 잡을 줄 알면 되고 나이도 열두 살 전후면 된다고 하는 곳이 많지만 결코 만만한 투어가 아니므로 신중히 결정해야 한다.

하지만 자전거를 능숙하게 타고 순발력과 지구력이 뛰어나다면 다운힐 바이킹만큼 할레아칼라 국립공원을 특별하게 즐길 수 있는 방법도 없다. 비용은 노선에 따라 110~145달러 수준이고 '탐스 베어풋 하와이 투어(Tom's Barefoot Hawaii Tours)' 등의 여행사나 머무는 호텔의 컨시어지 데스크를 통하면 예약할 수 있다.

할레아칼라 국립공원의 다운힐 바이킹 투어는 업체에 관계없이 일반적으로 다음과 같은 순서로 진행된다.

1단계 새벽 2~3시경 투어업체의 셔틀버스가 호텔로 픽업하러 온다. 방수 점퍼와 헬멧, 장갑 등 다운힐 바이킹에 필요한 장비를 건네받고 버스나 투어 업체 사무실에서 안전 관련 교육 비디오를 시청한다.

2단계 할레아칼라 국립공원 정상까지 투어 업체의 버스를 타고 올라가 정상의 해돋이를 감상한다.

3단계 버스로 돌아가 옷과 장비를 갖춰 입고 자전거를 배당받은 후, 열 명이 한 팀을 이루어 팀장을 따라 자전거를 타고 내려가기 시작한다. 구급약과 카메라를 챙겨 든 스태프들이 소형 버스를 타고 뒤따라온다.

4단계 경치 좋은 곳에 수시로 멈춰 사진도 찍으며 숨을 돌린다. 점심 또는 브런치는 할레아칼라 국립공원 안에 있는 레스토랑에서 먹는다.

5단계 38마일(61km)에 이르는 다운힐 바이킹은 할레아칼라 국립공원의 입구, 바다가 보이는 곳에서 끝난다. 다 내려와서 산 위를 돌아보면 정녕 이 높은 산을 자전거로 내려왔다는 것이 믿기지 않을 것이다.

⊕ 탐스 베어풋 하와이 투어

주소 250 Alamaha St. Kahulu 오픈 07:00~21:30 전화 877-489-3061 홈피 www.tombarefoot.com

TIP

산 정상은 콧물이 줄줄 흐를 정도로 쌀쌀하지만 지상에 가까워질수록 기온은 금방 제자리를 찾습니다. 속옷 위에 내복, 내복 위에 긴팔 티셔츠, 티셔츠 위에 방수 점퍼, 이런 식으로 껴입어야 나중에 기온에 따라 한 겹씩 옷을 벗을 때 편리해요. 벗은 옷은 뒤따라오는 차에 타고 있는 스태프가 받아줍니다. 햇빛이 강하므로 선글라스와 선크림, 모자도 챙겨 가는 것이 좋아요.

03

바람과 하나 되어 파도를 타는

윈드서핑 *Windsurfing*

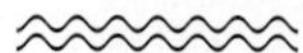

마우이는 고래 구경과 함께 윈드서핑에도 가장 이상적인 하와이 섬이다. 후키파 비치 파크(p.248)는 전문 서퍼들이 열광하는 윈드서핑의 메카이지만, 초보 서퍼 강습은 카훌루이 공항 근처의 카나하 비치(Kanaha Beach)에서 많이 이루어진다.

강습료는 보드 대여료를 포함해서 하루 두세 시간에 60~90달러 수준이며 일주일 내내 배우고 즐기는 패키지도 많다. 서핑과 마찬가지로 자유자재로 턴을 하기까지는 꽤 시간이 걸리지만, 초보 서퍼는 균형 잡기 편하도록 큰 보드에 작은 돛을 이용하기 때문에 운동 신경이 다소 둔해도 대부분 한 번 강습을 받고 나면 얼마간 안 넘어지고 파도를 탈 수 있다.

윈드서핑은 서핑에 비하면 강습하는 곳이 많지 않지만, 호텔 컨시어지를 통하면 인근의 믿을 만한 업체를 추천받을 수 있다. HST는 마우이에서 가장 오래된 윈드서핑 스쿨로 소규모 강습 또는 프라이비트 강습을 진행한다.

HST

주소 425 Koloa St. Kahului, HI 96732 전화 808-871-5423 홈피 www.hstwindsurfing.com

꼬마 친구들이 좋아하는

잠수함 투어 *Submarine Tour*

비용과 시간을 고려할 때 잠수함 투어는 어린이를 동반한 가족 여행객이나 수영을 못하는 경우에만 권할 만하다. 다만, 평소 좁은 공간이나 답답한 장소에 있는 것을 싫어한다면 밀폐된 공간에, 그것도 바다 아래 120피트(36m)나 되는 곳에서 한 시간 가량 있는 것이 버거울 수 있다.

애틀랜티스 서브머린(Atlantis Submarine)은 오아후 외에 마우이와 빅아일랜드에서도 성업 중인 하와이 유일의 잠수함 투어 업체다. 이 업체에서 많은 돈을 들여 제작한 인공 산호초에 몰려드는 수많은 열대어는 특히 아이들의 시각과 상상력을 자극한다. 잠수함 내부는 에어컨이 잘 가동되고 공기도 상쾌한 편이어서 밀폐되어 있다는 느낌이 들지 않고, 흔들림이 거의 없어 멀미도 나지 않았다. 탑승객 전원이 창문 바로 옆에 앉도록 되어 있어 은근한 자리다툼을 벌일 필요도 없다. 투어는 매일 네 차례 진행한다. 가격은 1시간 40분 투어에 약 125달러 내외다. 홈페이지를 통해 예약을 하면 10퍼센트 할인 혜택을 받을 수 있고, 공항에서 구할 수 있는 각종 쿠폰북에도 할인 쿠폰이 많다.

➕ 애틀랜티스 서브머린

전화 1-800-381-0237 홈피 atlantisadventureskr.com(한국어 홈페이지)

05

할레아칼라 국립공원 대탐험

피피와이 트레일 *Pipiwai Trail*

할레아칼라 국립공원 내에 있는 하이킹 코스로 간혹 경사진 곳이 있지만 전체적으로 평탄해 온 가족이 즐기기 좋다. 연못과 대나무숲, 반얀 트리, 울창한 숲이 2마일 가량 이어지며 하이킹의 끝에는 와이모쿠 폭포(Waimoku Fall)가 기다리고 있다. 안전상의 이유로 와이모쿠 폭포에서의 수영은 전면 금지되어 있다. 간혹 규율을 무시하고 물에 들어가거나 점프를 하는 이들이 있지만 생각보다 안전사고가 많은 만큼 이곳에서 수영은 절대 금물이다.

할레아칼라 국립공원 내에 위치해 있어서 공원 입장료(차량 1대당 25달러)를 내야 한다. 입장권은 3일간 유효하다. 새벽 해돋이를 보는 날까지 3일 안에 방문한다면 입장료를 한 번만 내면 되니 유용하다. 트레일 대부분이 그늘이긴 하지만 선크림과 모기약은 반드시 활용하는 것이 좋다. 보통 걸음으로 두세 시간 정도 소요된다.

위치 할레아칼라 국립공원(p.241) 내부에 위치

지도 p.259, 맵북 p.5 Ⓛ

TIP

할레아칼라 국립공원 공식 홈페이지(nps.gov/hale)에 가면 기후에 따라 개방 또는 폐쇄된 하이킹 코스를 확인할 수 있다. 매주 일요일 오전에 진행하는 피피와이 무료 가이드 투어도 예약할 수 있다.

06

만족도 별 다섯 개
마우이 골프 *Maui Golf*

마우이 골프장은 코스 수준과 주변 경관 모두 세계 정상을 달린다. 그 가운데 만족도가 높은 골프장을 선별했다.

요금 기준 $** 50달러 **$$** 50~150달러 **$$$ 150달러 이상

코스 이름	특징 & 그린피	문의
카팔루아 리조트의 플랜테이션 & 베이 코스 Kapalua Resort, Plantation & Bay	더 이상 설명이 필요 없는 자타 공인 하와이 최고의 골프 코스. 우리나라의 현대자동차가 2011년부터 3년간 타이틀 스폰서로서 카팔루아의 플랜테이션에서 열리는 PGA 개막전을 후원한다. – 플랜테이션 $$$, 베이 코스 $$$	**주소** 2000 Plantation Club Dr. Lahaina **전화** 800-527-2582 **홈피** www.kapalua.com
듄즈 앳 마우이 라니 코스 The Dunes at Maui Lani Course	평균 수준의 그린피에 비해 코스의 난이도와 아름다움은 평균을 훌쩍 뛰어넘는 코스. 마우이에서 가장 최근에 생긴 코스지만 이미 상당수의 고정 팬을 확보했다. – $$	**주소** 1333 Maui Lani Pkwy, Kahului **전화** 808-873-0422 **홈피** www.dunesatmauilani.com
와일레아 리조트의 올드블루 · 골드 · 에메랄드 코스 Wailea Resort, Old Blue, Gold, Emerald Course	'고민하는 골퍼를 위한 코스'라는 별명이 붙어 있을 정도로 까다로운 코스. 우아하고 품위 있는 코스 인테리어로도 정평이 나 있다. – 골드&에메랄드 $$$, 올드 블루 코스 $$ – 그랜드 와일레아 리조트 투숙 시 약 15%, 마우이 주요 리조트 투숙 시 약 10% 할인 – 코스별로 시작 시간이 다른 트와일라이트 요금은 홈페이지에서 확인 가능	**주소** 100 Wailea Golf Club Dr. Wailea **전화** 808-885-8053 **홈피** www.waileagolf.com
카힐리 골프장 Kahili Golf Club	초보 골퍼에게 추천하고 싶은 알찬 코스. 할레아칼라 산을 배경으로 펼쳐지는 전경은 눈물 겨울 만큼 감동적이다. – $$ – 12:00 이후 트와일라이트 요금 적용	**주소** 2500 Honoapiilani Hwy. Wailuku **전화** 808-242-4653 **홈피** www.kahiligolf.com
포 시즌 리조트의 더 챌린지 앳 마넬레 Four Seasons Resort, The Challenge at anele	세계 100대 골프장 가운데 하나로 랭크된 바 있는 하와이 최고의 골프장 가운데 하나로, 잭 니클라우스가 디자인한 아름답고도 정교한 코스가 매력적이다. 마우이 섬에서 페리를 타고 들어가야 하는 라나이 섬에 위치해 있다. 페리와 셔틀은 골프장 예약 시 함께 예약할 수 있다. – $$$	**주소** 730 Lanai Ave. Lanai City **전화** 808-565-2222 **홈피** www.fourseasons.com

마우이에서 놓칠 수 없는 **쇼핑** BEST 5

하와이에서 쇼핑을 하기에 가장 좋은 섬은 오아후지만
빅아일랜드나 카우아이와 비교하면 마우이 역시 훌륭하다.
마우이를 대표하는 쇼핑 지역이라면 다음 다섯 곳을 꼽을 수 있다.

퀸 카후마누 센터 Queen Kaahumanu Center

마우이에서 규모가 가장 큰 쇼핑몰로 100개 이상의 상점과 영화관 푸드 코트가 입점해 있다. 미국의 대중적인 백화점인 메이시(Macy's)와 시어스(Sears)도 있다. 쇼핑센터 1층에서는 매주 화 · 수 · 금요일에 파머스 마켓이 열린다.

교통 마우이 버스 1, 2, 5, 6, 10, 20, 35, 40번 주소 275 W Kaahumanu Ave. Kahului 오픈 월~토요일 09:30~21:00, 일요일 10:00~17:00 전화 808-877-0788 홈피 www.queenkaahumanucenter.com 지도 맵북 p.5 ⓒ

숍스 앳 와일레아 The Shops at Wailea

웨일러스 빌리지와 마찬가지로 많은 리조트 사이에 위치한 옥외 쇼핑몰로 웨일러스 빌리지가 카아나팔리 지역에 자리한 반면 숍스 앳 와일레아는 와일레아 지역에 자리해 있다. 루이 비통, 티파니, 갭, 바나나 리퍼블릭 등의 잘 알려진 브랜드와 마우이에만 있는 마우이 고유 브랜드 상점 50여 개가 입점해 있다.

교통 마우이 버스 10번 주소 3750 Wailea Alanui Drive, Wailea 오픈 09:30~21:00 전화 808-891-6770 홈피 www.theshopsatwailea.com 지도 맵북 p.4 Ⓙ

웨일러스 빌리지 Whaler's Village

카아나팔리에 있는 웨일러스 빌리지는 옥외 쇼핑몰로 70여 개의 브랜드 숍이 입점해 있다. 특히 비치 웨어를 판매하는 숍이 많고 30분마다 마우이 서부의 거의 모든 리조트와 남부의 주요 리조트를 순환하는 무료 셔틀버스를 운행한다. 웨일러스 빌리지 바로 뒤로 카아나팔리 비치가 있어서 수영복을 입고 쇼핑하러 다니는 사람이 눈에 많이 띈다.

교통 마우이 버스 25번 주소 2435 Ka'anapali Pkwy, Lahaina 오픈 09:30~22:00 전화 808-661-4567 홈피 www.whalersvillage.com 지도 맵북 p.4 Ⓔ

아울렛 오브 마우이 Outlets of Maui

2013년 12월, 라하이나에 문을 연 더 아울렛 오브 마우이는 총 80여 개 상점이 입점해 있는 아울렛 몰로, 유서 깊은 라하이나 건물을 재개조해 쇼핑몰로 꾸몄다. 오아후 섬에 위치한 와이켈레 프리미엄 아울렛에 비하면 규모도 작고 입점한 상점 수도 적지만 갭, 코치, 게스, 캘빈 클라인 같은 인기 상점이 많아 들러볼 만하다. 아울렛 몰이라 상시 할인된 가격의 상품을 만날 수 있지만 추수감사절을 비롯한 세일 시즌에 방문하면 더욱 큰 할인폭을 기대할 수 있다.

교통 마우이 버스 20, 25번, 라하이나 캐너리 셔틀 주소 900 Front St. Lahaina 오픈 09:30~22:00 전화 808-661-8277 홈피 www.outletsofmaui.com 지도 맵북 p.4 Ⓔ

마우이 몰 Maui Mall

공항에서 5분 거리에 자리한 마우이 몰은 마우이 공항에서 렌터카를 픽업해 들르면 좋다. 이름은 몰이지만 백화점이라기엔 규모가 너무 작다. 대신 슈퍼마켓, 롱스 드럭스(Longs Drugs)와 홀푸즈(Whole Foods)가 마우이 몰 내에 있다. 하와이 전역에 있는 롱스 드럭스는 약과 비타민류가 주력상품이지만 그외 스낵류와 아이들 장난감, 문구류, 주류, 기념품 등을 저렴한 가격에 구입할 수 있다. 홀푸즈 마켓은 유기농식품 전문 매장으로 간단히 식사를 해결하거나 하나로 가는 길, 또는 캠핑 갈 때 간단한 먹거리나 도시락을 사기에 좋다. 매주 일요일 11시에는 훌라쇼를 관람할 수 있다.

교통 마우이 버스 6, 35, 40번 주소 70 E Kaahumanu Ave. Kahului 오픈 07:00~21:00 전화 808-877-8952 홈피 www.mauimall.com 지도 맵북 p.5 Ⓓ

⊕ 롱스 드럭스

오픈 07:00~24:00 전화 808-877-0041

⊕ 홀푸즈 마켓

오픈 08:00~21:00 전화 808-872-3310

TIP

마우이 몰 홈페이지(www.mauimall.com/coupons.html)에 접속하면 마우이 몰 내에서 사용할 수 있는 쿠폰을 다운받을 수 있어요.

싱싱한 채소와 과일을 저렴하게
마우이의 파머스 마켓

파머스 마켓은 하와이 모든 섬 중 마우이에 가장 많다. 마우이 농부들이 직접 재배한 싱싱한 과일과 야채는 물론이고 화초, 직접 만든 드레싱과 빵, 쿠키, 잼류도 쉽게 볼 수 있다. 특히 마우이의 유명한 파인애플을 매우 저렴한 가격에 살 수 있고 파파야나 작은 크기의 애플 바나나도 자주 등장한다.

⊕ 마우이 프레시 프로듀스 파머스 마켓 Maui's Fresh Produce Farmers Market

위치 퀸 카후마누 센터(p.277) 오픈 화 · 수 · 금요일 08:00~16:00 전화 808-871-1307

⊕ 마우이 몰 파머스 마켓 앤 크래프트 페어 Maui Mall Farmers Market & Craft Fair

위치 마우이 몰(p.278) 오픈 화 · 수 · 금요일 07:00~16:00 전화 808-871-1307

⊕ 파머스 마켓 오브 마우이-호노코와이 Farmers' Market of Maui-Honokowai

위치 하쿠 헤일 플레이스(Haku Hale Place) 인근 호노코와이 비치 파크(Honokowai Beach Park) 맞은편 오픈 화 · 수 · 금요일 07:00~11:00 전화 808-669-7004

⊕ 파머스 마켓 오브 마우이-키헤이 Farmers Market of Maui-Kihei

위치 수다 스토어(Suda Store), 키헤이 로드(Kiehi Rd.)에 위치 오픈 월~화요일 08:00~16:00 전화 808-875-0949

마우이를 대표하는 **맛집**
BEST 11

금강산도 식후경? 마우이도 식후경!
할레아칼라 국립공원도 좋고 하나로 가는 길도 좋지만
빈속으로는 그 어떤 절경도 눈에 들어오지 않는다.
맛 좋기로 소문난 마우이의 레스토랑을 모두 모았다.

가격 표시($–$$$)
1인분 기준으로 메인 요리 하나에 샐러드나 애피타이저 한 가지를 주문했을 때 기준으로 표기했습니다.
$** 15달러 이하 **$$** 15~30달러 **$$$ 30달러 이상

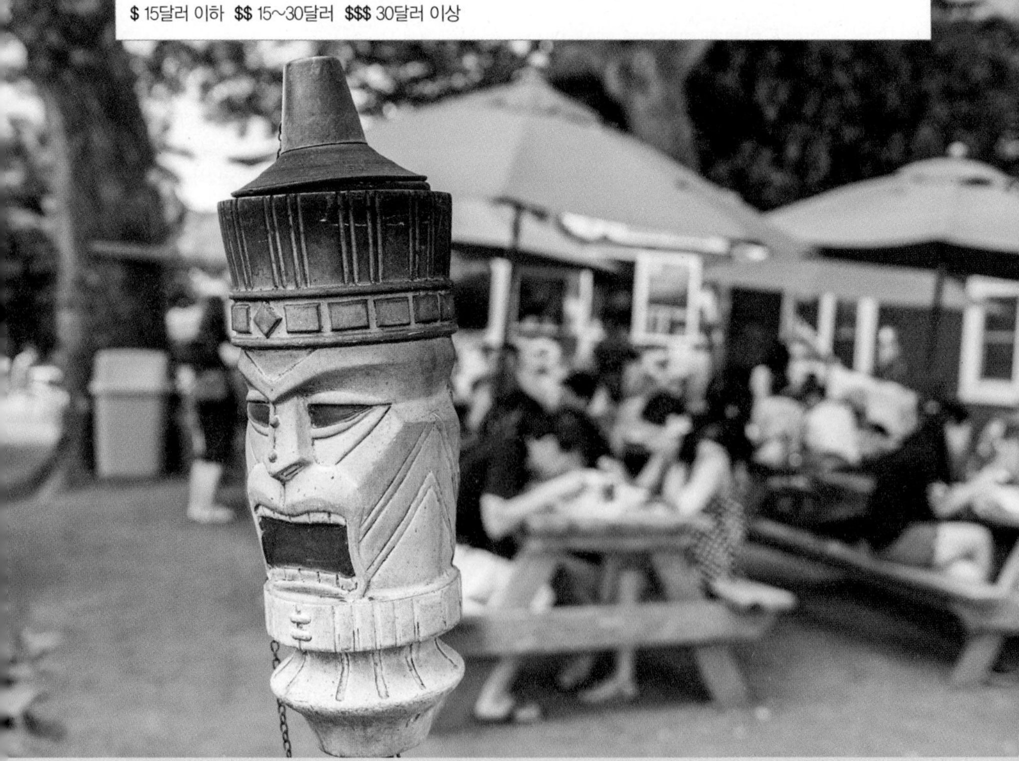

틴 루프 마우이 Tin Roof Maui

$~$$ 하와이안 퓨전

미국의 인기 리얼리티 프로그램인 탑 셰프(Top Chef)에 출연해 인기를 모은 주방장 셸던 사이먼(Sheldon Simeon)의 손맛을 보기 위해 각지에서 온 손님들로 문전성시를 이루는 식당. 베스트셀러는 맛깔스런 양념에 버무린 신선한 참치 회가 흰 쌀밥과 함께 제공되는 포케 볼(Poke Bowl)이다. 흰 쌀밥은 1달러 추가 시 현미밥, 4달러 추가 시 케일 샐러드나 국수로 대체 가능하다. 한국의 고추장 소스로 맛을 낸 매운 닭가슴살 샌드위치(Spicy Chicken Breast Sandwich)도 인기 메뉴다.

주소 360 Papa Pl. Kahului 전화 808-868-0753 홈피 www.tinroofmaui.com 지도 맵북 p.4 Ⓕ

브레키 보울 Brekkie Bowls

$~$$ 디저트

키헤이의 자그마한 상가 쇼핑센터 안에 있는 아사이볼 트럭. 화사한 미소로 반기는 마우이 현지인 종업원이 제철 과일과 꿀, 그래놀라 등의 천연 재료만을 이용해 모든 메뉴를 만들어 제공한다. 넉넉한 사이즈라 비치 가는 길에 사서 아침식사 대용으로 먹기에 그만이다.

주소 300 Ohukai Rd. Kihei (네비게이션에는 Makena Crossfit 으로 입력하는 것이 찾기 편하다.) 전화 808-280-8232
홈피 www.brekkiebowlsmaui.com 지도 맵북 p.4 Ⓕ

할리이마일레 제너럴 스토어 Haliimaile General Store

$$~$$$ 하와이안 퓨전

하와이 전통 요리를 한 단계 업그레이드 시켰다고 평가받는 퓨전 레스토랑. 하와이를 대표하는 레스토랑 로이즈나 앨런 웡스보다 신선한 마우이산 식재료를 쓰고 멋진 프레젠테이션까지 선보이는데 가격은 훨씬 합리적이다. 그날 잡은 신선한 생선으로 만드는 프레시 캐치 샌드위치(fresh-catch sandwich)가 가장 유명하다. 할레아칼라 정상에서 해돋이를 보고 내려오는 길에 들르기 좋다.

주소 900 Haliimaile Rd. Makawao 전화 808-572-2666 홈피 www.hgsmaui.com 지도 맵북 p.5 Ⓖ

마마즈 피시 하우스 Mama's Fish House

$$~$$$ 하와이안 퓨전

세계적인 레스토랑 가이드북 자갓 서베이가 여러 해에 걸쳐 '마우이 제일의 레스토랑'으로 선정한 곳. 마우이에서 가장 신선한 생선 요리를 먹을 수 있다. 가격이 저렴하진 않지만 마우이 바다에서 갓 잡아 올린 생선을 바로 요리해 돈이 아깝지 않은 맛을 선사한다. 저녁보다는 점심 메뉴가 부담 없이 맛보기 좋고 가격도 합리적이다.

주소 799 Poho Pl, Paia 전화 808-579-8488 홈피 www.mamasfishhouse.com 지도 맵북 p.5 Ⓖ

마음까지 따뜻하게 해주는 힐링 커피 한 잔

그랜마스 커피 하우스 Grandma's Coffee House

100여 년 전인 1918년, 마우이에 사는 한 할머니가 문을 연 이래 4대째 대를 잇고 있는 커피숍. 부엌에 족히 100년은 됐음직한 로스팅 기계가 있다. 할레아칼라 산자락에 있는 그랜마스 커피 농장에서 살충제를 쓰지 않고 재배한 유기농 커피를 이 앤티크 로스터에 볶아 매일 아침 새로 내린다. 향긋한 마우이 커피가 담긴 묵직한 머그잔을 앞에 놓고 오래도록 담소를 나누는 마을 주민들의 모습이 정겹다.

WORLD'S GREATEST GRANDMA

주소 9232 Kula Hwy, Kula 전화 808-878-2792
홈피 www.grandmascoffee.com 지도 맵북 p.5 Ⓚ

산세이 레스토랑 앤 스시 바 Sansei Restaurant & Sushi Bar

$$~$$$ 일식 퓨전

마우이에서 괜찮은 일식당을 찾는 건 서울에서 그럴듯한 아프리카 음식점을 찾는 것만큼 어려운 일이다. 유명 호텔이나 리조트에 가면 고급 일식당을 쉽게 찾을 수 있지만, 가볍게 즐길 수 있는 곳은 많지 않다. 빅아일랜드나 카우아이에서도 마찬가지. 그래서 일식 퓨전을 선보이는 산세이 레스토랑의 존재가 더 빛을 발한다. 수많은 메뉴 중 주목할 것은 애피타이저. 달달한 고추장 드레싱의 칼라마리 샐러드(Japanese Calamari Salad), 새콤달콤한 폰즈 소스의 하와이 참치회와 마우이 양파 요리(Ahi Tataki), 미소 된장과 마늘 양념으로 구운 왕새우(Broiled Miso Garlic Prawn) 등의 애피타이저를 모두 10달러 전후로 맛볼 수 있다. 마우이에서는 키헤이 점과 카팔루아 점 두 곳에서 맛볼 수 있다.

주소 1881 South Kihei Road(키헤이 점), Kapalua Resort, 600 Office Road(카팔루아 점) 전화 808-879-0004(키헤이 점) 808-669-6286(카팔루아 점) 홈피 www.sanseihawaii.com 지도 맵북 p.4 Ⓐ, Ⓕ

타이 셰프 Thai Chef

$~$$ 태국식

마우이 일간지가 선정한 '베스트 태국 식당'과 '베스트 아시안 레스토랑'에 몇 년째 고정으로 꼽히고 있는 태국 요리 전문점. 비교적 저렴한 가격으로 맛있는 태국 음식을 먹을 수 있다. 팟타이(Phat Thai)나 얌(Tom Yum) 같은 정통 태국 요리에서 오파카파카 찜(Pink Snapper Ginger Sauce)같이 하와이 생선을 이용한 하와이식 태국 요리까지 메뉴가 80여 가지에 이른다. 랍스터만 주문하지 않는다면 대체로 만족스럽게 배를 두드리며 나설 수 있다.

주소 880 Front St, Suite A-12, Lahaina 전화 808-667-2814 홈피 www.thaichefrestaurantmaui.com 지도 맵북 p.4 Ⓔ

TIP

주문할 때 웨이터가 마일드(mild), 미디엄(medium), 스파이시(spicy) 중 어느 정도로 맵게 요리할지 물을 텐데요. 이 때 말한 미디엄은 흔히 생각하는 평범한 미디엄이 아니예요. 마일드가 신라면, 미디엄은 청양고추 팍팍 넣은 불닭볶음면 정도의 매운 맛이라고 봐야 해요.

808 그라인즈 카페 808 Grindz Cafe

$ 아메리칸

이곳을 찾는 손님의 99퍼센트는 다음 두 음식 중 하나를 주문하거나 둘 다 주문한다. 바로 하우스 메이드 소스를 곁들인 마카다미아 팬케이크(Mac Nut Pancake with Mac-Nilla Sauce), 그리고 도톰한 소고기 패티에 그레이비 소스가 듬뿍 뿌려져 있는 홈메이드 로코 모코. 특히 마카다미아 팬케이크의 인기가 대단하다. 주말이면 오전 7시 오픈 전부터 가게 앞에 대기줄이 길게 생기곤 한다.

주소 843 Wainee St. Lahaina 전화 808-868-4147 홈피 www.808grindzcafe.com 지도 맵북 p.4 Ⓔ

마우이 셰프 테이블 Maui Chef's Table

$$$ 하와이안 퓨전

마우이 셰프가 마우이의 제철 재료를 이용해 저녁 코스 요리를 차려준다면? 홈페이지를 통해 1인당 150달러를 결제하고 예약 당일 식당에 가면 대여섯 가지의 코스 요리가 빵, 커피와 함께 제공된다. 음식의 맛도 훌륭하지만 상쾌한 마우이 밤 공기 속에서 큰 테이블에 함께 앉은 옆자리 여행자 또는 주민과 나누는 시간은 특별하다. 일주일에 단 하루, 토요일 저녁 시간만 운영한다. 식사 소요 시간은 넉넉히 두 시간 반 정도 예상해야 한다. 티켓 가격에 식사에 대한 팁이 포함돼 있고, 와인이나 맥주, 칵테일은 식사 때 주문 가능하다. 마우이 열대 플렌테이션(Maui Tropical Plantation) 내 위치한다. 예약은 필수이며, 10살 이하 어린이는 입장할 수 없다.

주소 1670 Honoapi'ilani Hwy., Waikapu 전화 808-270-0333 홈피 www.mauichefstable.com 지도 맵북 p.4 Ⓕ

펄즈 코리안 바비큐 Pearl's Korean BBQ

$ 한식

마우이 대표 쇼핑몰인 퀸 카아후마누 쇼핑센터 내 푸드코트에 자리 잡고 있다. 비교적 저렴한 가격에 갈비, 닭고기, 고기전, 생선전, 김치찌개 등을 맛볼 수 있어 주머니 가벼운 여행자들도 한끼 배부른 식사를 즐길 수 있다. 한식만 있는 것은 아니다. 하와이식 햄버거라고 할 수 있는 로코 모코도 주문할 수 있다.

주소 275 W Kaahumanu Ave, Kahului 전화 808-877-0788
홈피 www.queenkaahuman ucenter.com 지도 맵북 p.4 Ⓕ

플랜테이션 하우스 The Plantation House

$$~$$$ 하와이안 퓨전

마우이에서 가장 근사한 아침식사를 맛볼 수 있는 식당이다. 싱싱한 게살을 바른 뒤 동글동글 햄버거처럼 빚어서 보드라운 잉글리시 머핀 위에 올리고, 그 위에 계란과 치즈를 담요처럼 덮은 크랩 케이크 베네딕트(Crab Cake Benedict), 연어와 케이퍼로 만든 연어 베네딕트(Salmon Lox Benedict) 등 기분 좋은 아침을 열어줄 대표 메뉴가 많다. 런치 메뉴 중에는 피시 샌드위치(Fresh Hawaiian Fish Sandwich)를 추천한다.

주소 2000 Plantation Club Dr. Lahaina 전화 808-669-6299 홈피 www.theplantationhouse.com 지도 맵북 p.4 Ⓐ

찰리스 Charley's

$~$$ 아메리칸

전형적인 미국의 동네 레스토랑. 샌드위치, 햄버거 스테이크, 미트볼 스파게티 등 미국 요리 하면 생각나는 모든 음식을 만날 수 있다. 하나로 가는 길 초입에 위치해 있으며 오전 일찍 열기 때문에 본격적인 드라이브를 시작하기 전에 아침식사를 해결하기 적당하다.

주소 142 Hana Hwy, Paia 전화 808-579-8085 홈피 www.charleysmaui.com 지도 맵북 p.4 Ⓕ

파라다이스의 실사판
라나이에서 보낸 주말

파라다이스가 지구상에 존재한다면 이런 모습일까.
호놀룰루에서 비행기로 25분, 마우이에서 배로 45분을 달리면 수평선 너머로 작은 섬이 나타난다. 총인구 3,001명. 섬 어디에도 신호등은커녕 그 흔한 스톱 사인 하나 없다. 대신 드높은 하늘과 끝없이 펼쳐진 해변이 이 어여쁜 섬을 호위하고 있다.
라나이에는 오로지 단 한개의 마을, 라나이 시티(Lanai City)가 있다. 마을 안으로 들어서면 야자수보다 작은 키에 고만고만한 몸집의 주택과 상점들이 사이좋게 어깨를 나란히 하고 있고, 토요일에 열리는 파머스 마켓에 가면 이 마을의 주요 인물들을 모두 만날 수 있다. 이를테면 시골 마을마다 으레 있는 목소리 크고 인심 좋은 할머니와 갓 수확한 파인애플을 앞에 놓고 하얀 이를 드러내며 웃는 농부 아저씨, 코흘리개 꼬마들 같은.
이렇게 한국의 옛 시골 마을을 연상케하는 순박함이 라나이의 한 면이라면, 다른 한 면에는 최고급 럭셔리

휴가의 진수를 경험할 수 있는 럭셔리 휴양지의 모습이 있다. 세계의 부호들과 헐리웃의 셀럽들이 전용 항공기를 타고 와 하와이에서 가장 호화로운 휴가를 보내는 곳이 바로 여기 라나이 섬이다. 섬 남부 해안에 위치한 포시즌 리조트 로비에서는 그 어떤 하와이 호텔에서도 볼 수 없던 태평양의 황홀경을 즐길 수 있고 리조트 주변으로는 흡사 아담과 이브가 뛰어놀 법한 에덴동산이 연상되는 넓고 푸른 열대 정원이 조성되어 있다.

라나이는 오라클 그룹의 창업자이자 억만장자인 래리 엘리슨의 소유다. 개인의 소유라고는 하지만 섬 어디에서도 그런 흔적은 찾아보기 힘들다. 라나이의 가장 큰 자랑인 반짝이는 모래사장은 누구에게나 열려 있다. 주민들은 경계심이라곤 없이 이방인에게도 친근한 미소를 지어보이고 거리에서 만난 순한 고양이들은 낯선 방문자에게 쉽게 곁을 내준다. 하이킹을 하면서는 사슴을, 해변에 가서는 거북이와 눈인사를 한다.

때묻지 않은 자연을 찾아, 낭만을 찾아 방문한 라나이 여행을 더욱 알차게 만들 방법을 아래에 정리했다.

푸우페헤 일출 Sunrise at PuuPehe

푸우페헤는 라나이 최고의 포토 스폿이다. 직접 가보면 그 이유를 단박에 알 수 있다. 가벼운 하이킹 끝에 눈앞에 펼쳐지는 태평양 바다와 깎아지른 듯한 절벽 앞에서는 할 말을 잃게 된다. 포시즌 리조트의 앞바다인 훌로포에 비치에서 남동쪽으로 도보 15분 거리에 있다. 투숙객이 아니더라도 자유롭게 푸우페헤를 방문할 수 있다.

우아한 아침식사 Breakfast at One Forty

동이 트고 난 후 평화로운 기운이 가득한 태평양 바다를 바라다보며 먹는 아침식사는 특별하다. 라나이 포시즌 리조트 내 자리한 레스토랑 원 포티는 뷔페식 아침식사를 제공한다. 갖가지 하와이 과일과 인근 농장에서 공수한 유기농 유제품, 하와이식 로코모코, 한식과 일식 약간도 준비된다. 아침식사는 6시 30분부터 11시, 저녁은 오후 6시부터 9시까지 연다. 예약은 필수다.

주소 1 Manele Bay Rd., Lanai City 전화 808-565-2000 홈피 www.fourseasons.com/lanai/dining

토요일엔 파머스 마켓 farmers market on Saturday

매주 토요일 오전 8시부터 12시까지 라나이 시티에 위치한 돌 공원(Dole Park)에서 열린다. 규모는 크지 않지만 라나이 섬에서 자란 귀하고 싱싱한 식재료나 과일을 인근 마켓보다 저렴한 가격에 구입할 수 있다. 라나이에서 일상을 살아가는 주민을 만날 수 있으며 그들의 삶에 보탬이 된다는 점에서도 의미가 있다.

포시즌 리조트의 사격 연습장 Lanai Archery and Shooting Range

라나이 섬의 아름다운 수풀림 속에서 생애 처음으로 시도한 사격은 생각보다 어렵지 않았고 생각보다 재미있었다. 주말에도 한산하므로 어린이라도 나이에 관계없이, 총을 제대로 들 수만 있다면 차근차근 배울 수 있다. 사격장은 포시즌 리조트에서 운영하며 이용하기 위해선 사전 예약해야 한다.

주소 1 Keomoku Hwy. Lanai City, HI 96793 전화 808-565-2072

라나이의 고양이 보호소 Lanai Cat Sanctuary

길 잃은 야옹이들의 집으로, 500여 마리의 고양이들이 이곳 라나이 섬의 고양이 집에서 살아가고 있다. 비영리기관이며, 방문객들의 기부금으로 운영된다. 라나이까지 와서 웬 고양이냐 싶겠지만, 고양이를 좋아하는 냥이 애호가라면 라나이의 바닷가 못지않게 이곳에서 감동을 받을 것이다.

전화 808-215-9066 홈피 www.lanaicatsanctuary.org

포시즌 리조트 라나이
Four Seasons Resort Lanai

라나이에는 총 세 개의 숙박 시설이 있다. 호텔 라나이와 두 개의 포시즌 리조트가 그것. 호텔 라나이는 열한 개의 룸을 보유한 아담한 비앤비 느낌의 숙소로 그다지 특별할 것 없는 작고 깨끗한 호텔이다. 다음은 포시즌 리조트. 이 작은 섬에 대찬 규모의 세계적인 리조트가 두 개나 있다는 사실이 놀랍다. 두 곳 모두 래리 엘리슨이 섬을 매입한 이후 대대적인 리노베이션에 들어갔고 그 중 훌로포에 비치에 인접한 포시즌 리조트가 2015년에 먼저 재개장했다. 평균 약 20평을 넘는 210여 개의 객실은 우아하고 섬세한 하와이 인테리어로 꾸며져 있다.

세계 최대의 파인애플 농경지로 하와이 사람들만 알던 섬 라나이가 '셀럽의 휴양지'로 변신, 유명세를 탄 것은 빌 게이츠 마이크로 소프트 창립자가 1994년 멜린다 게이츠와 결혼식을 위해 섬을 통째로 빌리면서다. 당시 게이츠 커플이 예식을 올린 곳은 포시즌 리조트의 마넬레 골프 코스로, 태평양 바다가 사방을 둘러싸고 있는 12번 홀에서 웨딩을 진행했다. 마넬레 골프 코스는 매 홀에서 저멀리 마우이와 카호올라웨 섬을 내려다 볼 수 있으며 겨울철에는 페어웨이에서도 고래를 관람할 수 있다. 라나이 포시즌 리조트의 숙박료는 가장 저렴한 등급의 객실이 1박에 무려 1,000달러를 호가해 하와이에서 가장 비싼 축에 든다. 그럼에도 불구하고 다시없을 특별한 하와이 여행을 꿈꾸는 세계 여행자들의 발길이 끊이지 않는다. 숙박을 하지 않더라도 리조트 내 레스토랑이나 바에서 해질 무렵의 칵테일 한잔은 즐겨볼만 하다.

홈피 www.fourseasons.com/kr/lanai

Aloh

대자연의 숨결을 느낄 수 있는 섬

빅아일랜드

ABOUT BIG ISLAND

빅아일랜드는 어떤 곳일까?

붉은 용암을 내뿜는 활화산 분화구, 장엄한 해돋이 풍경이 일품인 휴화산, 지구에서 관측 가능한 별의 90퍼센트를 볼 수 있는 세계적인 천문대가 있는 빅아일랜드(Big Island)는 하와이에서 가장 드라마틱한 자연경관을 만날 수 있는 곳이다. 섬 크기는 오아후와 마우이, 카우아이 섬을 합친 것보다 훨씬 크며, 크기 만큼이나 기후도 다양하다. 섬 동쪽에 있는 힐로는 열대우림에 속해 하루에도 몇 번씩 비가 쏟아지지만, 서쪽의 코나는 항상 맑고 건조하며 밝고 따스한 기운이 가득해 세계적인 커피 열매 산지로도 유명하다. 하와이 화산 국립공원 내에 위치한 킬라우에아 분화구는 세계에서 가장 활발한 활화산으로 지금 이 순간에도 섭씨 1000도가 넘는 붉은 용암을 품고 있다.

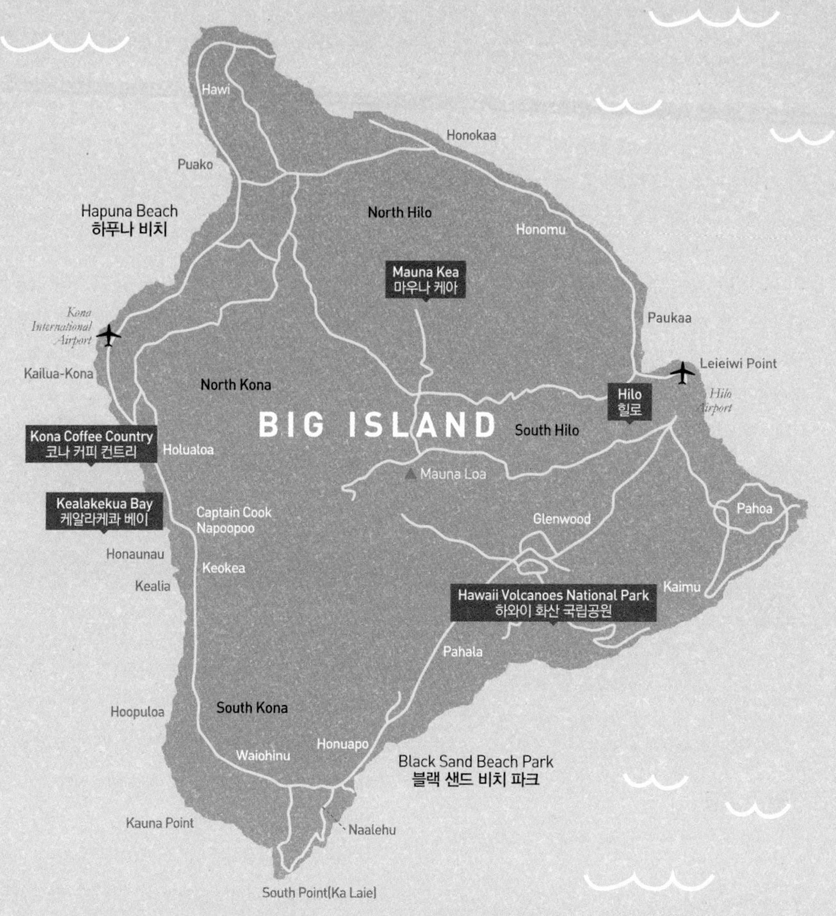

ALL ABOUT BIG ISLAND

별명 빅아일랜드. 진짜 이름은 '하와이'다. 하지만, 하와이라고 하면 하와이 제도와 혼동하기 쉬워 '빅아일랜드'라는 별칭으로 더 많이 불린다.

면적 약 4028제곱마일(1만 470㎢). 제주도의 약 7배 크기

인구 약 19만 명

주요 도시 코나(Kona), 힐로(Hilo)

빅아일랜드의 매력 코나 커피, 마카다미아 너트, 장엄한 자연경관

HOW TO GO TO BIG ISLAND

빅아일랜드 가는 방법

빅아일랜드에 가려면 일단 오아후에 내려서 주내선 비행기로 갈아타야 한다(약 40분 소요). 성수기에는 서둘러야 저렴한 항공권을 구할 수 있지만, 급하게 예약해도 좌석은 있다. 항공권은 여행사를 통하는 것보다 아래에 소개한 항공사의 홈페이지에 직접 접속해 가격 비교 후 구매하는 것이 저렴하다.

빅아일랜드에는 공항이 세 개 있다. 여행객은 섬 서쪽의 코나 국제공항(Kona International Airport)을 가장 많이 이용한다. 그다음이 동쪽에 있는 힐로 국제공항(Hilo International Airport)이고, 와이메아코할라 공항(Waimea-Kohala Airport)은 주로 섬 주민의 통근용으로 쓰인다. 힐로에 머무는 경우를 제외하곤 코나 국제공항을 이용하는 것이 가장 편하다.

하와이안항공
홈피 www.hawaiianairlines.co.kr

모쿨렐레항공
홈피 www.mokuleleairlines.com

코나 국제공항
전화 808-329-3423 홈피 airports.hawaii.gov/koa

힐로 국제공항
전화 808-934-5801 홈피 airports.hawaii.gov/ito

하와이 공항 핫라인
전화 888-697-7813 홈피 www.hawaii.gov/dot/airports

대중교통

렌터카를 이용하지 않을 경우, 숙소까지는 택시보다 스피디셔틀(speedishuttle)을 이용하는 것이 저렴하다. 빅아일랜드 전 지역에 걸쳐 거의 모든 호텔과 리조트까지 왕복 운행하며 요금은 거리에 따라 책정한다. 홈페이지에 접속하면 미리 비용을 산정해볼 수 있고 예약도 가능하다.

스피디셔틀
전화 877-242-5777 홈피 www.speedishuttle.com

렌터카

렌터카를 픽업하기 위해서는 공항에서 셔틀버스를 타고 약 10분 내외면 닿을 수 있는 렌터카 업체 사무실로 이동하면 된다. 주요 호텔과 리조트 중에는 자체적으로 렌터카를 제공하는 곳이 많은데 그런 곳은 대체로 공항-호텔 간 셔틀버스를 무료로 제공한다.
빅아일랜드에서 운전할 때 알아둬야 하는 사항은 빅아일랜드에서 운전하기(p.296)를 참고하자.

BIG ISLAND PUBLIC TRANSPORTATION

빅아일랜드의 대중교통

빅아일랜드에는 여행자가 손쉽게 이용할 수 있는 대중교통 수단을 찾기 어렵다. 섬 전역을 아우르는 헬레 온 버스가 있긴 하지만 운행 편수가 너무 적고, 택시는 빅아일랜드의 광활한 자연을 둘러보기에는 비용이 너무 많이 든다. 가능하면 렌터카를 이용하는 것이 좋다.

헬레 온 버스 Hele On Bus

빅아일랜드에는 추천할 만한 대중교통이 없다. 빅아일랜드 카운티가 운영하는 헬레 온 버스가 있긴 하지만 정류장이 많지 않고 배차 간격이 길어 1분 1초가 아까운 단기간 여행자에게는 권하고 싶지 않다. 다만 빅아일랜드를 장기간 여행할 예정이며 운전을 피하고 싶다면 헬레 온 버스가 괜찮은 수단이 될 수도 있다.

헬레 온 버스를 이용한다면, 홈페이지에 있는 버스 배차 시간표를 참고해 정류장과 도착 시간을 미리 확인하는 것이 좋다. 참고로 힐로나 코나 공항은 가지 않는다.

전화 808-961-8744

홈피 www.heleonbus.org/schedules-and-maps

택시

코나 국제공항 또는 힐로 국제공항에서 짐을 찾고 나오면 대기 중인 택시를 쉽게 이용할 수 있다. 택시를 타고 리조트까지 이동한 후 빅아일랜드에 머무는 동안 각종 투어는 투어 업체의 픽업 서비스를 받을 수 있지만 비용이 만만치 않다. 그도 그럴 것이 빅아일랜드는 오아후와 마우이, 카우아이 섬을 모두 합친 것보다 훨씬 크기 때문에 어느 곳으로 이동하더라도 택시 요금이 꽤 나온다. 그래도 택시를 이용해야 하는 상황이라면 호텔 컨시어지에 미리 예약을 하도록 하자.

TIP

빅아일랜드의 하이웨이는 번호와 이름 두 가지로 표기하지만 하와이 이름은 발음하기도 어렵고 기억하기는 더더욱 어려워서 번호로 부르는 경우가 많습니다. 단, 힐로와 코나를 가로지르는 비포장구간인 새들 로드는 예외입니다. 새들 로드는 200번 하이웨이보다 '새들 로드'로 더 많이 부르죠.

마우나 케아(p.308)를 관광하거나 코나에서 힐로까지 최단시간에 섬을 가로질러 가려면 새들 로드를 통과해야 합니다. 렌터카를 이용할 경우, 새들 로드를 운전하지 말라는 경고를 받기도 합니다. 55마일(약 88.5km)의 새들 로드를 운전하는 동안 주유소나 슈퍼마켓, 주택, 가로등 하나 보이지 않아 행여 차에 문제라도 생기면 위험하기 때문이죠. 하지만, 출발 전에 주유만 넉넉히 한다면 출고 5년 미만의 차가 대부분인 렌터카가 갑자기 문제를 일으키는 일은 흔치 않습니다. 그래도 출발 전에 안전점검은 꼼꼼하게 해야겠죠.

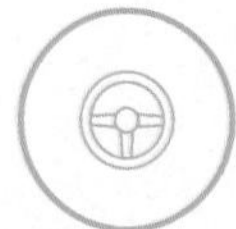

빅아일랜드에서 운전하기

빅아일랜드의 도로는 오아후에 비해 매우 한적한 데다 도로 포장도 잘 되어 있어 운전이 까다롭지는 않다. 다만, 주유소나 슈퍼마켓, 심지어 가로등 하나 보이지 않는 구간도 제법 있어 밤에 운전할 때는 조심해야 한다.

주요 하이웨이 알아두기

빅아일랜드의 주요 도로는 단 하나, 하와이 벨트 로드(Hawaii Belt Rd.)다. 이 도로는 지역에 따라서 11번, 19번, 190번 등의 하이웨이로 나뉘며 각각 하와이 이름이 있다. 카일루아-코나(Kailua-Kona)에서 시작해 섬 남쪽으로 하와이 화산 국립공원을 거쳐 힐로까지 이어지는 11번 하이웨이의 이름은 마말라호아 하이웨이(Mamalahoa Hwy), 카일루아코나에서 시작해 섬 북쪽으로 와이메아를 거쳐 힐로까지 이어지는 19번 하이웨이는 퀸 카아후마누 하이웨이(Queen Kaahumanu Hwy), 카일루아코나에서 와이메아까지 한 번에 갈 수 있는 190번 하이웨이는 팔라니 로드(Palani Rd.), 왼쪽에서 오른쪽으로, 오른쪽에서 왼쪽으로 섬 허리를 가로지르는 비포장도로인 새들 로드(Saddle Road)는 200번 하이웨이다.

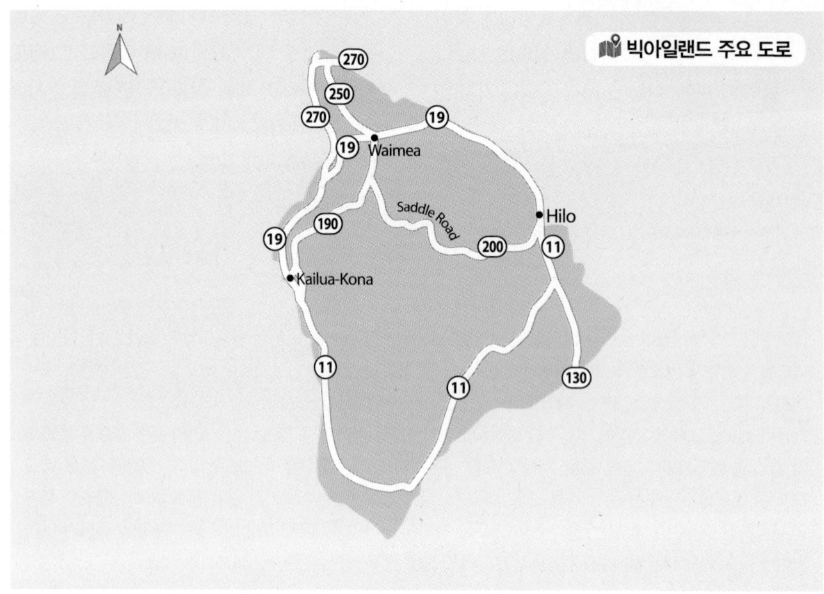

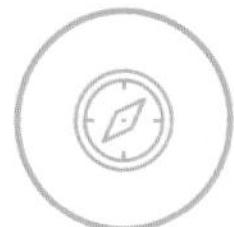

BIG ISLAND BEST COURSE

빅아일랜드 베스트 여행 코스

빅아일랜드의 하이라이트는 살아 있는 지구를 느낄 수 있는 화산 국립공원과 별이 쏟아지는 밤을 만끽할 수 있는 마우나 케아에서의 별 관측이라 할 수 있다. 이틀 일정에 두 곳을 다 방문할 수는 있지만, 좀 더 여유 있는 시간을 보내고 싶다면 둘 중 한 곳만 택하는 것이 좋다.

DAY 1

화산 국립공원

렌터카를 픽업해 바로 화산 국립공원으로 향한다. 코나 공항에서는 약 두 시간, 힐로 공항에서는 약 45분 소요된다. 화산 국립공원을 둘러보는 데 약 두 시간 잡으면 된다. 용암 트레킹(p.324)을 하거나 코나 커피 컨트리를 둘러본다.

DAY 2

마우나 케아 별 관측

아침 일찍 일어나 케알라케콰 베이(p.305)를 찾아 스노클링을 즐기거나, 힐로로 향해 힐로 주변을 관광한다(p.318). 오후에는 별 보는 밤을 위해 마우나 케아 오니주카 센터(p.308)로 향한다.

TIP

하루 더 머문다면 생각해볼 수 있어요!

- 코나 커피 컨트리(p.312)
- 헬리콥터 투어 또는 승마(p.323, 328)
- 와이메아의 느린 오후 즐기기(p.321)
- 하푸나 비치와 블랙 샌드 비치(p.317)

빅아일랜드에서 꼭 가볼 **명소** BEST 7

하와이 화산 국립공원의 불타오르는 활화산, 마우나 케아의 별이 빛나는 밤, 진한 커피 향기 가득한 코나 커피 컨트리, 그리고 엄마 품처럼 포근한 마을 힐로.
빅아일랜드 여행의 하이라이트가 될 만한 명소를 모았다.

01

살아 있는 지구의 숨결을 느낄 수 있는

하와이 화산 국립공원 *Hawaii Volcanoes National Park*

누가 뭐래도 빅아일랜드 최고의 인기 스타는 하와이 화산 국립공원이다. 1916년에 문을 열어 유네스코가 1982년 세계 문화유산으로 지정한 이 국립공원의 면적은 무려 33만 3000에이커(1350㎢)에 달한다. 이는 설악산 국립공원(355㎢) 면적의 네 배에 해당한다.

하와이 화산 국립공원은 하와이에 있는 다섯 개의 화산 중 킬라우에아(Kilauea)와 마우나 로아(Mauna Loa)라는 두 개의 활화산을 중심으로 이루어져 있다. 흔히 생각하는 화산 폭발의 모습이란 세상 전체를 뒤흔들 만한 굉음과 함께 하늘 높이 불길이 치솟는 것이지만 하와이의 화산은 분명 활화산임에도 폭발 모습이나 용암의 흐름이 다분히 조용하고 느려서 자못 평화롭기까지 하다. 하지만 그 덕에 하와이 화산 국립공원의 화산은 전 세계 활화산 중 가장 쉽게 접근할 수 있고, 또 가장 안전하게 활화산을 구경할 수 있는 여행지로도 유명하다. 단, 화산이 내뿜는 일부 기체는 임산부나 호흡기 질환자에게 악영향을 미칠 수 있으므로 주의해야 한다.

교통 빅아일랜드 동쪽에 있는 공원까지 코나 방면에서는 차로 2시간 30분에서 3시간, 힐로에서는 1시간 30분가량 소요된다. 11번 하이웨이를 타고 달리다 보면 하와이 화산 국립공원 안내 표지판이 나온다. 주소 Hawaii Volcanoes National Park, P.O. Box 52 요금 자동차 1대당 10달러(1주일간 유효) 전화 808-985-6000(하와이 화산 국립공원 핫라인) 홈피 www.nps.gov/havo 지도 맵북 p.7 Ⓖ

TIP

화산 국립공원은 해발 1200미터에 위치해 있어 무척 싸늘해요. 두툼한 옷과 모자, 자외선 차단제, 선글라스, 망원경을 챙기세요. 화산 근처는 공기가 무척 건조하므로 콘택트렌즈를 사용한다면 눈물액도 넉넉히 챙겨 가는 것이 좋아요.

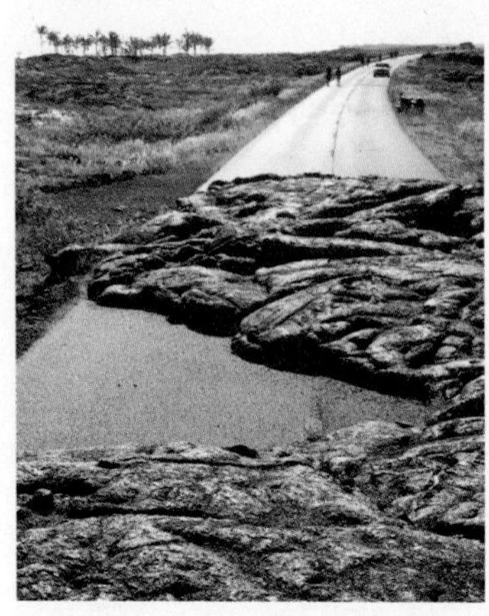

이글거리는 용암, 정말 볼 수 있을까?

하와이 화산 국립공원에 있는 두 화산은 분명 활화산으로 분류되지만, 사실 마우나 로아는 1984년을 마지막으로 용암을 분출하지 않고 있다. 무늬만 활화산인 마우나 로아에 비해 킬라우에아는 1983년 1월 3일을 시작으로 지금까지 끊임없이 용암을 분출하고 있다. 세계에서 가장 오래, 활발하게 활동하고 있는 이 활화산 덕에 하와이 화산 국립공원을 찾는 이들은 거의 대부분 이글거리는 용암의 흐름을 목격할 수 있다.

하지만 화산이 언제 얼마나 많은 용암을 분출할지 정확히 예측할 수는 없다. 용암이 흐르는 경로도 제멋대로다. 사람이 지나다니는 도로까지 침범할 때가 있는가 하면 헬리콥터를 타야 볼 수 있는 막다른 길로 흐를 때도 있다. 간혹 용암 분출로 안전상 위험이 감지될 때는 국립공원 입장이 차단되기도 한다. 따라서 방문 즈음에 하와이 화산 국립공원 홈페이지(www.nps.gov/havo)에 접속해 현지 상황을 확인하는 것이 가장 정확하다.

설령 용암을 볼 수 없다 하더라도 하와이 화산 국립공원은 충분히 경이롭다. 용암의 유무에 관계없이 방문해 볼 가치가 충분하다. 이곳을 한 번이라도 방문해본 사람이라면 누구나 이 말에 동의할 수 있을 것이다.

용암을 즐기는 두 가지 방법

화산 국립공원을 방문한 때에 마침 용암이 분출한 상태라면 다음 두 가지 방법으로 용암을 감상할 수 있다.

❶ 용암을 가까이에서 보고 싶다면 용암 트레킹(p.324)에 도전하거나 헬리콥터(p.323)를 타는 것이 가장 좋다. 용암 트레킹은 오후 5시부터 5시 30분에 체인 오브 크레이터 로드(p.304)가 끝나는 지점에 도착해 일렬 주차를 하고 사람들이 가는 방향으로 따라가면 된다. 공원 측은 해 질 무렵에 트레킹을 시작하길 권하곤 한다. 달마다 해 지는 시간이 조금씩 다르므로 미리 확인하는 것이 좋다. 도로 끝에 도착하면 화장실과 스낵바, 안전 교육 비디오를 상영하는 아담한 공간이 있다.

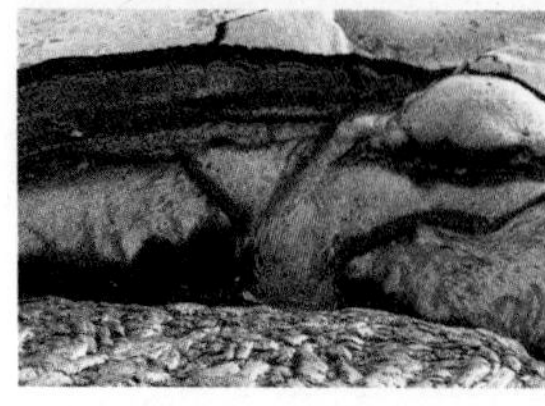

❷ 멀리서 바라만 봐도 좋을 것 같다면, 체인 오브 크레이터 로드가 끝나는 지점에 주차를 하고 30분 정도 걸어가면 멀리 붉은 용암이 희미하게 보이기 시작한다. 지대가 높은 곳에 자리 잡고 앉아 어두워질 때까지 기다리면 된다. 망원경을 가져가면 요긴하게 쓸 수 있다. 하와이 화산 국립공원 방문객의 대다수는 이렇게 멀리서 바라보는 것만으로 만족한다.

하와이 화산 국립공원 탐험하기

크레이터 림 드라이브 Crater Rim Drive

하와이 화산 국립공원에 있는 11마일(18km)의 드라이브 코스다. 킬라우에아 칼데라(Kilauea Caldera, 거대한 화산이 폭발했을 때는 함몰된 정상부에 분화구가 아닌 거대한 분지가 발달하는데 그 분지가 칼데라다) 주변의 명소를 둘러보도록 되어 있는데 이 코스를 따라가면 하와이 화산 국립공원의 명소를 쉽게 돌아볼 수 있다. 주차할 곳이 따로 마련되어 있고 포인트마다 표지판을 적절히 세워놓아 운전하기도 편하다.

다음 페이지에 소개하는 명소 목록은 편의상 1번부터 10번으로 표기하긴 했지만 반대 방향으로 돌아도 무방하다. 대체로 별도의 요금을 지불하지 않고 살펴볼 수 있다. 또한, 시간이 없다거나 건강 문제로 오래 있지 못할 경우 등을 생각해 굳이 차등을 두어 ★ 표시를 했지만, 이곳의 즐길 거리는 기본적으로 모두 볼만하다.

TIP

영어 듣기에 자신이 있다면 하와이 화산 국립공원 입구를 지날 때 자동차의 라디오 주파수를 'AM 530'으로 맞추세요. 하와이 화산 국립공원 자체 방송국에서 이곳의 날씨, 화산 상태 등을 방송합니다. 음질이 뛰어나지 않아서 답답한 감이 있지만 잘 들어보면 쏠쏠한 정보를 챙길 수 있습니다.

❶ 킬라우에아 관광안내소 Kilauea Visitor Center ★★★

공원 입구를 지나면 곧바로 오른쪽에 관광안내소가 보인다. 하와이 화산 국립공원 전반에 관한 정보를 얻을 수 있는 곳으로, 꼭 한 번 둘러보는 것이 좋다. 크레이터 림 드라이브 지도를 구비하고 있으며, 관광안내소 한편에 마련한 극장에서 매시간 하와이 화산 국립공원을 소개하는 다큐멘터리(약 25분)를 상영한다. 영화 상영은 오전 9시에 시작하고, 오후 4시에 마지막 편을 상영한다.

오픈 09:30~17:00

❷ 설퍼 뱅크 Sulphur Banks ★

관광안내소 서쪽에 있는 이곳에 가면 불타는 마그마가 기체로 변하면서 새어 나오는 것을 볼 수 있다.

❸ 스팀 벤츠 Steam Vents ★★

비가 내려 땅속으로 흘러 들어간 물이 화산의 열기 때문에 기체로 변하는데, 그 기체가 땅으로 나왔을 때의 따뜻한 기운을 느낄 수 있는 곳이다. 주차장에서 스팀 벤츠 포인트까지 걸어가는 동안에도 군데군데에서 희미하게 연기가 솟아오르는 것을 볼 수 있지만 스팀 벤츠 전망대까지 가야 분화구도 잘 보이고 기체가 새어 나오는 구멍도 많이 찾을 수 있다.

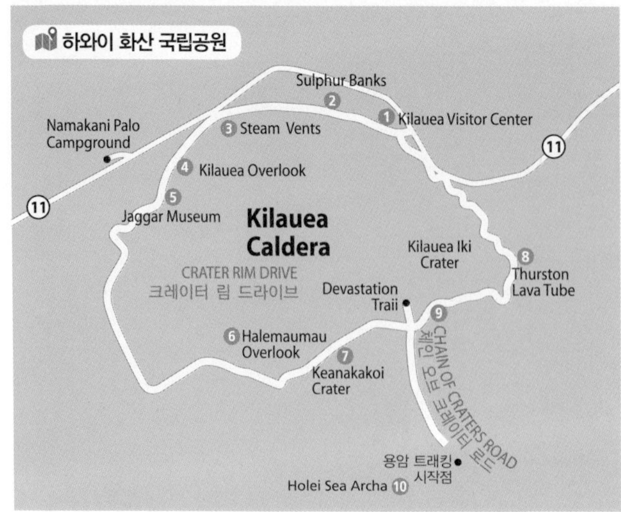

❶ 킬라우에아 관광안내소
❷ 설퍼 뱅크
❸ 스팀 벤츠
❹ 킬라우에아 전망대
❺ 예거 박물관
❻ 할레마우마우 전망대
❼ 케아나카코이 전망대
❽ 서스턴 라바 튜브
❾ 체인 오브 크레이터 로드
❿ 홀레이 시 아치

④ 킬라우에아 전망대 Kilauea Overlook ★★

이곳 하와이 빅아일랜드의 화산 국립공원에서 많은 이들이 입을 모아 칭송하는 명소

⑤ 예거 박물관 Jaggar Museum ★★★

하와이 화산 국립공원의 화산에 대한 설명과 함께 하와이 섬이 탄생하기까지 일어난 일련의 지질 변화 등에 대해 친절하게 설명해주는 박물관으로 사진집과 비디오, 포스터 등의 기념품도 판매한다.

오픈 08:30~17:00

⑥ 할레마우마우 전망대 Halemaumau Overlook ★

화산과 불의 신, 마담 펠레(Madame Pele)가 살고 있다는 할레마우마우는 1924년에 하늘 높이 용암이 폭발하면서 세상의 이목을 끈 왕년의 스타. 당시 마크 트웨인도 이 분화구를 방문해 엄청난 화산 폭발 모습을 보고 감탄했다.

⑦ 케아나카코이 전망대 Keanakakoi Overlook ★

1974년에 수면에 들어간 케아나카코이 분화구가 보이는 전망대.

⑧ 서스턴 라바 튜브 Thurston Lava Tube ★★

1913년 지역 신문 기자가 발견한 서스턴 라바 튜브는 용암이 만들어낸 동굴이다. 그 옛날 뜨거운 용암이 대량 분출해서 강처럼 흐르던 중, 용암의 표면이 살짝 식어 굳으면서 새로운 용암이 그 표면을 덮쳤다고 한다. 표면 위를 덮친 용암은 그 자리에서 굳은 반면, 표면 아래에서 흐르던 용암은 계속 흘러가 결국 속 빠진 김밥 같은 형상을 띠게 됐다. 크레이터 림 드라이브 코스 중 가장 인기가 많은 장소로 손꼽힌다. 동굴 내부는 습하고 어둡지만 조명 시설을 갖추고 있어서 손전등이 없어도 크게 불편하지 않다.

동굴이 끝나기 직전 왼쪽을 보면 동화 속 비밀의 문같이 생긴 구멍이 있다. 그곳으로 들어가면 동굴의 나머지 반을 탐험할 수 있다. 터널의 반은 이곳 국립공원을 찾은 관광객을 위해 잘 가꿔두고, 나머지 반은 천연 그대로의 터널 모습으로 보존해둔 것이다. 후반 부분은 불이 없어 시야가 어둡고 바닥은 울퉁불퉁하므로 반드시 손전등이 필요하다.

⑨ 체인 오브 크레이터 로드 Chain of Craters Road

하와이 화산 국립공원 중심에서 남동쪽으로 뻗은 국립공원 내 도로다. 사람들이 이 길을 지나는 이유는 하나, 용암의 흐름을 가장 가까이서 볼 수 있는 길이 이 도로 끝에 있기 때문이다. 화산에서 분출한 용암이 바다 쪽으로 흘러 엄청난 연기를 내뿜으며 물속으로 떨어지는데, 바로 이 극적인 장면을 목격하기 위해 많은 사람이 해 질 무렵이면 이 체인 오브 크레이터 로드를 지난다. 그리고 그중에서도 용암을 코앞에서 느끼고 싶은 몇몇은 '용암 트레킹(p.324)'을 감행한다.

⑩ 홀레이 시 아치 Holei Sea Arch ★

파도가 돌을 깎아 형성된 아치 모양의 돌조각. 전설에 따르면 화산의 신 펠레와 펠레의 동생이자 바다의 여신인 나마카오카하이(Namakaokahai)가 이곳에서 한판 붙었다고 한다. 체인 오브 크레이터 로드가 끝나는 지점에 주차를 하고 용암이 흐르는 쪽으로 걸어가다 보면 스낵바가 보이는데, 그 건너편 바다에 홀레이 바다 아치 지점이 있다.

화산 곁에서 하룻밤을!

하와이 화산 국립공원 내 유일한 숙박 시설인 볼케이노 하우스(Volcano House)의 객실은 화산이 보이냐 안 보이냐에 따라 두 종류로 나뉜다. 거대한 킬라우에아 분화구가 바라보이는 창이 난 객실이 세계 유일의 '볼케이노 뷰 룸'이다.
'볼케이노 뷰 룸'이 아닌 일반 객실도 오래되긴 했지만 깨끗하다. '볼케이노 뷰 룸'보다 훨씬 저렴한 일반 객실에 머무르기로 했다면 1층 로비 옆 레스토랑에 들러볼 것. 음식 맛은 실로 우울하지만 내로라하는 최고의 전망을 자랑한다. 식사를 하지 않고 전망만 즐긴다 해도 뭐라 하는 사람은 없다.

볼케이노 하우스
전화 808-967-7321 홈피 www.hawaiivolcanohouse.com

02

바닷속 세상 엿보기

케알라케콰 베이 *Kealakekua Bay*

아름다운 파스텔 톤 산호초, 속이 훤히 들여다보이는 해파리 떼, 돌고래와 거북이 모여드는 곳, 이곳은 하와이 최고의 스노클링을 경험할 수 있는 명소, 케알라케콰 베이다.

빅아일랜드의 코나 쪽 해변은 하와이에서 스노클링을 하기에 가장 좋은 해변으로 꼽힌다. 실제로 화산 지형이 만들어낸 독특하고 신비로운 바닷속을 500여 종이나 되는 열대어가 헤엄치고 다니는 이 다이내믹한 공간에 떠 있으면, 거대한 수족관 한가운데를 헤엄치고 있는 듯한 착각을 하게 된다.

수영복과 스노클링 장비만 챙겨서 뛰어들 수 있는 해변으로는 카할루우와 블랙 샌드(p.317), 푸아코(Puako), 마후코나(Mahukona) 등이 유명하다. 보통 처음 두 곳에서 가장 많은 열대어와 거북을 만나곤 한다. 하푸나 해변의 끄트머리에 있는 하푸나 비치 프린스 호텔 앞 동굴 주변도 바다 생물의 숨은 놀이터다. 그러나 역시 빅아일랜드 최고의 스노클링 장소에 닿기 위해서는 배를 타고 30분가량 파도를 헤치고 달려야 한다.

쿡 선장의 발 밑으로

해양생태계보호구역으로 지정되어 주정부의 보호를 받고 있는 케알라케콰 베이는 1778년 쿡(Cook) 선장이 하와이를 발견하고 닻을 내린 곳이다. 같은 곳에서 죽음을 맞이한 쿡 선장의 동상이 케알라케콰 베이 한쪽에 서 있다. 여행자가 공략해야 할 베스트 스노클링 장소가 바로 여기, 그의 발 밑이다.

케알라케콰 베이로 향하는 투어 보트 대부분은 만에서 가까운 지점, 수심이 깊지 않은 곳에 떨어뜨려 주곤 한다. 수영하는 사람 수가 많을수록 바닷속 환경은 덜 환상적이다. 수영에 자신 있다면 잽싸게 쿡 선장 동상 쪽으로 이동할 것. 보통 실력의 자유형으로 갔을 때 15분 정도면 닿을 수 있는 그곳에선 훨씬 많은 열대어를 만날 수 있다.

단, 쿡 선장 동상 부근은 보트 안전요원의 가시거리 밖일 가능성이 크고 수심도 깊기 때문에 가기 전에 반드시 안전요원에게 일러두고, 두 명 이상 함께 가는 것이 좋다. 보트에서 동상까지 가로질러 가는 길은 수심이 무척 깊다. 반드시 해안 쪽으로 붙어서 돌아가도록 하고, 수영에 자신 없다면 보트 근처 스노클링으로 만족하는 것이 바람직하다.

교통 160번 하이웨이 또는 11번 하이웨이를 타고 오다 Government Rd.에서 빠지는데, 내비게이션에 'Kealakekua Bay State Park'를 입력해 찾는 편이 빠르다. **홈피** www.hawaiistateparks.org/parks/hawaii **지도** 맵북 p.6 Ⓕ

투어 보트 이용하기

배를 타지 않고 차를 타고도 케알라케콰 베이까지 갈 수 있지만 보트 투어를 이용하는 것이 훨씬 효율적이고 편해서 대부분은 투어 보트를 선택한다. 개별적으로 갈 경우 길이 좋지 않고, 가까스로 도착했다 해도 자리를 펴고 누울 만한 모래사장도, 샤워실 등의 편의 시설도 찾아볼 수 없다. 무엇보다 깊은 바다에서 하는 스노클링은 단체로, 가능하면 많은 사람이 함께하는 것이 안전하다.

케알라케콰 베이로 가는 투어 보트 리스트는 호텔이나 카일루아코나 지역에 가면 받을 수 있는데, 그 중 '페어 윈드(Fair Wind)'에서 운영하는 100인승 보트가 가장 권할 만하다. 페어 윈드의 배는 흔들림이 비교적 적은 편이어서 케알라케콰 베이까지 오가는 동안 멀미 걱정을 하지 않아도 된다. 배 안에 그늘이 필요한 이를 위한 그늘집과 장애인을 위한 계단과 편의 시설을 갖추고 있다. 케알라케콰 베이에 도착한 후에는 두 시간 정도 자유롭게 스노클링을 즐길 수 있다. 투어 종류마다 다르지만 평균 약 140달러인 어른 요금에는 스노클링 장비 일체와 음료수, 푸짐한 즉석 바비큐 또는 간단한 스낵 등이 포함되어 있다. 스누바(Snuba)는 추가 옵션으로 신청할 수 있다.

보트 한 대당 최소 두 명, 최대 열두 명을 싣고 가는 '시 퀘스트(Sea Quest)'의 보트 투어는 보트 크기가 작아서 파도가 사나울 땐 래프팅하는 것처럼 심하게 들썩인다는 단점이 있지만, 식사가 포함되어 있지 않아 세금 포함 최저 80달러대로 이용할 수 있다.

페어 윈드

전화 800-677-9461 홈피 www.fair-wind.com

시 퀘스트

전화 808-329-7238 홈피 www.seaquesthawaii.com

스노클링 다음엔 스누바

스노클링을 하다 보면 수심이 깊어질수록 더 많은 열대어가 보여 스쿠버다이빙에 한번 도전해볼까, 하는 생각이 든다. 빅아일랜드 코나 쪽 바다는 스노클링은 물론 스쿠버 다이빙에도 최상의 환경으로 꼽힌다. 그러나 하와이의 그 어느 바다도 상어의 공격으로부터 100퍼센트 자유로울 수 없다. 실제로 매년 상어에게 공격을 당한 사람이 적지 않기에 선뜻 스쿠버 다이빙에 나서는 사람이 많지 않다. 스쿠버 다이빙을 하려면 전문 자격증이 필요하고, 자격증을 얻기 위해서는 꽤 많은 시간을 투자해야 한다는 것도 많은 이들이 스쿠버 다이빙에 도전하기를 꺼리는 이유다.

스누바는 바닷속 깊이 들어가보고는 싶지만 식인 상어만 생각하면 주눅이 들고, 자격증을 따자니 그것 역시 심란한 이들을 위한 신종 해양 스포츠다. 스누바는 별도의 자격증 없이, 20분 내외의 설명만 들으면 누구나 시도할 수 있다. 산소통을 등에 메고 물속으로 들어가는 스쿠버다이빙과 달리 스누바는 보트에 있는 산소통에 호스를 연결하고 이 호스를 입에 물고 호흡을 한다. 산소가 떨어질 때까지 물속에서 보통 30~40분 정도를 보낸다. 호스 길이에 따라 다르지만 일반적으로 약 25피트(7.5m)까지 내려갈 수 있다.

빅아일랜드 워터 스포츠(Big Island Water Sports)는 스누바 강습과 투어를 전문으로 하는 업체다. 강습은 네 명 내지 여섯 명 정도의 소규모로 진행한다. 바닷속에 들어갈 때부터 나올 때까지 숙련된 강사가 내내 함께하기 때문에 안심하고 즐길 수 있다.

빅아일랜드 워터 스포츠

전화 808-324-1650 홈피 www.bigislandwatersports.com

별이 쏟아지는 밤

마우나 케아 *Mauna Kea*

지난 3500년 동안 한 번도 폭발하지 않은 휴화산, 마우나 케아의 높이는 1만 3796피트(4200m)이지만, 바다 밑바닥에 뿌리내린 산허리까지 측정하면 1만 9000피트(5800m)가 더해져 총 높이 3만 2796피트(1만m)로 세계에서 가장 높은 에베레스트보다 높은 산이 된다. 하늘에 가까이 닿아서일까, 하와이어로 '하얀 산'이라는 뜻의 마우나 케아 정상에는 2월이나 3월이면 하얀 눈이 쌓여 '하와이에서 스키를 탔다'는 기이한 소문을 사실로 증명해낸다. 하지만 정작 마우나 케아를 세계적인 스타로 부상하게 한 건 세계 최고의 높이나 하와이의 눈이 아니다.

마우나 케아의 티 없이 맑은 하늘과 건조한 대기, 안정적인 공기층은 별 관측에 가장 이상적인 조건과 맞아떨어져 여행객, 현지인 할 것 없이 '마우나 케아에 간다'면 별 보러 가는 것을 의미한다. 태평양 한가운데 떠 있는 섬, 그 안에서도 어떤 빛과 건물의 방해도 없는 사막 같은 곳에 자리한 까닭에 이미 오래전부터 세계적인 천체 관측지로 낙점되었다. 그 결과 오늘날 미국과 일본을 위시한 우주 선진국 11개국에서 파견된 천문학자들이 마우나 케아 정상에 집채만 한 천체관측소를 두고 매일같이 우주의 일거수일투족을 감시하고 있다.

교통 새들 로드를 달리다 보면 마일 마커 28지점에 마우나 케아 액세스 로드(Mauna Kea Access Rd.)가 나오고, 그 길로 들어서 6마일(9.5km) 정도 올라가면 9200피트(2800m) 상공에 자리한 오니주카 센터가 눈에 들어온다. 오픈 화 · 수 · 금 · 토요일 12:00~22:00 요금 무료 지도 맵북 p.7 Ⓖ

마우나 케아 가는 길

마우나 케아에 가려면 '새들 로드(saddle road)'를 지나야 한다. 그런데 이 길을 운전하는 것이 그리 만만치 않다. 대부분의 렌터카 회사들은 새들 로드 운전을 금하고 있고, 호텔의 컨시어지 데스크에서도 단체 관광버스를 타고 가는 것이 아니라면 포기하길 권한다. 하지만 막상 운전해보면 새들 로드는 생각만큼 험하지 않다. 새들 로드를 운전하는 것이 정 내키지 않는다면 차선책으로 여행사 투어를 생각해볼 수 있다. 1인당 약 150~200달러라는 거액을 청구하긴 하지만 대부분 투어버스가 코나 쪽 주요 호텔에서 픽업해 마우나 케아 정상까지 데려다준다. 돌아갈 때에도 호텔까지 안전하게 바래다준다.

> **TIP**
> 두툼한 겨울옷을 반드시 챙기고, 정상에 갈 거라면 사륜 구동차를 운전해야 합니다. 정상에 오르면 산소량이 급격히 감소해 건강에 해로울 수 있어 16세 이하 어린이와 임산부는 입장이 금지되어 있어요. 심장질환이 있거나 비만 체형, 호흡기 질환이 있는 사람도 정상에 오르는 건 피하는 게 좋습니다.

오니주카 센터의 별 관측 프로그램

빅아일랜드 출신의 우주비행사인 엘리슨 오니주카(Ellison Onizuka)의 이름을 딴 오니주카 센터(Onizuka Center)는 마우나 케아의 관광안내소 그 이상의 역할을 하는 곳이다. 일주일 중 화·수·금·토요일에만 문을 여는 오니주카 센터에 가면 마우나 케아 정상에 있는 13개 천체망원경의 원리, 천문학의 기본 지식, 마우나 케아의 역사 등을 배울 수 있다. 밤늦게까지 머물다 보면 슬슬 야참이 생각나게 마련이다. 그럴 땐 오니주카 센터에서 판매하는 컵라면과 간단한 스낵, 따끈한 코코아를 사 먹으면 된다. 두툼한 티셔츠나 트레이닝복 등도 판매하니 선물용이나 방한용으로 구매할 수 있다.

오니주카 센터의 하이라이트이자 마우나 케아의 최고 하이라이트는 해가 지고 나서 시작하는 '별 관측(stargazing) 프로그램'이다. 보통의 밤하늘보다 열 배는 더 많은 별을 볼 수 있다. 하와이를 찾는 여행객 중엔 마우나 케아의 이 별 헤는 밤을 하와이 여행의 클라이맥스로 기억하는 이가 적지 않다. 별

관측 프로그램이 시작되면 1일 과학 선생님으로 나선 하와이대학교 천문학과 학생들이 밤하늘을 향해 레이저 포인터를 쏘면서 은하수와 북극성, 다양한 별자리, 그리고 하와이에서만 보이는 별자리와 간혹 별똥별까지 재미난 설명과 함께 별 이야기를 들려준다. 한국말 서비스는 없지만 아래 소개하는 별자리 이름과 우주에 관한 주요 단어만 알아둬도 밤하늘을 즐기기에 부족함이 없다.

오니주카 센터에서 마우나 케아 정상까지

오니주카 센터에서 정상까지는 8마일(13km), 30분 정도 소요된다. 정상을 향해 가다가 중간을 조금 넘은 4.5마일(7km) 지점에서 동쪽으로 고개를 돌리면 '문밸리(Moon Valley)'가 보인다. 지구상에서 달 표면과 가장 유사하다 해서 아폴로 우주비행사들이 달나라 착륙을 시도하기 직전까지 문밸리에서 훈련을 했다고 한다.

마우나 케아 정상은 세계 천문학의 메카다. 미국, 일본, 캐나다 등 11개국에서 날아온 천문학자들이 여기서 세계 정상급 망원경 13대를 이용해 천체의 움직임을 면밀히 관찰하고 있다. 현재 가동하고 있는 망원경 중에는 10미터에 달하는 세계 최대 구경을 자랑하는 켁 쌍둥이 망원경(Keck Telescopes)도 있다. 미국 천문학계의 자랑인 켁 망원경은 특히 1994년, 슈메이커–레비 제9혜성과 목성이 충돌했을 때 학계에 길이 남을 광경을 잡아낸 것으로 유명하다.

대부분의 사람들은 오니주카 센터에서 수만 개의 별을 마주하는 것으로 만족하지만, 세계의 3대 천체관측소 중 하나인 마우나 케아의 천체관측소에 꼭 가봐야겠다는 이들도 있다. 물론 누구나 마우나 케아 정상에 갈 수 있다. 단, 조건이 있다.

첫째, 사륜 구동차(4WD)를 운전해야 한다. 올라가는 길이 매우 가파른 데다 반 이상은 비포장도로를 달려야 하기 때문이다. 토요일과 일요일 오후 1시부터 네 시간가량 하와이대학교 천문학과에서 정상 투어(Summit Tour)를 진행한다. 이 투어에 참여할 때도 일단 각자 사륜 구동차를 운전해 정상까지 가야 한다. 사륜 구동차를 운전할 수 없다면, 마우나 케아 투어 업체를 통해 단체로 방문해야 한다. 둘째, 해가 떠 있을 때 올라갔다가 해 지기 전에 내려와야 한다. 해가 지면 본격적인 천체 연구가 시작되는 까닭에, 천체 연구에 방해가 될 수 있는 모든 종류의 빛(손전등, 자동차 헤드라이트 등) 사용을 금지한다.

정상까지 간 열성파들이 가장 많이 하는 일은 쌍둥이 망원경이 있는 천체관측소와 일본의 수바루 망

알아두면 좋은 주요 별자리 영단어

은하수 Milky Way, Galaxy	천왕성 Uranus	황소자리 Taurus
북극성 North Star	해왕성 Neptune	쌍둥이자리 Gemini
수성 Mercury	북두칠성 Big dipper	게자리 Cancer
금성 Venus	유성(별똥별) Shooting star	사자자리 Leo
지구 Earth	염소자리 Capricorn	처녀자리 Virgo
화성 Mars	물병자리 Aquarius	천칭자리 Libra
목성 Jupiter	물고기자리 Pisces	전갈자리 Scorpio
토성 Saturn	양자리 Aries	사수자리 Sagittarius

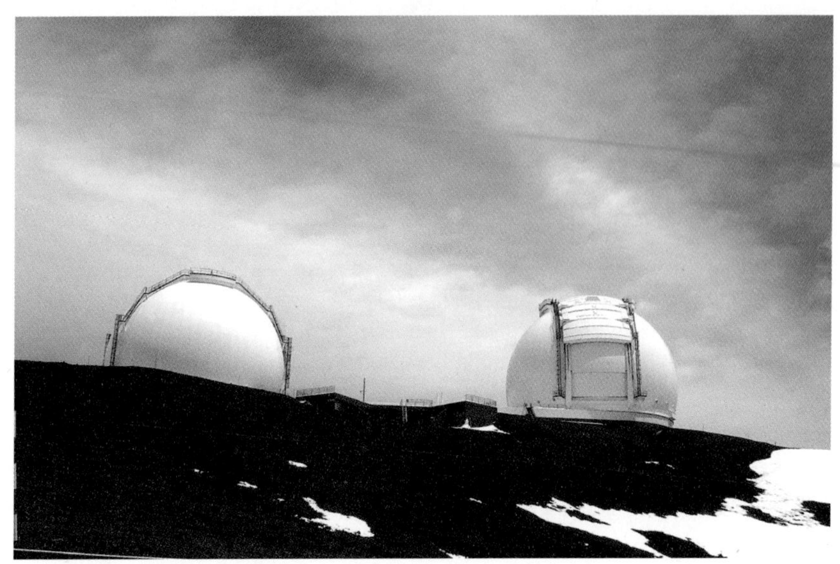

원경이 있는 천체관측소를 방문하는 것이다. 켁 천체관측소는 월요일부터 금요일까지 수바루 천체관측소는 월요일부터 목요일까지만 개장한다. 수바루 천체관측소는 30분가량 소요되는 천체관측소 투어도 운영한다. 입장은 무료이지만 홈페이지를 통해 미리 예약해야 한다. 영어와 일어로 진행하며 성수기에는 2~3주 전에 마감되므로 서두르는 것이 좋다. 하지만 마지막 투어가 오후 2시 전에 끝나기 때문에 밤에 오니주카 센터의 별 관측 프로그램에 참여한다면 대여섯 시간을 허비하게 된다. 천체관측소에 각별한 관심이 있는 경우가 아니라면 오후 4~5시쯤 올라가서 개별적으로 둘러보고 내려오는 것이 낫다.

하와이대학교 천문학과의 정상 투어

홈피 www.ifa.hawaii.edu/info/vis

켁 천체관측소

홈피 www.keckobservatory.org

수바루 천체관측소

홈피 www.naoj.org

SAVE MORE!

렌터카로 마우나 케어를 방문하기가 꺼림칙하다면 투어를 이용하는 방법도 있어요. 투어 업체는 인터넷을 통해 찾을 수 있지만 머물고 있는 호텔에 우선 문의해보세요. 호텔과 연계된 투어 업체가 있는 경우 인터넷보다 저렴하게 예약할 수 있는 경우가 있어요. 또 공항에 비치된 무료 잡지의 쿠폰도 확인해보세요.

04

코나 커피의 원산지

코나 커피 컨트리 *Kona Coffee Country*

길가에 바싹 붙어 달리지 않으면 당장이라도 마주 오는 차와 부딪칠 듯한 비좁은 도로를 20마일(32km)이나 넘게 운전해 가는 동안 이렇다 할 표지판도, 그럴듯한 관광안내소도 보이지 않는다. 주의를 기울이지 않고 보면 여느 시골 농가와 다를 게 없지만, 알고 보면 여기가 그 유명한 '코나 커피'의 원산지다.

한번 맛보면 결코 그 은은한 향을 잊을 수 없다는 코나 커피. 코나 커피가 특별한 이유는 코나가 특별하기 때문이다. 질 좋은 커피를 생산하려면 아침에는 해가 반짝 떠야 하고 오후에는 비가 촉촉하게 내려야 하는데 코나가 딱 그렇다. 자양분이 풍부한 화산질 토양(volcano soil)과 서리가 내리지 않는 날씨도 커피 경작에 필수 요소이면서 동시에 코나 지역의 특징이다. 게다가 코나 커피를 경작하는 농부 아저씨와 아주머니가 손으로 직접 커피 열매를 수확한다니 정성과 애정이 듬뿍 담긴 코나 커피가 어찌 범상할 수 있겠는가.

입맛대로 골라 마시는 커피 뷔페

빅아일랜드 남서부, 카일루아코나 지역에 코나 커피 컨트리가 있다. 이곳에는 600여 채의 커피 농가가 촘촘히 늘어서 있는데, 그중엔 3~4대에 걸쳐 운영하는 커피 농장도 많다. 기업화된 코나 커피 농장은 대부분 농장 견학 프로그램을 운영한다. 농장에 따라 하루 한 번에서 다섯 번까지 시간을 정해놓고 예약제로 진행한다. 전화로 예약을 하는 것이 원칙이지만, 지나가다 들러도 시간만 맞으면 참가할 수 있다. 대부분의 농장에 직접 경작한 커피를 시음하는 코너가 있기 때문에(운이 좋으면 코나 커피로 만든 초콜릿이나 쿠키도 즐길 수 있다) 점심식사 후에 들르면 커피 뷔페에 온 듯한 기분을

낼 수 있다.

이것저것 마셔보고 특별히 좋은 것이 있다면 선물용으로 구입해도 좋다. 최근 미국에서 조사한 한 설문조사에 따르면 하와이에 다녀온 친지에게 가장 받고 싶은 선물이 코나 커피라고 한다.

코나 커피 컨트리의 간단한 지도는 코나 커피 축제 본부 홈페이지에서 다운로드할 수 있고, 상세 지도는 주요 호텔 컨시어지 데스크에 비치되어 있다.

커피 맛도 훌륭하고 투어도 재미난 커피 농장 Best 3

① 그린웰 농장 Greenwell Farms

1850년 영국에서 하와이로 이주한 할아버지가 문을 연 이래 3대에 걸쳐 내려오고 있는 커피 농장. 사람이 모이는 대로 짜임새 있는 소규모 농장 투어를 진행하며 다양한 종류의 코나 커피를 시음할 수 있다. 투어를 포함해 넉넉하게 한 시간이면 된다.

주소 81-6581 Rte.11 전화 808-323-2275 홈피 www.greenwellfarms.com 지도 p.315 1

② 우에시마 커피 농장 Ueshima Coffee Company

코나 커피 컨트리 끄트머리에 있는 우에시마 커피 농장에 가서 로스트마스터 투어(roastmaster tour)를 신청하면 커피 로스팅하는 법을 배울 수 있다. 40분 정도 소요되는 이 투어 요금은 1인당 30달러다.

주소 82-5810 Napoopoo Rd. 전화 808-328-5662 홈피 www.ucc-hawaii.com 지도 p.315 2

③ 로열 코나 커피 밀 Royal Kona Coffee Mill

커피 판매를 목적으로 하는 상업 농장이라기보다 코나 커피에 대한 정보를 제공하는 작은 박물관이라고 해야 더 적합한 공간이다. 로열 코나 커피 밀에서 상영하는 비디오를 보면 머릿속에 코나 커피의 역사가 일목요연하게 정리된다. 시나몬향 커피나 초콜릿을 두른 커피빈 같은 특이한 커피 제품도 판매한다.

주소 Mamalahoa Hwy. Honaunau School 옆 전화 808-328-2511 홈피 www.royalkonacoffee.com 지도 p.315 3

11월의 코나커피축제

코나 커피는 최고의 품질과 맛을 자랑하는 만큼 가격은 비싼 편이다. 하지만, 매년 11월이면 비용 걱정 없이 마음껏 맛볼 수 있다. 코나 커피 수확이 최고조에 이를 때 열흘간 '코나커피축제(Kona Coffee Cultural Festival)'가 열리기 때문이다. 이 축제의 하이라이트는 커피 수확하기 콘테스트와 미스 코나 커피 여왕 선발대회인데, 물론 커피 샘플도 많아서 하루 종일 신선한 코나 커피를 마음껏 마실 수 있다.

전화 808-326-7820 홈피 www.konacoffeefest.com

커피 마니아를 위한 커피농장

❶ 카일루아 캔디 컴퍼니

KAILUA CANDY COMPANY

코나에서 나고 자란 재료를 이용한 수제 초콜릿과 캔디, 100퍼센트 코나 커피를 판매한다.

주소 73-5612 Kauhola St. Kailua-Kona 전화 808-329-2522 홈피 www.kailua-candy.com

❷ KTA 슈퍼 스토어 카일루아

KTA SUPER STORES KAILUA

1961년에 문을 연 커피하우스로 다양한 종류의 코나 커피와 관련 제품을 판매한다.

주소 Kona Coast Shopping Center 전화 808-329-1677 홈피 www.ktasuperstores.com

❸ 코나 커피 카페 KONA COFFEE CAFé

매일 아침 6시부터 밤 10시까지 100퍼센트 코나 커피를 판매하는 가게.

주소 75-5744 Alii Dr. Kona Inn Shopping Village 전화 808-329-7131 홈피 www.buykonacoffeeonline.com

❹ 우에시마 커피 UESHIMA COFFEE UCC HAWAII

코나 커피 투어를 운영하며, 참여하고 싶으면 미리 예약해야 한다.

주소 75-5568 Mamalahoa Hwy. Holualoa 전화 808-328-5662 홈피 www.ucc-hawaii.com

❺ 코나 블루 스카이 커피 컴퍼니

KONA BLUE SKY COFFEE COMPANY

매일 무료 가이드 투어와 커피 시음회를 진행한다.

주소 76-973A Hualalai Rd. Holualoa 전화 322-1700 홈피 www.konablueskycoffee.com

❻ 키무라 라우할라 숍

KIMURA LAUHALA SHOP

4대째 전통을 이어오고 있는 가게로 직접 제작한 라우할라 기념품과 100퍼센트 코나 커피를 판매한다.

주소 77-996 Hualalai Rd. Holualoa 전화 808-324-0053

❼ 홀루알로아 코나 커피 컴퍼니

HOLUALOA KONA COFFEE COMPANY

직접 커피를 갈고 볶아준다. 무료 투어를 진행한다.

주소 77-6261 Mamalahoa Hwy. Holualoa 전화 808-322-9937 홈피 www.konalea.com

❽ 코나 어스 KONA EARTH

가족이 운영하는 커피 농장으로 염소와 닭도 만날 수 있다. 방문하려면 전화로 예약해야 한다.

주소 78-1348 Old Poi Factory Rd. Holualoa 전화 808-324-1725 홈피 www.konaearth.com

❾ 코나 조 커피 KONA JOE COFFEE

와인처럼 커피를 재배한 첫 플랜테이션 농장으로 풀 서비스를 즐길 수 있는 에스프레소 바에서 다양한 종류의 코나 커피를 맛볼 수 있다.

주소 79-7346 Mamalahoa Hwy. Kainaliu 전화 808-322-2100 홈피 www.konajoe.com

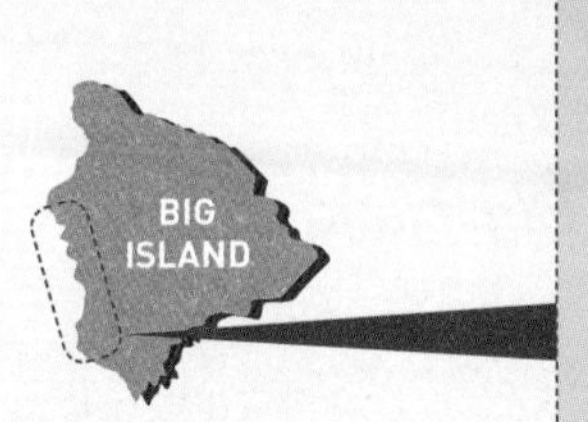

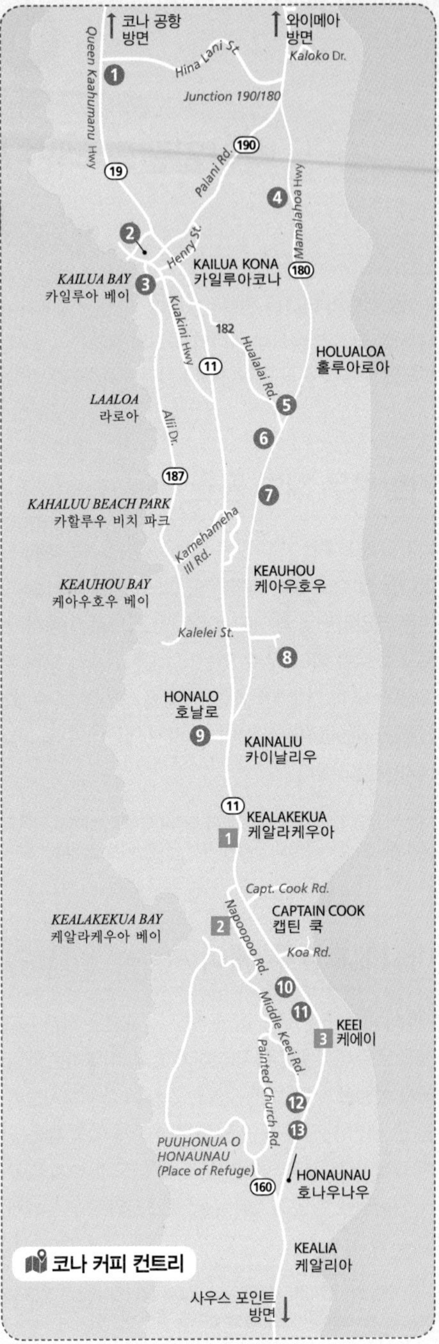

⑩ 세이크리드 그라운즈 커피 팜스

SACRED GROUNDS COFFEE FARMS

월요일부터 토요일 오전 10시부터 오후 6시까지 열고 투어에 참여할 수도 있다. 고소한 마카다미아너트도 시식할 수 있고 도자기를 만들어 구울 수 있는 스튜디오도 있다.

주소 82-6011 Mamalahoa Hwy. Captain Cook 전화 808-328-0836 홈피 www.sacredgroundscoffeefarm.com

⑪ 에지 오브 더 월드 EDGE OF THE WORLD

비앤비(B&B)를 겸한 커피 농장.

주소 82-5889 Old Government Rd. Kealakekua 전화 808-328-7424 홈피 www.konaedge.com

⑫ 커피 앤 에피큐레아

COFFEES 'N EPICUREA

최상품으로 인정받은 100퍼센트 코나 커피를 맛볼 수 있고 커피와 어울리는 캔디와 빵, 그리고 케이크도 함께 즐길 수 있는 곳.

주소 83-5315 Mamalahoa Hwy. Captain Cook 전화 808-328-0322

⑬ 펠레스 플랜테이션

PELE'S PLANTATIONS - ORGANIC ESTATE

예약 방문만 받는 농장으로 이곳의 유기농 커피는 여러 차례 명망 있는 상을 받은 최상품이다.

주소 P.O. Box 809, Honaunau 전화 800-366-0487 홈피 www.peleplantations.com

05

사라지기 전에 가봐야 할

빅아일랜드 해변 *Big Island Beach*

빅아일랜드의 바다는 변화무쌍하다. 하와이 섬에서 불타오르는 활화산이 존재하는 유일한 섬이니만큼 지형 변화가 극심해 바다와 육지의 경계선이 수시로 바뀌기 때문이다. 그러니 마음에 드는 해변이 있으면 마음속에 꼭꼭 담아둬야 한다. 다음에 다시 찾았을 땐 사라지고 없을 수도 있으니 말이다.

카할루우 해변 공원 Kahaluu Beach Park

빅아일랜드에서 가장 많은 열대어를 만나고 때때로 거북이를 볼 수도 있는 해변이다. 스노클링을 하기 좋은 해변은 케알라케콰 베이(P.305)지만 도보로 이동하기 힘들고 보트를 타야 갈 수 있는데 비용과 시간 모두 부담스럽다. 이때 카할루우 해변은 좋은 대안이 될 수 있다. 산호보다는 큼직한 암석이 더 많기 때문에 수중 신발을 챙기는 것이 좋다.

교통 카일루아코나에 면한 알리이 드라이브(Alii Dr.)에서 남쪽으로 5.5마일(9km) 떨어진 곳에 있다. 해변이 줄지어 있어 그냥 지나치기 쉬우므로 근처에 가서 현지인에게 물어보는 것이 가장 정확하다. 참조 맵북 p.6 Ⓕ

아나에후말루 베이 Anaehoomalu Bay

에이베이(A-Bay)로도 잘 알려진 이 해변은 야자수 그늘 아래 누워 바다 풍경을 감상하기 좋다. 작열하는 태양 아래서 선탠을 하다 보면 서늘한 그늘이 그리워지는데 그럴 땐 해변 뒤편에 모여 있는 늘씬하게 쭉쭉 뻗은 야자수 그늘 아래로 피신하면 된다. 또 파도가 높지 않고 바다 밑바닥은 완만하기에 수영 초보자라도 안전하게 즐길 수 있다.

교통 19번 하이웨이의 카일루아코나에서 24마일(48km) 정도 북쪽으로 떨어진 곳에 와이콜로아 비치 메리어트(Waikoloa Beach Ma-rriott)가 있다. 호텔 입구로 들어가면 아나에후말루 베이로 가는 표지판이 나온다. 참조 맵북 p.6 Ⓕ

하푸나 비치 Hapuna Beach

사라진다면 많은 이들이 가장 서운해할 바닷가는 하푸나 비치가 아닐까 싶다. 양옆으로 끝 간 데 없이 펼쳐진 코발트빛 바다, 손에 담으면 사르르 미끄러져 내리는 하얀 모래, 너무 높지도 낮지도 않은 순한 파도, 이 모든 걸 다 갖춘 하푸나 비치에서 사진을 찍으면, 곧바로 엽서가 되고 캘린더가 된다. 여행객과 주민 모두가 즐겨 찾는 바닷가이지만 모래사장 길이가 800미터가 넘게 이어지기 때문에 주말이라도 크게 붐비지 않는다.

교통 19번 하이웨이(Queen Kaahumanu Hwy.)를 운전해 간다면, 코나 국제공항에서 북쪽으로 27마일(43km) 정도 떨어진 곳에 있다. 카와이하에(Kawaihae)가 보이면 너무 멀리 간 거다. 그 전에 하푸나 비치로 가는 표지판이 보인다. 지도 맵북 p.6 Ⓑ

블랙 샌드 비치 파크 Black Sand Beach Park

블랙 샌드 비치 파크의 정식 명칭은 푸날루우 비치(Punaluu Beach)다. 이곳은 빅아일랜드의 괴짜 해변이다. 연탄재처럼 새까만 모래사장과 하얗게 부서지는 파도가 이루는 묘한 조화가 재미있다. 화산재로 이루어진 해변 중 유일하게 일반인에게 개방하는 이곳은 생각보다 모래가 부드럽고 따뜻하며 예쁘게 반짝이기까지 한다. 그럼에도 주의할 점이 있으니 첫째, 파도가 거친 편이므로 너무 멀리 나가지 말 것. 둘째, 예고 없이 등장하는 까만 거북 등껍데기를 돌로 알고 밟지 말 것!

교통 하와이 화산 국립공원에서 코나로 가는 길에 들르면 좋다. 11번 하이웨이를 이용해 갈 경우, 볼케이노 빌리지에서 남쪽 방면으로 30마일(48km) 떨어진 곳에 있다. 지도 맵북 p.7 Ⓚ

TIP

하와이 해변의 명칭을 살펴보면 그냥 비치라고 적힌 곳이 있는가 하면 비치 이름 뒤에 '파크'가 붙은 곳도 있어요. 비치 파크(Beach Park)는 해변을 끼고 있는 공원을 말하며 화장실과 샤워시설, 피크닉 테이블 등의 편의시설을 갖추고 있어요. 반면 그냥 비치라고 적힌 곳은 그런 편의시설이 없을 가능성이 높아요. 대부분의 유명 비치들은 비치 파크로 지정되어 주정부의 철저한 보호를 받고 있지요.

06

바쁜 여행길에 잠시 쉬어가고 싶을 때,

힐로와 주변 지역 *Hilo*

빅아일랜드는 크게 코나와 힐로를 중심으로 둘로 나뉜다. 섬 서쪽에 위치하며 호화로운 리조트와 깔끔한 호텔로 치장한 코나가 여행자들의 천국이라면, 소박하고 평화로운 동쪽의 힐로는 빅아일랜드 주민이 일상을 보내는 곳이다. 미국에서 가장 습한 도시라는 기록도 보유하고 있는 힐로의 연간 강수량은 140인치(355cm). 평균 365일 중 278일 비가 내려 키 큰 나무와 울창한 숲이 많다.

힐로는 걸어서 둘러보기 좋은 마을이다. 자유롭게 거닐어도 좋지만 시 정부가 제공하는 '히스토릭 워킹 투어(Historic Walking Tour) 지도'를 이용하면 힐로의 도보여행을 더욱 풍성하게 즐길 수 있다. 지도는 다운타운 힐로 지역협의회 사무소(Downtown Hilo Improvement Association)에 가면 얻을 수 있고 홈페이지에서 지도를 다운로드 받을 수 있다. 한 시간 정도면 쉬엄쉬엄 걸어서 돌아볼 수 있으니 점심식사 후 가볍게 산책하는 기분으로 둘러보면 좋다.

⊕ 다운타운 힐로 지역 협의회

교통 힐로의 중심 도로인 카메하메하(Kamehameha) 도로상에 있고, 투어는 힐로의 중심가를 기준으로 18곳을 둘러보게 되어 있다. 주소 329 Kamehameha Ave. Hilo 오픈 월~금요일 08:30~16:30 전화 808-935-8850 홈피 downtownhilo.com

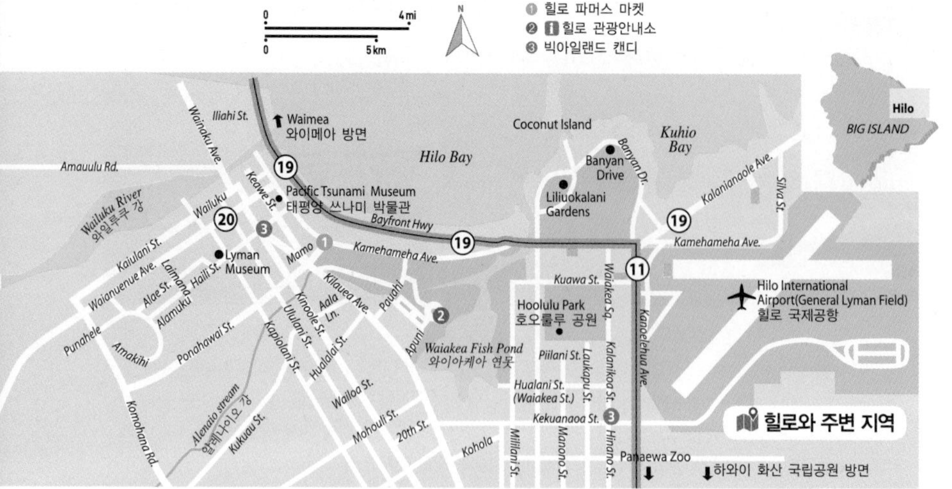

힐로 파머스 마켓 Hilo Farmers Market

마모 스트리트(Mamo St.)와 카메하메하 애비뉴(Kamehameha Ave.)가 만나는 코너에서 열리는 힐로의 유서 깊은 파머스 마켓은 새벽 6시부터 오후 4시까지, 매주 수요일과 토요일에 열린다. 지역 농민이 직접 키운 채소, 과일 등을 한 아름씩 싸 들고 나온다. 망고, 파파야, 바나나와 꽃 한 송이가 사람 얼굴만 한 하와이 꽃도 보인다. 200여 개에 이르는 지역 농장주와 개인 사업자들이 나와 공들여 키운 상품을 판매하며 즉석에서 요리하는 푸드 스탠드도 꽤 여럿 된다.

교통 Mamo St.과 Kamehameha Ave.의 교차점 홈피 www.hilofarmersmarket.com 지도 p.318 ❶

아카카 폭포 주립공원 Akaka Falls State Park

힐로 중심가에서 차로 30~40분이면 닿을 수 있는 아카카 폭포 주립공원은 빅아일랜드의 크고 작은 폭포 중 가장 아름다운 폭포로 손꼽히는 곳이다. 폭포를 만나러 가는 안개 낀 길이 좋아서 지역 주민들도 산책 삼아 많이 찾는다. 주차장에 주차를 하고 폭포로 가는 표지판을 따라 걷다 보면, 대나무 숲도 나오고 끝없이 지저귀는 다양한 종류의 새도 만나고 이름 모를 야생화와 갖가지 들풀도 보인다. 그리고 마침내 사방에 물보라를 흩뿌리며 그야말로 속이 시원하게 떨어지는 거대한 폭포가 나타난다. 길은 442피트(135m)의 아카카 폭포와 100피트(20m)의 카후나 폭포(Kahuna Falls)를 거쳐 제자리로 돌아오게 나 있고, 30분 정도 걸린다.

교통 220번 하이웨이를 타고 갈 때, 호노무(Honomu)에서 남서쪽으로 3.6마일(5.8km) 정도 떨어진 곳에 있다. 요금 무료 전화 808-974-6200 지도 맵북 p.7 Ⓖ

하와이 열대 식물원 Hawaii Tropical Botanical Garden

하와이어로 '좋은 느낌'이라는 뜻인 오노메아 만(Onomea Bay)에 둥지를 튼 40에이커(16만 2000㎡) 규모의 이 식물원에 가면 하와이에서 자라는 2000여 종의 이국적인 꽃과 식물을 만날 수 있다. 힐로에서 식물원까지 가는 동안 지나게 되는 4마일(6.5km) 거리의 열대우림 드라이브 코스(Pepeekeo Scenic Dr.)는 식물원 방문객을 위한 기분 좋은 보너스다. 반바지를 입었다면 미리 벌레를 쫓는 약(bug repellent)을 준비하고, 미처 준비하지 못했다면 입장권을 구매할 때 물어보도록 하자.

교통 19번 하이웨이를 탈 때 힐로에서 북쪽으로 8마일(13km) 떨어진 지점, 오노메아 만에 있다. 힐로에서 하와이 화산 국립공원 가는 길에 들르면 좋다. 주소 27-717 Old Mamalahoa Hwy. Hilo 오픈 09:00~17:00 휴무 1월 1일, 추수감사절, 크리스마스 요금 어른 20달러, 6세 이하 어린이 무료 전화 808-964-5233 홈피 www.htbg.com 지도 맵북 p.7 Ⓖ

마우나 로아 마카다미아 너트 공장 Mauna Loa Macadamia Nut Factory

80만 그루의 마카다미아 나무를 보유한 세계 최대의 마카다미아 스낵 브랜드인 마우나 로아가 자체 상품 홍보 및 판매를 목적으로 지은 공장 겸 쇼룸이다. 마카다미아를 좋아한다면 한번쯤 들러볼 만하다. 초콜릿 입힌 마카다미아는 기본이고, 고추냉이 마카다미아, 캐러멜 마카다미아, 마늘향 마카다미아, 마카다미아 비스킷, 마카다미아 아이스크림 등 마카다미아의 화려한 변신을 보는 재미가 쏠쏠하다. 마음껏 시식하는 재미는 더 쏠쏠하다.

교통 힐로에서 남쪽으로 11번 하이웨이를 운전하고 가다 보면 약 5.5마일(9km) 떨어진 곳에 마우나 로아 표지판이 나온다. 표지판을 따라가면 마카다미아 너트 로드(Macadamia Nut Rd.)가 나오고 이 도로 끝에 있다. 주소 Mauna Loa Macadamia Nut Corp., Hilo 오픈 08:30~17:00 요금 무료 전화 808-966-8618 홈피 www.maunaloa.com 지도 맵북 p.7 Ⓗ

오래도록 머물고 싶은 마을

와이메아

세모 지붕의 아담한 집, 좁지만 한적한 도로, 소박한 상점들, 뭉게구름이 떠 있는 하늘, 그리고 선하게 웃는 사람들. 와이메아는 갈 때마다 언젠가 꼭 한번 살아보고 싶다는 생각이 드는 곳이다. 끝이 보이지 않는 드넓은 목장과 목장 주위로 짙푸른 산자락이 펼쳐진 작은 마을 와이메아(Waimea)에는 모네의 그림 같은 평화가 낮게 깔려 있다.

와이메아 지역의 대부분은 '파커 랜치(Parker Ranch)'라는 이름의 사유 목장이다. 그 규모만 해도 약 22만 5000에이커(910㎢)에 달한다. 1847년 존 파머 파커(John Palmer Parker)라는 사람이 문을 연 후, 줄곧 파커 가문이 운영하고 있으며 오늘날 와이메아의 많은 건물과 땅도 이들이 소유하고 있다. 목장 안에는 거대 목장을 소유한 부호 가문의 역사를 설명하는 작은 박물관이 있고, 45분짜리 목장 투어도 있지만 일부러 시간 내서 가볼 정도로 대단하지는 않다. 그보다는 느릿느릿 마을을 거닐며 유서 깊은 레스토랑에서 가뿐한 웰빙식으로 점심을 해결하고, 들판에 드러누워 눈으로 구름을 쫓고, 아기자기한 갤러리와 숍을 구경하면서 오후를 보내는 것이 더 좋다. 와이메아의 상점은 파커 스퀘어(Parker Square)와 파커 랜치 센터(Parker Ranch Center)에 있는 열개 남짓한 것이 전부이며, 파커 스퀘어의 숍이 더 아기자기하고 예쁘다.

교통 힐로에서 19번 하이웨이를 타고 가다 250번 하이웨이가 나오는 지점에 와이메아가 위치해 있다. 지도 맵북 p.6 Ⓑ

박물관

전화 808-885-7655 홈피 www.parkerranch.com

파커 랜치 센터

주소 67-1185 Mama-lahoa Hwy. Waimea(19번 하이웨이가 190번 하이웨이로 이어지는 곳이 와이메아의 중심지) 홈피 www.kamuela.com

파커 스퀘어

주소 65-1279 Kawai-hae Rd., Waimea 홈피 theparkersquare.com

빅아일랜드에서 꼭 해볼 **액티비티** BEST 7

하늘에서 보는 대자연의 신비, 광활한 대지를 달리는 기쁨.
하와이에서 유일하게 스키를 즐길 수 있는 천혜의 땅.
오직 빅아일랜드에서만 가능한 이색 체험 일곱 가지를 소개한다.

구름 아래로 화산섬을 내려다보는

헬리콥터 투어 *Helicopter Tour*

하와이에는 헬리콥터 투어가 섬마다 몇몇은 있지만, 만만치 않은 비용과 얼마간 감수해야만 하는 멀미 따위를 고려할 때 화산이 있는 빅아일랜드나 원시적이고도 광활한 수풀림이 우거진 카우아이에서 타야만 타고 나서도 내내 뿌듯하다. 특히 흙빛 화산과 새빨간 용암, 녹색의 굽이치는 계곡과 군청색의 속 깊은 바다가 빼어난 원색의 대비를 이루는 빅아일랜드의 구름 아래로 세상을 굽어보고 있노라면 새삼 조물주의 존재를 확신하게 된다. 빅아일랜드 방문 당시 용암이 분출한 상태라면 헬리콥터 투어가 더 흥미진진할 수 있다.

한손 안에 꼽히는 빅아일랜드의 주요 헬리콥터 투어 업체 가운데 가장 권할 만한 곳은 '블루 하와이안(Blue Hawaiian)'으로, 1976년 사업을 시작한 이쪽 업계의 터줏대감이다. 매년 실시하는 안전도 검사에서도 항상 선두를 달리는 이 업체는 힐로에서 출발하는 45분짜리 투어와 와이칼로아에서 출발하는 두 시간짜리 투어 등 모두 네 가지 투어를 진행한다. 일반 여행자라면, 힐로에서 출발하는 45분짜리 투어(Circle of fire plus waterfalls)면 충분하다. 사람마다 다르지만 어지럼증을 호소할 수도 있으니 만약을 대비하여 미리 멀미약을 챙겨 먹는 것이 좋다.

블루 하와이안

전화 808-961-5600

홈피 www.bluehawaiian.com

용암과 바다가 만나는 극적인 순간

용암 트레킹 *Lava Trekking*

체인 오브 크레이터 로드(p.304) 끝 지점부터 6마일(9.7㎞) 정도 걸어가면 용암이 바다로 떨어지는 장관을 목격할 수 있다. 물론 이것은 용암이 분출한 상황에 해당하는 이야기다. 용암이 분출할 때면 용암과 바다가 만나는 극적인 순간을 목격하기 위해 많은 이들이 이 6마일 트레킹을 마다 하지 않

는다. 그리고, 이 길을 언젠가부터 '용암 트레킹(Lave Trekking)'이라 부르게 되었다.

화산 국립공원 홈페이지에서 왕복 다섯 시간 걸린다고 안내하고 있지만 경험상 서너 시간 정도면 충분하다. 바다로 용암이 흘러 들어가는 순간의 극적인 모습은 해가 완전히 진 깜깜한 밤에 가장 잘 보인다. 그렇다고 해서 트레킹을 밤에 하는 것은 만만치 않으니 땅거미가 지기 시작할 때쯤 트레킹에 나서는 것이 좋다. 바다에 도착할 때쯤 사방이 컴컴해지기 때문에 갈 때는 손전등이 필요 없고, 돌아올 때만 한밤의 트레킹을 하면 된다.

이미 흘러내린 용암이 굳어 울퉁불퉁한 길을 한참 걸어 트레킹의 끝에 도착하면 500미터쯤 떨어진 곳에 대형 화재 현장에서와 같은 붉은빛과 연기가 보인다. 〈내셔널 지오그래픽〉에서나 볼 법한, 환상 같으면서도 기묘하게 리얼한 그 모습에 할 말을 잃은 채 멍하니 서 있게 만든다. 칠흑 같은 어둠 속에서 선연한 붉은빛을 발하던 용암과 그 주변의 희뿌연 연기는 평생 잊지 못할 강한 인상을 남긴다.

돌이켜보건대, 트레킹 끝에 목격한 용암의 모습은 천 리 길, 만 리 길도 마다할 수 없게 하는 신비한 매력이 있다. 사실 굳은 용암 위를 걷는 것도 생각만큼 어렵지는 않다. 그보다는 1미터 앞도 보이지 않을 정도로 어두컴컴한 길을 손전등 하나에 의지해서 걷는 것이 더 힘들다.

03

여행의 소소한 재미를 일깨우는

농장 투어

화산국립공원 가는 길 또는 힐로 가는 길에 휴게소 가듯 들르면 좋은 농장 세 곳을 소개한다.

빅아일랜드 비즈 Big Island Bees

하와이 수퍼마켓에서 만날 수 있는 고급 꿀, 빅아일랜드 허니가 생산되는 곳. 코스트코나 홀푸즈 마켓 등에 납품하기에 대형 공장에서 생산되는 것으로 생각하기 십상이지만, 작은 규모에서 전통적인 방식을 고수하며 생산한다. 1970년대, 빅아일랜드로 이주해 좋은 꿀을 올바른 방식으로 만들겠다는 신념이 오늘날까지 이어지고 있다. 특히 어린 자녀가 있는 가정이라면 윙윙 날아다니는 꿀벌과 꿀이 만들어지는 과정을 직접 구경하고 맛볼 수 있는 체험이 구미를 당길 수 있겠다. 투어는 30분가량 소요되며 비용은 1인당 10달러다. 홈페이지에서 신청할 수 있다.

주소 82-1140 Meli Rd.Captain Cook 오픈 **월~금요일 10:00~16:00, 토요일 10:00~14:00** 휴무 **일요일** 전화 866-227-2009 홈피 www.bigislandbees.com 지도 **맵북 p.6 Ⓕ**

TIP

활화산이 있는 빅아일랜드에서만 발생하는 특이한 기후현상으로 용암재 등 화산 부산물이 바람에 섞여 불어오는 보그(Vog)가 있어요. 연중 얼마 안 되는 날이긴 하지만 보그가 발생했다면 종일 야외에 있는 것은 좋지 않아요. 미세먼지가 많은 날 야외 활동을 자제하는 것과 같은 맥락이죠. 물론 보그의 오염 정도와 건강에 미치는 악영향이 미세먼지만큼은 아니지만, 알러지가 심하다면 주의하는 것이 좋겠지요.

카우 커피 밀 Ka'u Coffee Mill

코나에 머물던 어느 날, 피크닉 중에 만난 하와이 할머니의 추천으로 알게 된 이곳은 코나에 위치한 커피 농장이다. 하와이를 대표하는 커피 품종은 코나 커피인 것이 분명하지만 카우 커피 또한 전 세계에 그 나름의 골수팬을 다수 확보하고 있는 하와이 커피 품종이다. 코나 커피에 비해 저지대에서, 특히 화산토에서 자라기 때문에 맛과 향이 색다르다. 농장에서 매일 오전 10시에 진행하는 커피 농장 투어에 참여하면 드넓은 커피 농장을 둘러보며 카우 커피에 관한 흥미로운 사실들에 대해 배울 수 있고 맛볼 수도 있다.

주소 96-2694 Wood Valley Rd. Pahala 오픈 09:00~16:30 전화 808-928-0550 홈피 www.kaucoffeemill.com 지도 맵북 p.7 Ⓖ

호노무 염소 농장 Honomu Goat Dairy

아카카 폭포 가는 길에 들르면 좋을 자그마한 농장으로 사랑스러운 염소들과 친절한 주인아주머니 메리가 반겨준다. 갓 짠 염소 우유로 만든 캐러멜과 염소 치즈(goat cheese)를 판매한다. 가공하지 않은 염소젖과 진흙을 섞어 만든 천연 비누(Red Dirt Goat Milk Soap)도 호노무 염소 농장에서 판매하는 인기 상품 중 하나다. 그러나 역시 가장 좋은 건 귀여운 염소들을 눈앞에서 바라보며 보듬을 수 있다는 것이다.

주소 28-257 Akaka Falls Rd. Honomu 오픈 월 · 금~일요일 11:00~17:00 휴무 화~목요일 전화 808-756-0953 홈피 www.honomugoatdairy.com 지도 맵북 p.7 Ⓖ

04

영화 속 카우보이, 카우걸처럼

승마 *Horseback Riding*

광활하게 펼쳐진 평야와 유연하게 흐르는 언덕, 산과 바다 풍경이 어우러진 빅아일랜드는 '말을 타고 달려야 제맛'이라는 이도 많다. 그 옛날 늘씬한 말을 타고 빅아일랜드를 누빈 '파니올로(Paniolo, 하와이어로 카우보이라는 뜻)'처럼 빅아일랜드의 광야를 달리고 싶다면 승마 투어를 생각해볼 수 있다.

빅아일랜드의 승마 투어 업체는 한 시간에서 네 시간 정도 다양한 투어를 목장과 들판에서 진행한다. 두 시간 정도 내외의, 장소는 와이메아(p.321)와 와이피오 밸리(Waipio Valley)에서 진행하는 승마 투어를 추천한다. 두 시간 이상 타면 슬슬 허리가 아파오고, 한 시간으로는 아쉽다. 두 시간가량 투자해서 싱그러운 녹색 들판이 융단처럼 깔린 와이메아, 또는 폭포와 수풀림, 타로 농장을 지나는 와이피오 밸리에서 승마를 즐긴다면 영화 속 한 장면처럼 로맨틱하고 평화로운 한때를 보낼 수 있다.

승마 투어는 통상적으로 그룹으로 진행하며 숙련된 가이드가 함께한다. 말은 탄 적도, 본 적도 없다 해도 가이드가 쉽게 말과 친해지는 법을 가르쳐주기 때문에 승마 경험이 없는 젊은 연인들, 어린이를 동반한 가족 단위 여행객도 많이 참여한다.

와이피오 리지 스테이블스(Waipio Ridge Stables)는 와이피오 밸리에서, 다하나 랜치(Dahana Ranch)는 와이메아에서 승마 투어를 제공하는 업체 중 평판이 좋은 곳이다. 다하나 랜치는 한 줄로 서서 앞사람을 따라가는 투어가 아니라 고삐를 쥐는 법을 가르쳐준 후엔 자유롭게 '방목'하는 스타일의 투어를 진행하기 때문에 강습 때 커뮤니케이션을 확실하게 해야 한다. 모르는 것은 끝까지 되묻고 방법을 완벽하게 숙지할 것. 승마 투어를 제공하는 곳은 이 밖에도 여러 곳이 있지만 투어 업체마다 코스와 시간, 난이도, 도시락 제공 여부 등에서 차이가 많다. 예약 전에 확인하고 취향에 맞는 곳을 고르는 것이 중요하다.

와이피오 리지 스테이블스

전화 877-757-1414 홈피 www.topofwaipio.com

다하나 랜치

전화 808-885-0057 홈피 www.dahanaranch.com

05

하와이 유일의 화산 스키장

스키 *Ski*

마우나 케아(p.308) 정상은 하와이에서 유일하게 스키를 탈 수 있는 곳이다. 12월부터 4월까지는 흰 눈이 소복이 쌓인 것을 볼 수 있는데 스키를 탈 수 있는 때는 보통 1월 중순부터 3월 초까지다. 하지만 파우더처럼 보드라운 눈을 기대하면 안 된다. 스키장이 아닌 화산이고, 제설 작업으로 탄생한 '스키 타기 좋은 눈'이 아닌 하늘에서 내린 진짜 눈이기 때문이다. 물론 리프트도 곤돌라도 없고, 그래서 입장료도 없다. 이곳에서 스키를 타고 싶으면 장비를 짊어지고 정상까지 걸어 올라가야 한다. 말만 들어서는 누가 사서 고생을 할까 싶지만, 하와이에서 스키를 탔다는 진기한 경험을 해야만 직성이 풀리는 세상의 수많은 열혈 스키어가 매년 겨울 마우나 케아 정상을 찾는다.

마우나 케아의 눈을 즐기려면 그 지역 사람들처럼 서핑보드나 부기보드를 썰매 삼아 놀든가, 아니면 아예 판자나 나무를 엮어 썰매를 만들어 타고 내려오는 것이 좋다. 꼭 스키를 타고 싶다면 '스키 가이드 하와이(Ski Guides Hawaii)'로 문의하면 된다. 스키 가이드 하와이는 스키복과 스키, 부츠 등 스키 장비를 대여해주고 마우나 케아까지 차편도 제공한다.

스키 가이드 하와이

전화 808-885-4188 홈피 www.skihawaii.com

06

서핑보다 손쉬운

부기보딩 *Boogie Boarding*

서핑에 도전하기가 못내 부담스럽다면 부기보딩부터 시작해보는 것도 좋다. 서핑보드에 비해 길이는 반, 너비는 1.5배 정도 되는 부기보드는 흔히 수영장에서 볼 수 있는 수영 보조 기구, 일명 '킥판'을 약 네 배로 뻥튀기한 것처럼 생겼다.

절대적으로 강습이 필요한 서핑과 달리 부기보드는 혼자 갖고 놀다 깨우칠 수 있을 정도로 배우기가 쉽다. 파도가 밀려올 때 날렵하게 파도 위로 올라가 와이셔츠를 다리는 다리미가 된 것처럼 파도를 타고 미끄러지면 된다. 비유가 좀 그렇지만 원리적으로는 정말 그렇다. 와이셔츠는 파도, 다리미 밑바닥이 부기보드, 당신은 다리미 손잡이가 된 것처럼 다리미(부기보드) 위에 사뿐히 올라앉아 죽 밀고 나가면 된다. 부기보드는 하와이에서 흔히 볼 수 있는 편의점인 ABC 스토어나 월마트 같은 대형 마트에서 30달러 내지 50달러 가격으로 구입할 수 있다. 대형 호텔 체인 가운데는 무료로 대여해주는 곳도 많다.

부기보딩을 하려면 파도가 너무 높지도 낮지도 않아야 한다. 빅아일랜드에선 하푸나 비치(p.317)와 매직 샌드 비치(Magic Sands Beach Park)가 부기보딩을 즐기기에 가장 좋다.

세계적인 골프 휴양지

빅아일랜드 골프 *Big Island Golf*

본전 생각 결코 나지 않는 빅아일랜드의 골프장 다섯 곳.

요금 기준 $** 50달러 **$$** 50~150달러 **$$$ 150달러 이상

코스 이름	특징 & 그린피	문의
마우나 라니 리조트의 사우스 & 노스 코스 Mauna Lani Resort, South & North Course	수많은 골프 잡지에서 매년 실시하는 선호도 조사에서 언제나 최상위를 차지하는 세계적인 챔피언십 코스. – 두 코스 모두, $$$ – 10:00~12:00, $$$ – 마우나 라니 리조트 투숙 시 $$$	주소 68-1400 Mauna Lani Dr. Kohala Coast 전화 808-885-6655 홈피 www.maunalani.com
볼케이노 골프 컨트리 클럽 Volcano Golf and Country Club	하와이 화산 국립공원에서 자동차로 불과 10분 거리에 있다. 장엄한 화산을 배경으로 골프채를 휘두르는 기분이란! – $$	주소 Pii Mauna Dr. Hawaii Volcanoes National Park 전화 808-967-7331 홈피 www.volcanogolfshop.com
힐로 시영 골프장 Hilo Municipal Golf Cours	하와이 시영 골프장 중 으뜸이다. 시에서 운영하기 때문에 그린피가 저렴함에도 그린 상태와 경치가 훌륭한 편. 오전에 티타임을 잡으려면 예약을 서둘러야 한다. – $~$$	주소 340 Haihai St. Hilo 전화 808-959-7711(전화 예약만 가능)
와이콜로아 비치 리조트의 킹스 & 비치 코스 Waikoloa Beach Resort, Kings & Beach Course	빅아일랜드를 대표하는 골프장. 골프장 설계가로 유명한 로버트 트렌트 존스가 설계한 대표적인 코스로 일컬어지는 비치 코스에서는 운만 좋으면 아나에후말루 베이를 찾은 고래도 볼 수 있다. – 07:00~09:30, $$$ – 오전 9시 30분 이후에는 시간대별로 각기 다른 할인 요금이 적용된다.	주소 600 Waikoloa Beach Dr. Waikoloa 전화 808-886-7888 홈피 waikoloabeachgolf.com
포 시즌 리조트의 후알랄라이 골프 코스 Four Seasons Resort, Hualalai Golf Course	포 시즌 리조트 내 두 개의 골프 코스 중 후알랄라이 골프 코스가 훨씬 유명하다. 잭 니클라우스가 디자인한 최초의 하와이 코스이며 용암이 흐르고 난 후 형성된 라바 필드와 녹지가 공존한다. 2014년 미츠비시 일렉트릭 PGA 챔피언십 투어의 개최지이기도 하다. 단, 멤버 중 포 시즌 리조트에 머무는 사람이 최소 한 명은 있어야 플레이할 수 있다. – $$$	주소 100 Kaupulehu Dr. Kailua-Kona 전화 808-325-8480 홈피 www.hualalairesort.com

빅아일랜드를 대표하는 **맛집** BEST 10

오아후, 마우이, 카우아이 섬을 합친 것보다 훨씬 큰 섬 빅아일랜드.
크기가 큰 만큼 하와이 섬 중 가장 드라마틱한 자연경관을 만날 수 있다.
이미 큰 여행의 즐거움을 100배로 늘려줄 빅아일랜드의 대표 맛집을 살펴본다.

가격 표시($–$$$)
1인분 기준으로 메인 요리 하나에 샐러드나 애피타이저 한 가지를 주문했을 때 기준으로 표기했습니다.
$** 15달러 이하 **$$** 15~30달러 **$$$ 30달러 이상

카알로아즈 수퍼 제이 Kaaloa's Super J's

$ 하와이안

하와이 전통식에 도전해보고 싶다면 이만한 식당이 없다. 대표적인 하와이 전통식인 라우라우(Lau Lau)를 이 집만큼 제대로 하는 음식점은 없기 때문이다. 큼직한 타로 잎에 싸서 푹 익힌 돼지고기 어깨살(Pork Lau Lau)은 짭쪼름하고 고소한 맛이 일품이라 하와이식 밥도둑이라 할 만하다. 후추 또는 핫소스를 곁들여 먹으면 색다른 맛도 느낄 수 있다. 가족이 대를 이어 운영하고 있는 보기 드문 맛집인데 가격은 미안하리만큼 저렴하다.

주소 83-5409 Mamalahoa Hwy. Captain Cook 전화 808-328-9566 지도 맵북 p.06 Ⓕ

코나 그릴 하우스 Kona Grill House

$~$$ 하와이안

랍스터와 크랩의 식감이 그대로 살아있는 랍스터 크랩 케이크(Lobster Crab Cake)로 유명한 집. 얼핏 봐선 다 쓰러져가는 음울한 식당 같지만 문을 열고 들어가면 친절한 하와이 아저씨들이 반겨준다. 저렴한 가격에 신선한 재료를 사용한 요리들로 근처 해변을 오가는 서퍼들과 동네 주민, 여행객들 모두에게 사랑받는다. 식당 안엔 앉을 자리가 마땅치 않으니 테이크아웃해서 공원이나 해변에 가서 먹는 것이 좋다.

주소 81-951 Halekii St. Kealakekua 전화 808-323-3512 홈피 www.konagrillhouse.com 지도 맵북 p.06 Ⓕ

라바록 카페 Lava Rock Café

$~$$ 아메리칸

화산 국립공원에 인접한 볼케이노 빌리지 내의 작은 레스토랑. 홈메이드 릴리코이 버터를 발라 먹는 팬케이크가 유명하다. 촉촉하고 부드러운 팬케이크와 달콤하고 싱그러운 릴리코이 버터의 궁합이 일품이다. 적당히 느끼하면서도 고소해 한도 끝도 없이 먹게 된다. 단, 서비스적인 면에는 큰 기대 없이 가야 실망을 하지 않는다.

주소 Old Volcano Rd., Volcano 전화 808-967-8526
홈피 www.lavarock.cafe 지도 맵북 p.7 Ⓖ

메리맨즈 Merriman's

$$~$$$ 하와이안 퓨전

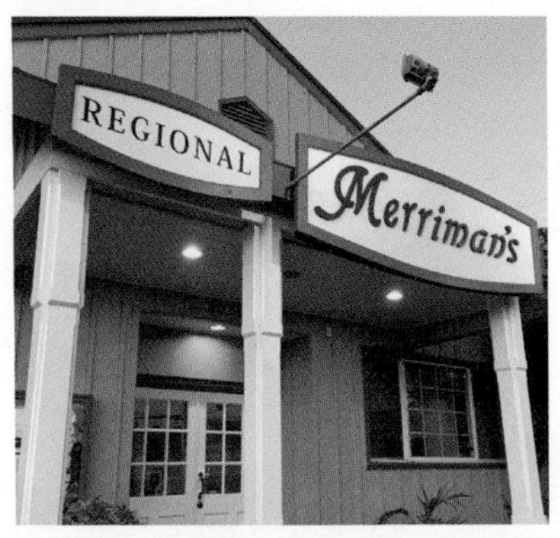

빅아일랜드에서 손꼽히는 유명 레스토랑으로 마우이와 카우아이에도 분점을 두고 있다. 모든 요리에 하와이에서 자란 채소와 과일을 사용하며, 스테이크에 사용되는 소고기는 자유 방목해서 소를 키우는 빅아일랜드 목장에서 가져온다. 애피타이저와 샐러드, 스테이크와 하와이 생선 등 다양하고 창의적인 메뉴와 이에 걸맞은 와인 셀렉션도 갖추고 있다.

주소 65-1227 Opelo Rd, Kamuela 전화 808-885-6822
문의 www.merrimanshawaii.com 지도 p.6 Ⓑ

여행하다 당 떨어질 때

빅아일랜드 캔디 Big Island Candies

계절마다 바뀌는 앙증맞은 포장의 쿠키, 초콜릿, 캔디 컬렉션으로 여행자와 현지인 모두에게 40여 년간 꾸준히 사랑받고 있는 고급 스낵 브랜드. 본점 매장 안으로 들어서면 푸근한 인상의 하와이안 아주머니들이 쿠키와 초콜릿 샘플을 들고 반겨준다. 저렴한 가격은 아니지만, 우울하거나 피곤할 때를 대비해 하나씩 챙겨두면 좋다.

주소 585 Hinano St, Hilo 전화 808-935-8890 문의 www.bigislandcandies.com 지도 맵북 p.7 Ⓖ

카페 오노 Cafe Ono

$$ 아메리칸

화산 국립공원 인근에 위치한 사랑스러운 레스토랑 겸 카페로 신록이 우거진 정원과 아담한 아트 갤러리가 있다. 신선한 채소로 만든 베지테리언 메뉴가 다양하게 갖추어져 있다. 가능하면 야외에 앉아 새 소리, 풀 냄새와 더불어 식사를 하는 호사를 누리기를 추천한다. 매일 오전 11시에서 오후 3시까지만 영업하며 월요일은 문을 닫는다.

주소 19-3834 Old Volcano Rd. 전화 808-985-8979 홈피 www.cafeono.net 지도 맵북 p.06 Ⓖ

스시록 Sushi Rock

$~$$ 일식

개발의 흔적이라곤 찾아볼 수 없는 느긋한 마을 분위기가 녹아 있는 소박한 모습의 레스토랑. 유명한 하와이안 참치와 파파야, 마카데미아 너트, 오이로 만든 트로피컬 트릿(Tropical Treat), 흰살 생선, 아보카도, 고추냉이 마요네즈로 맛을 낸 레인보 힐(Rainbow Hill) 등 빅아일랜드에서만 찾을 수 있는 독특한 롤을 맛볼 수 있다.

주소 55-3435 Akoni Pule Hwy, Hawi 전화 808-889-5900 홈피 www.sushirockrestaurant.net 지도 맵북 p.6 Ⓑ

로이스 와이콜로아 바 앤드 그릴 Roy's Waikoloa Bar & Grill

$$-$$$ 하와이안 퓨전

미국을 대표하는 스타 셰프 로이 야마구치가 운영하는 로이스 레스토랑의 빅아일랜드 분점으로, 분위기, 맛, 가격대는 오아후 본점과 비슷하다.

하와이 퓨전 요리의 트레이드 마크가 된 훌륭한 생선 요리, 그중에서도 버터 피시를 이용한 요리가 대표적이다. 간이 좀 센 편이지만 밥을 따로 주문할 수 있어 좋다.

주소 250 Waikoloa Beach Dr., Waikoloa 전화 808-886-4321 홈피 www.roysrestaurant.com 지도 맵북 p.6 Ⓑ

씨사이드 레스토랑 The Seaside Restaurant and Aqua Farm

$$~$$$ 하와이안

힐로 주민들은 모두가 할 정도로 오랜 기간 같은 자리를 지키고 있는 유서 깊은 식당이다. 그렇지만 모든 메뉴가 맛있는 것은 아니고 해산물, 특히 생선을 활용한 요리가 괜찮다. 그날 잡은 하와이 생선을 통째로 튀겨주기도 하고 날로 무쳐 포케로 제공하거나, 사시미용으로 손질해 회나 롤로 선보이기도 한다. 식당 앞에 꽤 큰 연못이 있어 식사 전 해질 무렵 산책 삼아 도는 이들이 많다. 저녁에만 문을 열고 월요일은 휴무다.

주소 1790 Kalanianaole Ave. Hilo 휴무 **월요일** 전화 808-935-8825 홈피 www.seasiderestauranthilo.com 지도 맵북 p.07 Ⓗ

맥파이 Mac Pie

$$ 디저트

빅아일랜드의 명물 파이로 여행객보다 현지인에게 더 인기가 많다. 초창기에 작은 천막을 치고 간이 스탠드에 올려놓고 팔던 파이가 지금은 미국 전역으로 배송되고 있다. 빅아일랜드산 설탕을 주원료로 하는 기본 파이에 마카데미아 너트를 듬뿍, 그야말로 푸짐하게 올린 맥파이는 달기만 한 슈퍼마켓의 파이와는 차원이 다르다. 세 가지 크기가 있고, 맛은 오리지널 바닐라와 초코 바닐라, 코나 커피, 코코넛 맥, 버터스카치 등 다양하게 준비돼 있다. 가장 인기 있는 것은 역시 오리지널이다. 셰브론 주유소 뒤편 쇼핑센터 2층에 위치한다.

주소 74-5035 Queen Kaahumanu Hwy Suite 2B, Kailua-Kona 전화 808-329-7437 홈피 www.macpie.com 지도 맵북 p.6 Ⓕ

볼케이노 와이너리 Volcano Winery

$-$$ 와이너리

화산의 정기를 받고 자란 포도로 만든 와인의 맛은 어떨까? 쓸까 아니면 달까? 왠지 탄 맛이 날 것 같기도 하다. 궁금하다면 하와이 화산 국립공원 바로 옆, 화산과 화산 사이에 둥지를 튼 볼케이노 와이너리로 가자. 작고 아담한 통나무집에 들어서면 푸근한 인상의 아주머니들이 "Would you like some?" 하고 물으면서 장난감 같은 미니 와인잔에 대표 와인 대여섯 가지를 차례차례 따라준다. 포도주가 입에 안 맞다고 중간에 시음을 멈추면 손해다. 시음해 본 이들은 대체로 첫 번째 포도주보다 뒷순서에 맛본 마카데미아 와인이 더 맛있다고 하고, 마카데미아 와인보다 마지막에 시음한 구아바 와인이 좋다고 말한다. 와인 가격은 통상 15~20달러 선이다.

주소 35 Pii Mauna Dr. 전화 808-967-7679 홈피 www.volcanowinery.com 지도 맵북 p.7 Ⓖ

Aloh

KAUAI

〈쥬라기 공원〉의 실제 무대

카우아이

ABOUT KAUAI

카우아이는 어떤 곳일까?

카우아이(Kauai)에 가면 하와이의 색다른 매력을 발견할 수 있다. 오아후나 마우이, 빅아일랜드와 달리 공기에 신록의 냄새가 묻어 있고, 이른 아침에는 수풀 사이로 이슬이 내리며, 서늘한 안개가 자주 드리운다. 비가 많이 오는 만큼 무지개를 볼 기회도 많다. 오아후나 빅아일랜드와 달리 세계적인 명소가 많지 않고 주유소나 슈퍼마켓, 은행 같은 편의 시설도 제대로 갖추고 있지 않지만 그 덕분에 가장 평온하고 한적한 휴가를 보낼 수 있다. 카우아이는 그 고요한 일상에 반해 재차 찾아오는 단골 여행객이 유난히 많다.

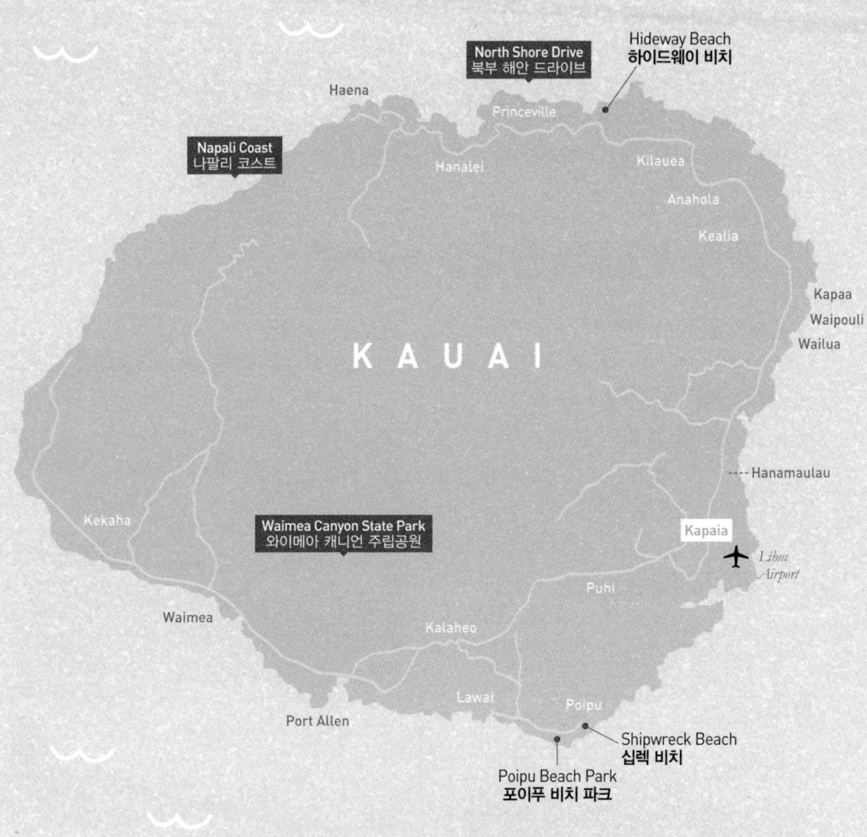

ALL ABOUT KAUAI

별명 정원의 섬(The Garden Isle)

면적 약 550제곱마일(1430㎢). 하와이 주요 섬 중에서 면적이 가장 작으며 제주도보다 20퍼센트 가량 작다.

인구 약 7만 명

주요 도시 리후에(Lihue)

카우아이만의 매력 섬 곳곳에서 불어오는 시원하고 상쾌한 자연풍, 자연의 향기

HOW TO GO TO KAUAI

카우아이 가는 방법

마우이, 빅아일랜드와 마찬가지로 한국에서 출발해 카우아이로 이동하는 직항 항공편이 없다. 카우아이에 가려면 일단 오아후에 내려 하와이 주내선으로 갈아타야 한다. 카우아이 남동쪽에 있는 리후에 공항(Lihue Airport)은 공항이라 부르기도 민망할 정도인, 우리나라 시골 초등학교 운동장 크기밖에 안 되는 아담한 크기지만, 이 작은 섬과 세계를 이어주는 카우아이의 유일한 공항이다. 남서쪽에 있는 포트 앨런 공항(Port Allen Airport)은 헬리콥터 투어를 할 때 이착륙지로 이용된다.

렌터카

공항을 나와 길을 건너면 바로 주요 렌터카 업체들의 접수처가 보인다. 예약한 업체의 접수처로 이동하여 체크인을 한 뒤 안내해주는 곳으로 가서 무료 셔틀버스를 타면 렌터카 주차장까지 데려다준다. 먼저 셔틀버스를 타고 렌터카 업체 사무실에 가서 체크인을 하도록 하는 업체도 있다. 카우아이에서 운전할 때 알아둬야 할 사항은 카우아이에서 운전하기(p.344) 참고.

리후에 공항

전화 808-246-1440

하와이 공항 핫라인

전화 888-697-7813 홈피 www.hawaii.gov/dot/airports

KAUAI PUBLIC TRANSPORTATION

카우아이의 대중교통

카우아이는 하와이의 여러 섬들 중에서 대중교통이 가장 덜 발달된 곳이다. 카우아이 전역을 다니는 버스가 있긴 하지만, 주로 현지인들이 가는 곳을 연결하고 운행 편수도 적기 때문에 여행자들이 이용하기에는 다소 불편하다. 섬 구석구석 자유롭게 여행을 즐기고 싶다면 렌터카 여행이 정답이다.

카우아이 버스 Kauai Bus

카우아이 버스는 카우아이 전역을 운행하지만, 배차 간격이 넓고 관광지 중심으로 노선이 짜여 있는 것이 아니므로 여행자가 교통 수단으로 활용하기에는 적합하지 않다.

그럼에도 1인당 2달러면 탈 수 있는 경제적 이점 때문에 생각보다 많은 여행자가 카우아이 버스를 이용한다. 특히 카우아이는 마우이, 빅아일랜드에 비해 상업화가 훨씬 덜 이루어진 섬으로, 주머니 사정이 여의치 않은 장기 배낭여행객이 많아 이들의 호응을 얻고 있다. 서핑보드와 자전거는 실을 수 없으며, 배낭도 각각 10×17×30인치(가로×세로×높이) 이하여야만 가지고 탈 수 있으므로 공항에서 숙소까지 이용할 때 탈 수 없을 확률이 높다. 홈페이지에서 상세한 정류장 목록과 배차 간격을 확인할 수 있다.

홈피 www.kauai.gov/Bus

택시

하와이 다른 섬과 마찬가지로 거리에 택시가 다니지는 않으며 택시를 타고 싶다면 호텔 컨시어지를 통해서 불러야 한다. 호텔이 카우아이 남부에 있다면 사우스쇼어 캡(South Shore Cab)을, 북부에 있다면 노스쇼어 캡(North Shore Cab)을 이용하면 된다. 리후에 공항에서는 미리 택시를 예약하지 않아도 대기 중인 택시를 탈 수 있다. 공항에서 남부 포이푸 비치 파크(p.360) 까지는 약 50달러, 북부 하날레이(p.355)까지는 약 100달러가 나온다. 팁(총 택시비의 12~15%)도 미리 생각해두어야 한다.

사우스쇼어 캡

전화 808-742-1525

노스쇼어 캡

전화 808-826-4118

포노 익스프레스

홈피 www.ponoexpress.com

TIP

오아후는 대중교통이 잘 되어 있는 편이고, 마우이도 아쉬우나마 대중교통을 이용한 여행이 가능해요. 하지만 빅아일랜드나 카우아이에서는 렌터카가 있어야 편하게 여행을 즐길 수 있어요.

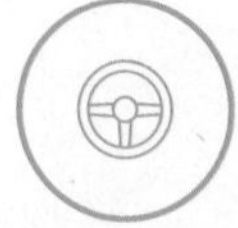

DRIVING AROUND KAUAI

카우아이에서 운전하기

카우아이는 대중교통이 원활하지 않기 렌터카를 빌려 여행하기를 추천한다. 오아후나 마우이, 빅아일랜드에 비해 교통량이 훨씬 적기 때문에 초보자들도 어렵지 않게 운전을 할 수 있다.

주요 하이웨이 알아두기

공항이 있는 리후에에서 시작해 카우아이 북쪽으로 이어지는 56번 하이웨이(Kuhio Hwy), 리후에에서 남쪽으로 연결되는 50번 하이웨이(Kaumualii Hwy)가 카우아이의 주요 도로다. 50번 하이웨이에서 포이푸 지역까지는 520번 하이웨이로 연결된다. 520번 하이웨이의 초입 1마일은 카우아이에서 가장 유명한 도로로 '트리 터널(Tree Tunnel) 로드'라는 별칭이 붙어 있다. 2차선 양 도로 가득 하늘 높이 쭉 뻗은 나무들이 아름답기 때문이다.

섬 일주하기

섬 북서쪽에 있는 나팔리 코스트 전후로 도로가 끊기기 때문에 자동차로 섬 한 바퀴를 돌아보는 것은 불가능하다. 섬을 가로지르는 도로도 없어서 항상 둘레로 돌아가야 한다. 예컨대 섬 하단의 포이푸에서 섬 북단까지 가려면 섬 동쪽 둘레로 돌아서 가는 수밖에 없다(약 1시간 소요). 도로가 매우 단순하고 표지판도 잘 되어 있는 카우아이에서의 운전은 그 자체만으로 유쾌하다. 낮에 창문을 열면 풀 냄새가 차 안 가득 퍼지고 밤에는 차창 밖으로 별빛이 쏟아진다.

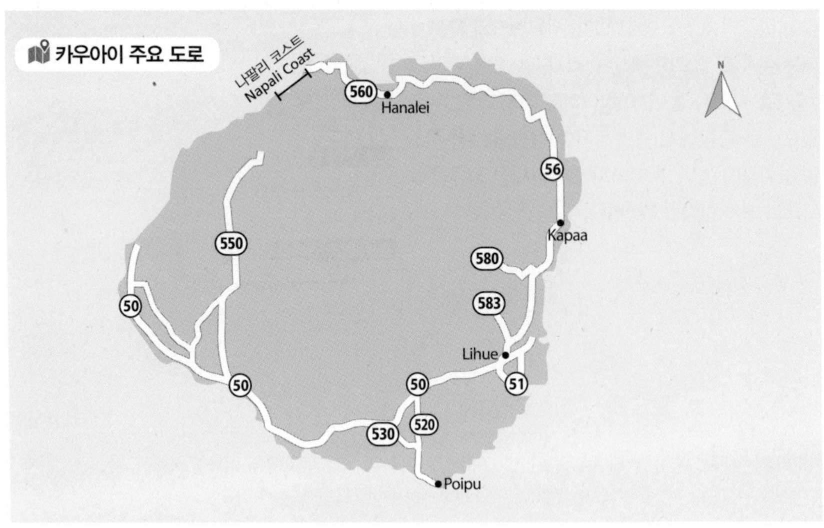

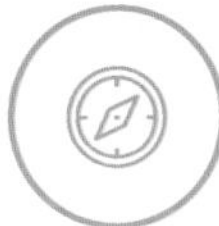

KAUAI BEST COURSE

카우아이 베스트 여행 코스

하와이의 순수한 자연을 만끽할 수 있는 카우아이는 이웃섬 중 섬 크기가 가장 작아 차로 한 시간 정도면 섬 일주를 할 수 있다. 나팔리 코스트 11마일 하이킹에 도전한다면 최소 이틀은 할애해야 하지만, 나팔리 코스트를 완주할 것이 아니라면 이틀 동안 많은 것을 보고 경험할 수 있다.

와이메아 캐니언 드라이브

리후에 공항에 내려 포이푸나 섬 북부에 여장을 풀고 호텔 근처 해변에 가서 잠시 쉬었다가 와이메아 캐니언 드라이브(p.351)를 떠난다. 하이킹 지도를 얻어 가벼운 산행을 하는 것도 좋다. 아침 일찍 도착하는 일정이라면 나팔리 코스트 보트 투어(p.363)를 하거나 헬리콥터 투어(p.366)도 가능하다.

DAY 2

나팔리 코스트 하이킹

둘째 날은 카우아이 최고의 명소, 2마일 거리의 나팔리 코스트 하이킹(p.347)에 나선다. 보통 걸음으로 약 두 시간이면 마칠 수 있다. 하이킹을 마친 다음에는 등산로 입구 근처의 케에 비치에서 시간을 보낸다. 평화로운 작은 마을 카페 하날레이에서 웰빙 식단으로 점심이나 이른 저녁을 먹은 후 공항으로 향한다. 시간 여유가 있다면 호텔로 돌아오는 길, 섬 북부에 위치한 하이드웨이 비치(p.359)에 들르는 것도 좋다.

TIP

하루 더 머문다면 생각해볼 수 있어요!

- 와일루아 강에서의 카약(p.364)
- 하이드웨이 비치, 십렉 비치(p.359, 360)
- 수목원 나들이(p.352)

카우아이에서 꼭 가볼 명소 BEST 5

하와이의 섬은 모두 자연친화적이지만
그 가운데서도 카우아이에서라면
자연과 완벽하게 하나되는 경험을 할 수 있다.
카우아이의 자연을 가장 가까이에서 느낄 수 있는 명소를 소개한다.

01

굴곡진 해안절벽이 이루는 천하의 절경

나팔리 코스트 *Napali Coast*

나팔리 코스트의 '나팔리'는 하와이어로 '절벽'이라는 뜻이다. 카우아이 섬을 둘러싼 태평양 바다를 따라 장장 15마일(24km)이나 펼쳐진 이 해안절벽은 카우아이 섬 지도를 동서남북으로 사등분했을 때 북서쪽 지도 둘레 거의 전부를 차지한다. 지도 정북쪽에 있는 케에 비치(Kee Beach)가 나팔리 코스트의 시작이고, 서쪽의 폴리할레 주립공원(Polihale State Park)이 나팔리 코스트의 끝이다.

화산 폭발로 카우아이가 탄생한 이래 500만 년이라는 시간 동안 비바람에 깎이고 깎여 지금의 용맹스러운 산세를 이루게 된 나팔리 코스트는 안팎으로 철저히 고립되어(안은 험준한 첩첩산중, 밖은 속을 알 수 없는 태평양 바다!) 고대 하와이인들을 외세의 침략으로부터 지켜주었다. 지금도 나팔리 코스트에는 문명의 혜택을 마다하는 이들이 삶을 꾸려나가는 히피들의 마을이 존재한다. 추위로부터 막아줄 동굴과 목욕하기 좋은 폭포가 셀 수 없을 정도로 많고, 물고기와 야생의 먹잇감, 미네랄과 비타민이 풍부한 채소, 구아바 같은 열매도 많아서 살아가는 데 아무런 문제가 없다.

교통 56번 하이웨이를 타고 섬 북부를 달려 서쪽으로 향하다보면 560번 하이웨이로 바뀐다. 560번 하이웨이가 끝나는 지점에 나팔리 코스트의 시작점이자 대표적인 등산로인 칼랄라우 트레일과 하나카피아이 비치 이용객을 위한 주차장이 나온다. 전화 808-274-3444(나팔리 코스트 공원 관리 사무소) 홈피 www.hawaiistateparks.org/hiking/kauai/kalalau.cfm 지도 맵북 p.8 Ⓑ

나팔리 코스트를 만나는 3가지 방법

나팔리 코스트를 구경하려면 섬 북부를 지나는 560번 하이웨이를 타고 나팔리 코스트가 시작되는 지점인 케에 비치까지 가면 된다. 그러나 그곳에서 보는 나팔리 코스트는 빙산의 일각일 뿐, 전체의 1000분의 1도 되지 않는다. '진짜' 나팔리 코스트를 만나려면 다음 세 가지 방법 중 하나를 택해야 한다.

첫째, 나팔리 코스트 산행을 한다.
둘째, 보트를 타고 바다에 나가 나팔리 코스트 주변을 항해한다.
셋째, 헬리콥터를 타고 하늘에서 조망한다.

'차 타고 보면 간단할 것을' 하는 생각이 들 테지만, 나팔리 코스트 주변으로는 도로가 없기 때문에 하늘에서 보거나, 바다에서 보거나, 걸어가서 직접 보는 수밖에 없다. 주머니 사정과 시간적인 여유에 따라 달라지지만 대부분의 여행객은 이 중 적어도 하나는 경험하며 세 가지 다 하는 이도 많다. 이 중 가장 저렴하고 완벽하게 나팔리 코스트를 만날 수 있는 방법은 두 발로 나팔리 코스트 산행을 하는 것이다.

나팔리 코스트를 두 발로, 칼랄라우 트레일

때 묻지 않은 하와이의 자연을 만끽하려면 어디로 가야 하느냐는 질문을 종종 받는다. 전에는 질문의 맥락이나 당시 나의 기분에 따라 대답이 바뀌곤 했는데 나팔리 코스트 산행을 마친 이래 망설임 없이, 지체 없이 같은 답을 한다. 진짜 하와이를 만나고 싶다면 '칼랄라우 트레일(Kalalau Trail)'에 오르라고.

칼랄라우 트레일은 나팔리 코스트를 따라 난 등산로다. 광활한 태평양과 수려한 해안절벽을 무수히 넘나드는 11마일(17.7㎞)의 등산로로 세계에서 가장 아름다운 등산로 가운데 하나로 꼽힌다. 그러나 의외로 트레일을 완주한 등산객은 그리 많지 않으며 처음 2마일 구간을 지나면 오가는 사람도 드문데 그건 칼랄라우 트레일 완주가 그리 녹록한 일이 아니기 때문이다.

먼저 등산로 11마일 끝에는 통행로가 없기 때문에 오롯이 다시 11마일을 걸어서 돌아와야 한다. 오가는 동안에는 화장실이나 음식점, 숙박시설 등 편의시설이 거의 전무하다. 마실 수 있는 수돗물이나 쓰레기통도 없어서 산행에 필요한 것을 모두 들고 갔다가 올 때 그대로 가지고 와야 한다. 또 하루 안에 산행을 끝낼 수 없기 때문에 캠핑을 해야 하는데, 하와이 주정부는 하루 캠핑 인원을 엄격하게 제한하고 있어 예약을 서두르지 않으면 캠핑을 할 수 없다. 행여 캠핑 허가증 없이 캠핑하다가 적발되면 500달러의 벌금을 물어야 한다. 도무지 등산객의 편의를 봐줬구나 싶은 구석이 하나도 없다. 짐작하겠지만 이유는 간단하다. 하와이 선조들의 혼과 얼이 녹아 있다는 이 영적인 땅이 행여 인간의 무지로 더럽혀질 것을 염려해서다. 그 결과 칼랄라우 트레일은 '세상에서 가장 원시적인 트레일'이라는 수식어를 생생하게 증명해낸다. 경험에 비추어 설명하자면, 무엇보다 11마일을 가는 동안 마주한 풍경은 행여 꿈에서라도 놓치고 싶지 않은 장관들이다. 트레일 자체가 나팔리 코스트 해변을 따라 나 있는 까닭에 황홀한 바다 풍경이, 짙고 푸른 태평양이 앞뒤 양옆에서 줄곧 파노라마로 펼쳐진다. 계속 봐서 좀 무덤덤해질 무렵에는 울창한 수풀림과 계곡, 오솔길 등의 색다른 풍경이 구색 맞춰 번갈아 등장한다. 망고와 구아바, 오렌지 나무가 풍성하게 자라 있어 마른 목을 축일 수 있고 여기저기서 만나는 꿩 무리와 사슴, 크고 작은 새와 산양 떼도 외로운 등산객의 동무가 되어준다. 어쩌다 마주치는 등산객은 "알로하"하며 하와이 인사를 건넨다.

11마일의 트레일 완주에 도전한다면

보통 체력의 비전문 산악인이라면 하루이틀에 걸쳐 11마일 트레일을 완주한다. 트레일 완주를 위해 가장 먼저 해야 할 일은 캠핑 허가증을 신청하는 것이다. 1인당 하룻밤 캠핑료는 10달러이며, 하와이 주립공원 공식 홈페이지에서 신청서(permit application)를 다운받아 작성한 후, 오아후에 있는 하와이 주립공원 헤드쿼터 주소로 보낸 뒤 캠핑료를 송금하면 된다. 그러나 외국인의 경우 송금 절차가 까다롭고 담당자와 통화하기도 쉽지 않기 때문에 한국에 거주한다면 우편 접수보다 카우아이에 도착한 즉시, 주립공원 사무소에 가서 직접 신청하는 것이 훨씬 편하다. 우편 보낼 주소와 구체적인 절차는 하와이 주립공원 홈페이지를 참고하도록 하자. 칼랄라우 트레일의 캠핑은 총 5일을 넘을 수 없으며, 정해진 캠핑지에서만 캠핑할 수 있다.

11마일이 아니라도 트레일의 첫 2마일은 누구라도 도전할 수 있다. 천천히 걸어도 왕복 세 시간이면 가능하고, 2마일 끝에는 하나카피아이 비치(hanakapiai Beach)라는 그림 같은 바닷가도 등장한다. 가벼운 하이킹이라고는 하지만 동네 뒷산을 생각하면 안 되고, 관악산이나 청계산의 한 구간 정도라고 보는 것이 맞다. 그러니 슬리퍼나 샌들은 금물. 등산화가 아니면 단화라도 신어야 한다. 셔츠 안에 수영복을 입고 가면 바다에 바로 뛰어들 수 있어 좋다. 선크림과 모자도 잊지 않기를 당부한다.

⊕ 하와이 주립공원 카우아이 사무소

주소 3060 Eiwa St. Room 306, Lihue 전화 808-274-3444 홈피 dlnr.hawaii.gov/dsp/parks/kauai, kalalautrail.com

태평양의 그랜드 캐니언

와이메아 캐니언 주립공원 *Waimea Canyon State Park*

하와이 하면 바다가 떠오르는 건 당연한 일이지만 와이메아 캐니언은 바다가 아닌 하와이의 풍경도 결코 그에 못지않다는 것을 보여주는 좋은 본보기다.
수백만 년의 풍화작용으로 생성된 '태평양의 그랜드 캐니언'을 구경하기 가장 좋은 곳은 3120피트(950m) 높이에 있는 와이메아 캐니언 전망대(Waimea Canyon Lookout)다. 와이메아 캐니언 드라이브(Waimea Canyon Dr.)를 운전하다 '마일 마커 10' 지점 근처의 표지판을 따라가면 이 전망대가 보인다. 와이메아 캐니언 전망대를 지나 조금 더 올라가면 두 번째 전망대인 푸우 카 펠레 전망대(Puu Ka Pele Lookout)가 나오고, 조금 더 가면 푸우 히나히나 전망대(Puu Hinahina Lookout)가 있다. 조금씩 다르긴 하지만 모두 3500피트(1000m) 높이의 광활한 캐니언을 조망할 수 있다. '마일 마커 12' 지점 직전, 800피트(240m) 부근에는 와이메아 캐니언의 마스코트, 와일루아 폭포(Wailua Falls)도 있다.
와이메아 캐니언의 역사를 알고 싶다면 코케에 박물관(Kokee Museum)에 가면 된다. 와이메아 캐니언의 여러 하이킹 코스에 관한 정보도 얻을 수 있다. 코케에 박물관은 '마일 마커 15' 지점을 지나면 나온다.

교통 섬 남부를 지나는 50번 하이웨이를 타고 서쪽으로 달리다가 550번 하이웨이, 와이메아 캐니언 드라이브로 우회전해서 올라간다. 오픈 08:00~17:00(연중무휴) 요금 무료 전화 808-274-3443, 808-245-6001(날씨), 808-274-3444(캠핑) 지도 맵북 p.8 Ⓕ

⊕ 코케에 박물관

주소 3600 Koke'e Rd. Waimea 전화 808-335-9975 홈피 www.kokee.org

03

산림욕과 꽃놀이를 동시에

알러톤 가든 *Allerton Garden*

하와이에는 국립열대수목원(National Botanical Garden)으로 지정된 수목원이 세 곳 있다. 맥브라이드 가든(Mcbryde Garden), 리마훌리 가든(Limahuli Garden), 그리고 알러톤 가든이다. 모두 카우아이의 유명 관광지일 뿐 아니라 미국 제일의 열대 식물 연구기관으로 각각 개성과 특징이 있지만, 보유 식물의 다양성과 투어의 편리성을 생각할 때 알러톤 가든이 가장 권할 만하다.

약 100에이커(40만㎡) 규모의 이 거대한 수목원은 영화 〈쥬라기 공원〉의 촬영지로 유명하다. 영화 속 공룡, 다이노소어의 알이 발견된 장소인 모레톤 나무(Moreton Bay Fig Tree)의 기괴한 줄기 곁에 서 있자면 금방이라도 나무줄기가 내 몸을 돌돌 감아 번쩍 들어 올릴 것만 같다. 1만 가지가 넘는 열대 나무와 꽃 등이 자라고 있으며, 역대 하와이 여왕인 퀸 엠마(Queen Emma)의 여름 별장도 이 수목원 안에 있다. 알러톤 가든 특유의 평화롭고 싱그러운 분

위기로 인해 주말 피크닉은 물론 웨딩 촬영과 스몰 웨딩의 장소로도 인기가 있다.

가이드 투어 입장권을 끊고 알러톤 가든에 들어가면 가이드가 두 시간 반가량 동행하며 수목원에서 자라는 나무와 열매, 꽃에 대한 전설과 관련 정보를 들려준다. 가이드 투어보다는 혼자서 씩씩하게 탐험하는 걸 선호한다면 맥브라이드나 리마훌리 가든 방문을 추천한다.

교통 리후에 공항을 기준으로 50번 하이웨이를 운전하며 남쪽 방면으로 달리다가 520번 하이웨이로 갈아탄다. Koloa 지역을 지나면 곧 Poipu Rd.가 나온다. 이 도로를 운전해 가다가 남쪽으로 내려가 Lawai Rd.로 진입, 2마일(3.2km) 정도 직진하면 오른쪽에 알러톤 가든이 나온다. 주소 4425 Lawai Rd. Poipu 오픈 매일 오전 9시부터 오후 3시까지 매시 정각에 가이드 투어가 있다. 요금 어른 60달러, 5세 이하 어린이 무료 전화 808-742-2623 홈피 www.ntbg.org 지도 맵북 p.8 Ⓙ

알러톤 가든 건너편 천연 분수 스파우팅 혼

우리말로는 '하늘 위로 용솟음치는 물줄기' 정도 되겠다. 스파우팅 혼은 거세게 몰아닥친 파도가 바위에 부딪혀 순간적으로 하늘로 솟구쳐 오르는 천연 분수다. 파도가 세게 칠 때는 괴상한 소리(바위 사이에 갇힌 하와이 용의 울음이라고 전해진다)와 함께 상공 40피트(12m)까지 물을 뿜는다. 섬마다 스파우팅 혼과 비슷한 곳이 있지만 카우아이만큼 드라마틱한 풍경을 연출하는 곳은 없다. 사실 수백 년 전 원래의 스파우팅 혼은 지금보다 족히 네 배는 높이 물줄기를 뿜었다. 그런데 솟아오른 소금물이 인근 사탕수수밭에 튀면서 농작물에 심각한 피해를 초래해 1920년대에 바위 몇 개를 폭파시켜 물줄기를 약하게 만든 것이 지금의 스파우팅 혼이다.

교통 Poipu Rd.를 타고 남쪽으로 내려가다 Lawai Rd.로 진입한 뒤 Poipu Plaza를 지나 2마일(3.2km) 가량 달리면 스파우팅 혼이 있다. 알러톤 가든 건너편. 지도 맵북 p.9 Ⓚ

04

오밀조밀 볼거리 가득한

북부 해안 드라이브 *North Shore Drive*

카우아이 북부를 달리는 56번 하이웨이는 카우아이에서 가장 멋진 풍광을 선사하는 도로다. 하이웨이 주변으로는 운치 있는 등대와 구아바 농장, 바다와 산맥을 굽어보는 언덕, 작은 마을 등이 적당한 간격으로 오밀조밀 둥지를 틀고 있다. 잠깐 차에서 내려 경치도 구경하고 사진도 찍고, 가볍게 쉬다 가기 좋은 카우아이 북부의 명소를 찾아본다.

TIP

매주 토요일 오전 9시 30분에서 정오까지 하날레이 마을에서는 카우아이 제일의 파머스 마켓이 열립니다. 싱싱한 제철 과일과 카우아이에서 자란 토란과 바나나 등으로 만든 디저트, 그리고 넉넉한 카우아이 주민의 미소를 만날 수 있어요.

카우아이의 파머스 마켓 스케줄 www.kauai.com/kauai-farmers-markets

카우아이 북부

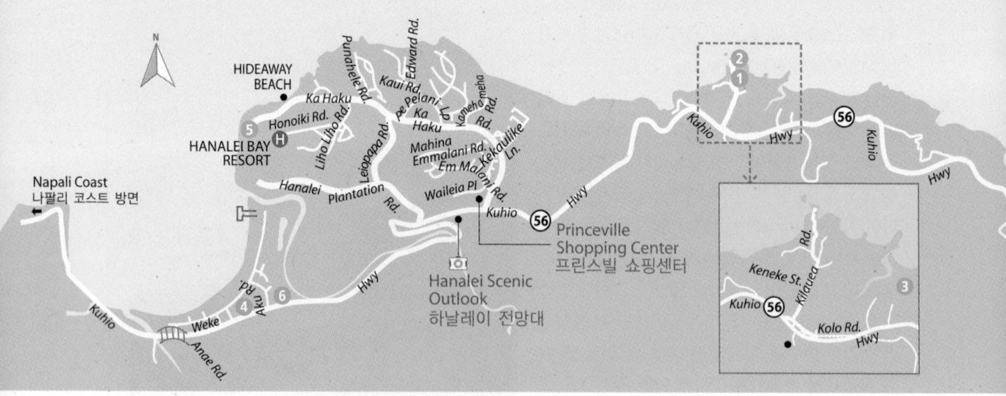

Princeville
KAUAI

명소

❶ 킬라우에아 야생동물 서식지
❷ 킬라우에아 등대
❸ 나 아이나 카이 수목원
❹ 하날레이

호텔

❺ 프린시빌 리조트

레스토랑

❻ 하날레이 고메

하날레이 Hanalei

하날레이는 카우아이 북부의 꽃이다. 마우이의 하나, 빅아일랜드의 와이메아처럼, 높은 산으로 둘러싸여 있는 이 예쁜 마을에는 아담한 레스토랑과 갤러리, 옷가게가 옹기종기 모여 있다. 적당한 곳에 주차하고 이 가게 저 가게 기웃거리다가 가벼운 건강식으로 식사를 하고, 들판에 누워 멍하니 하늘을 바라다보면서 느긋하게 한두 시간을 보내기 좋은 마을이다.

하날레이 중심에 있는 '칭영 빌리지 쇼핑센터(Ching Young Village Shopping Center)'는 이 마을에서 가장 큰 쇼핑센터로, 카약을 비롯한 다양한 수상 스포츠 기구 대여점(Pedal n Paddle), 나른한 하와이 음악 CD(드라이브 또는 선물용으로 그만이다)와 하와이 전통 악기인 우쿨렐레를 판매하는 음반점(Hanalei Video & Music), 화학조미료가 전혀 첨가되지 않은 건강식 스낵류를 판매하는 상점(Hanalei Health and Natural Foods) 등이 입점해 있다.

우리나라 과일 빙수의 하와이 버전이 어떤 것인지 알고 싶다면 칭영 빌리지 쇼핑센터 건너편 들판에 있는 스탠드를 방문해 보자. 얼음을 듬뿍 갈아 컵에 담고 갖가지 시럽을 뿌려 먹는 '셰이브 아이스(Shave Ice)'는 누가 봐도 분명한 불량식품이지만, 나팔리 코스트의 칼랄라우 하이킹을 마치고 나서 먹으면 가슴 속 저 밑바닥까지 시원해진다.

교통 56번 하이웨이에서 나팔리 코스트 방면으로 간다고 할 때 프린스빌 리조트를 2.5마일(4km) 정도 지난 지점에 있다. 지도 p.354 ❹

킬라우에아 야생동물 서식지 Kilauea National Wildlife Refuge

미국 국립 야생동물 서식지 중 일반에게 공개되는 몇 안 되는 곳이다. 약 200에이커(80만㎡)의 이 순결한 땅과 하늘은 멸종 위기에 처한 여러 종의 희귀 새들이 새끼를 낳기 위해, 또는 비행 중 잠시 몸을 쉬기 위해 '휴양' 오는 곳이다. 그러나 킬라우에아 서식지는 비단 새들만을 위한 안식처는 아니다. 킬라우에아 등대가 있는 해안절벽 끄트머리에 서서 잠시 눈을 감아보자. 철새들의 애잔한 울음소리와 짜고 시큰한 바다 냄새는 지친 몸과 영혼을 어루만져주는 힘이 있다. 눈을 뜨면 세상은 푸르게 변해 있다. 광활한 태평양이 시야 가득 들어오는 그 자리에 5분만 서 있으면 알바트로스 같은 보기 드문 철새의 비행을 감상할 수 있고 겨울철에는 해수면 위로 뛰어오르는 혹등고래를 목격할 수 있다. 절벽 아래를 보면 파도를 등에 맞으며 꾸벅꾸벅 졸고 있는 거북이 있다.

교통 56번 하이웨이를 운전해 가다가 킬라우에아 타운으로 가는 출구로 빠지면 '킬라우에아 야생동물 서식지/킬라우에아 등대'로 가는 표지판이 나온다. 주소 Kilauea Lighthouse Rd. Kilauea 오픈 10:00~16:00 휴무 1월 1일, 추수감사절, 크리스마스 홈피 www.fws.gov/refuge/kilauea_point 지도 p.354 ❶

달콤한 카우아이표 아이스크림 한입 래퍼츠 하와이

하와이 전 지역에 퍼져 있는 래퍼츠 아이스크림(Lappert's Ice Cream)은 카우아이에서 탄생했다. 1983년 월터 래퍼트라는 할아버지가 은퇴 후 창업한 이 아이스크림은 하와이는 물론 캘리포니아, 워싱턴, 콜로라도 등 미국 본토에서도 사랑받고 있다.

래퍼츠 아이스크림이 특별한 것은 첫째, 100여 가지에 이르는 맛 중에는 코나 커피나 열대 과일, 마카다미아 등 하와이에서 나는 재료를 사용한 '진짜' 하와이 아이스크림이 많다. 둘째, 유지방 함량이 통상 15퍼센트가 넘어 보통 아이스크림의 1.5배 정도 높다. 덕분에 입천장에 닿는 느낌이 살짝 얼린 크림수프처럼 부드럽다. 이 두 가지를 가장 확실하게 느낄 수 있는 맛은 카우아이 파이(Kauai Pie). 코나 커피 아이스크림에 담백한 마카다미아와 약간 녹은 듯한 초콜릿이 먹음직스럽다.

교통 와이메아 캐니언과 로이푸 사이의 작은 마을, 하나페페에 있다. Puolo Rd.와 Kaumualii Hwy.가 만나는 지점. 그 외 하와이 곳곳에 여러 매장이 있으며 홈페이지에서 상세한 위치 정보를 확인할 수 있다. 주소 Hwy 50, Hanapepe 전화 808-335-6121 홈피 www.lapperts.com 지도 맵북 p.8 Ⓙ, p.9 Ⓒ, Ⓚ

나 아이나 카이 수목원 Na Aina Kai Botanical Gardens

수목원이 아니라 '식물로 둘러싸인 조각공원'이라고 해야 더 어울리는 곳이다. 새들의 쉼터가 되고 있는 청동 조각상 70여 개가 식물들 사이에 보기 좋게 배치되어 있어 식물도 보고 조각품도 감상하는 일석이조의 즐거움을 누릴 수 있다.

약 240에이커(100만㎡)나 되는 나 아이나 카이 수목원은 식물 종류와 콘셉트에 따라 다시 작은 수목원으로 나뉘며 그중 어디를 방문하느냐에 따라 입장료가 달라진다. 모든 투어는 가이드 투어로 진행하고 13세 이상만 참여할 수 있다. 하지만 투어에 오르지 못한 어린이도 슬퍼할 필요는 없다. 투어보다 더 신나는 일이 기다리고 있으니까. 13세 미만 어린이를 위해 조성한 작은 수목원, 무지개 나라(Under the Rainbow Children's Garden)는 동화 《잭과 콩나무》를 묘사한 동상과 연못, 미끄럼틀, 미로 등으로 꾸며놓았다. 또 수목원 내에는 100여 명을 수용할 수 있는 야외 공간도 여럿 있어서 결혼 리셉션이나 공연장 등으로도 애용된다. 자세한 투어 종류와 개장 시간은 홈페이지를 참고할 것.

교통 섬 북부에 있는 프린스빌을 지나고 마일 마커 21지점을 지나면 Wailapa Rd.가 나온다. 이 도로로 우회전해서 길 끝까지 가면 입구가 보인다. **주소** 4101 Wailapa Rd. Kilauea **요금** 35~85달러(패키지 종류에 따라 다름) **전화** 808-828-0525 **홈피** www.naainakai.com **지도** 맵북 p.9 ©, p.354 ❸

프린스빌 리조트 Princeville Resort

2-3

카우아이 섬 북부에는 눈이 부시도록 아름다운 나팔리 코스트가 자리 잡고 있어, 어디든 창밖으로 나팔리 코스트가 펼쳐진다. 이곳에 머물 수만 있다면 행복할 수밖에 없지 않을까 싶다. 그 바람을 잠시나마 실현할 수 있는 공간이 있으니, 바로 프린스빌 리조트다.

100년이 넘는 유구한 역사를 자랑하는 호텔 그룹답게 세심하지만 과하지 않은 서비스와 넘치지도 모자라지도 않은 인테리어와 내부 시설, 그리고 이곳의 가장 큰 자랑인 나팔리 코스트가 한눈에 들어오는 전경으로, 카우아이에서는 말할 것도 없고 하와이 섬 전체를 통틀어 다섯 손가락 안에 꼽히는 최고급 호텔이다.

단, 어린이가 있는 가족이라면 이곳에서의 숙박은 추천하고 싶지 않다. 이곳은 조용하고 한적하며 낭만적인 분위기가 좋은 곳이라 대부분의 숙박객이 그런 고요함을 찾아온다. 뛰노는 어린이가 있다면 한가로움을 즐기는 주변 숙박객들의 눈치를 볼 수밖에 없는데, 그러기엔 1박에 500달러를 호가하는 숙박비가 아깝다. 아이가 있다면 여러 수영장에 크고 작은 슬라이드도 있고 각종 어린이 프로그램도 갖춘 섬 남부의 하얏트 리조트(Grand Hyatt Kauai Resort & Spa, kaui.hyatt.com)가 더 적합할 수 있다.

교통 5520 Ka Haku Rd. Princeville 전화 808-826-9644 홈피 www.princevilleresorthawaii.com 지도 맵북 p.9 ©, p.354 ❺

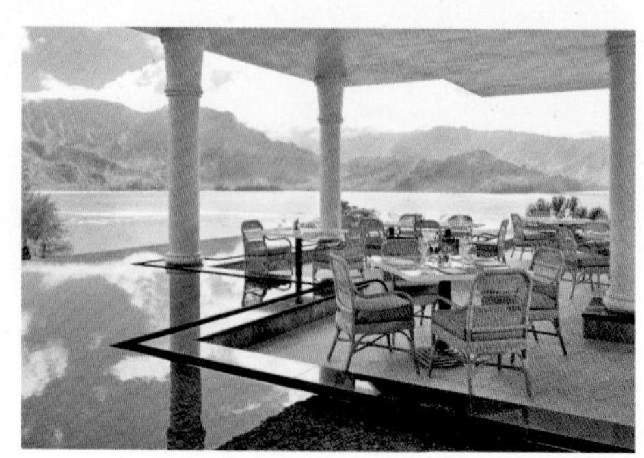

05

고요한 바다 풍경의 진수

카우아이 해변 *Kauai Beach*

하와이 주요 섬 중 거주 인구와 하루 평균 여행객 수가 가장 적은 카우아이. 그래서 바닷가에도 사람 발자국보다 새 발자국이 더 흔하다. 다음 소개하는 카우아이의 해변을 찾아 눈을 감고 머리칼 사이로 불어드는 바닷바람을 느껴볼 것.

하이드웨이 비치 Hideway Beach

어떤 불가피한 이유로 다시 하와이를 찾을 수 없게 된다면, 무엇보다도 하이드웨이 비치에 가지 못하는 것을 가장 아쉬워할 것 같다. 눈부시게 아름다운 그 바다를 가슴에 새기지 못하는 것을 내내 슬퍼할 것이다. 오목한 복주머니 모양의 하이드웨이 비치에는 구름과 나무 몇 그루와 커다란 바위만 있을 뿐, 소음이나 매연 같은 건 모두 먼 나라 얘기다. 바닷물은 얇은 유리잔처럼 반짝반짝 투명하게 빛나고 파도 소리 밀려오는 모래사장은 보드랍고 따뜻하다.

하이드웨이 비치에 가기 위해서는 좁고 가파른 계단을 지나야 하고, 또 가는 길에는 제대로 된 표지판도 없어서 여행객이 많은 7월부터 9월에 찾아도 세상에서 격리된 낙원처럼 한가롭기만 하다. 단, 11월부터 3월에는 파도가 높지만 상주하는 안전요원이 없기 때문에 물에 들어갈 때는 각별히 주의해야 한다.

교통 56번 하이웨이를 타고 가다가 프린스빌 리조트로 빠진다. 주차는 프린스빌 리조트 입구에 하고 입구를 등지고 100m쯤 걸어 나오면 왼쪽에 테니스장이 보인다. 테니스장 직전에 하이드웨이 해변으로 가는 좁은 길이 나온다. 이 길을 따라 5분 정도 걸어가면 계단이 나오고 계단을 지나 다시 5분 정도 내려가면 해변으로 연결된다. 지도 맵북 p.9 ©

포이푸 비치 파크 Poipu Beach Park

카우아이 남부에 있는 포이푸 비치는 '누구나' 좋아하는 만인의 해변이다. 첫째, 연중 파도가 높지 않아 수영을 할 줄 몰라도 마음 놓고 물놀이를 즐길 수 있다. 둘째, 야자수와 백사장, 까만 돌무더기가 어우러진 풍경은 언제 봐도 행복하다. 셋째, 모래사장은 길고도 넓어 언제 어디에 자리를 펴도 나만을 위한 태평양 바다가 눈앞에 펼쳐진다. 넷째, 해변 한쪽에는 스노클링 기구와 부기보드, 서핑보드를 대여해주는 곳이 있다. 다섯째, 피크닉 테이블과 샤워 시설, 넓은 주차장이 있고 가까운 곳에 슈퍼마켓과 레스토랑도 있다. 더 이상 무슨 말이 필요하겠는가.

교통 520번 하이웨이를 타고 Koloa 지역을 지나면 Poipu Rd.가 나온다. 길을 따라가다가 Hoowi Rd.가 끝나는 지점에 입구가 있다. 지도 맵북 p.9 Ⓚ

십렉 비치 Shipwreck Beach

포이푸 비치가 붐빈다면 십렉 비치로 가면 된다. 십렉 비치의 가장 큰 특징(이자 인기 요인)은 모래가 매우 많아서 비치 타월 한 장만 깔고 누워도 두꺼운 이불 위에 누운 것처럼 폭신하다는 것이다. 또 그랜드 하얏트 리조트 앞에 있는 이 해변은 주로 리조트 투숙객이 이용하기 때문에 항상 한적하고, 남부 해안의 특성상 1년 내내 날씨가 좋아 신혼부부들이 기념사진 촬영 장소로 애용한다. 바다를 바라보고 섰을 때 왼쪽에 보이는 절벽은 카우아이 청년들이 다이빙 장소로 애용하는 곳이다. 파도는 포이푸 비치보다는 센 편이다. 부기보딩과 서핑에는 이상적이지만 수영 초보자라면 겨울철에는 수영을 삼가는 것이 좋다.

교통 그랜드 하얏트 리조트 주차장에 차를 주차하고 가는 것이 편하다. 하얏트 리조트는 포이푸 비치 파크를 지나 Poipu Rd. 끝에 있다. 지도 맵북 p.9 Ⓚ

바다의 경고
해변의 표지판 읽는 법

바다는 더없이 평온해 보일지라도 늘 위험이 도사리고 있다. 실제로 해마다 하와이를 찾았다가 목숨을 잃는 사고가 적게는 수십 건 많게는 100여 건을 훌쩍 넘는다. 날씨가 궂거나 파도가 높을 때 바다에 들어갈지 말지 고민이라면 하와이의 모든 해변에 있는 바다와 파도의 상태를 표기하는 깃발이나 표지판을 눈여겨볼 것. 깃발이나 표지판에는 다음과 같은 바다의 상태 표기가 되어 있다.

립 커런트 Rip Currents

바닷속에서 발생하는 크고 작은 파도를 일컫는다. 립 커런트가 있으면 물의 흐름이 매우 빨라 다리가 무엇엔가 걸리기라도 한 것처럼 중심을 잃게 된다. 립 커런트를 벗어나는 방법은 지평선과 평행하게 헤엄쳐 나오는 것. 코를 막고 3~4초간 물속에 부동자세로 있다가 물 밖으로 나오면 지나가는 경우가 많다.

쇼어 브레이크 Shore Breaks

바다 한가운데가 아닌 해변까지 와서 부서지는 파도를 말한다. 해변 가까이에 있으면 파도가 발을 걸어 자꾸 넘어지게 되기 때문에 아예 2~3미터 앞, 허리에 물이 차는 곳까지 나가 있는 것이 안정적이다. 어린이를 동반한 경우라면 쇼어 브레이크가 심한 해변은 절대 들어가지 말아야 한다.

러프 웨이브 Rough Waves

두세 개의 파도가 만나 커다란 파도를 이루는 러프 웨이브가 거세게 몰아닥치면 순식간에 바다로 밀려들어갈 위험이 있다. 그래서 러프 웨이브가 있는 해변에서는 바다를 등지고 서지 않는 것이 원칙이다. 립 커런트나 쇼어 브레이크만큼 흔하진 않다.

카우아이에서 꼭 해볼 액티비티 BEST 4

자동차로는 갈 수 없는 미지의 절경
눈부시도록 아름다운 카우아이의 속살을
보고 느낄 수 있는 액티비티 네 가지를 소개한다.

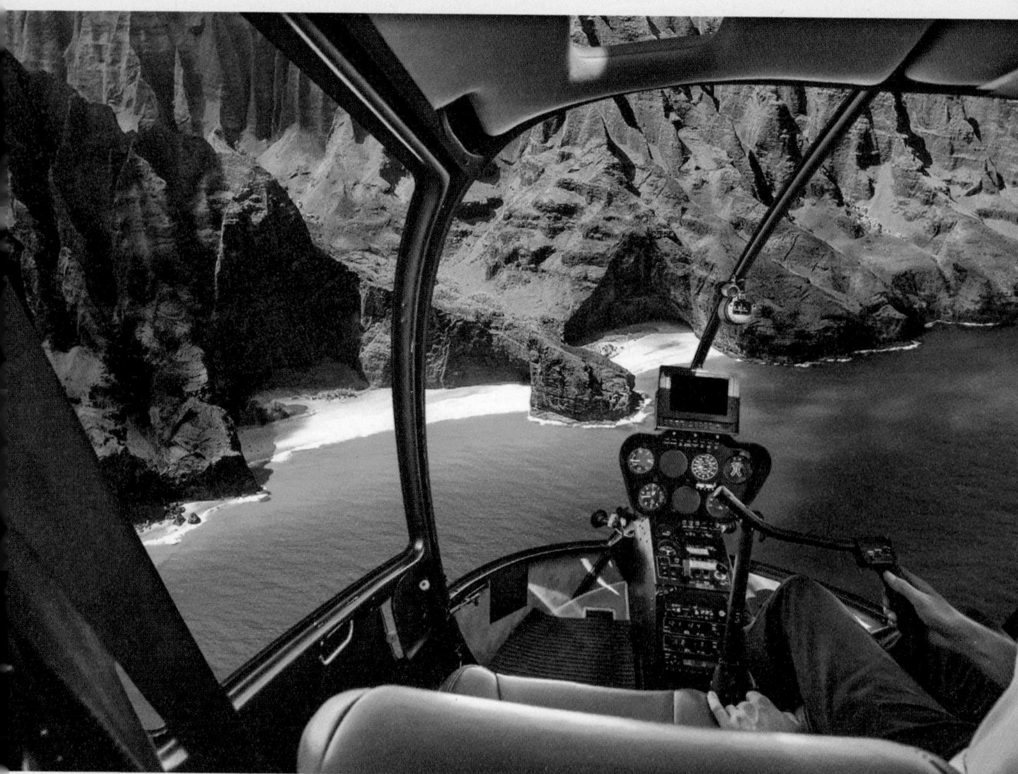

01

나팔리 코스트를 제대로 즐기는 방법

나팔리 코스트 보트 투어 *Napali Coast Boat Tour*

영화 〈킹콩〉을 포함해 수많은 할리우드 영화의 배경이 되기도 한 나팔리 코스트를 보기 위해 가장 많은 사람이 택하는 방법이 보트 투어다. 나팔리 코스트 투어를 진행하는 보트로는 한두 명이 타는 카약, 일곱 명 이상이 타는 소형 모터보트, 20명 이상이 타는 크루즈 보트가 있다. 카약을 배우는 수고를 하고 싶지 않고, 흔들림이 많은 소형 모터보트를 피하고 싶은 대다수의 사람이 크루즈 보트를 택한다.

어떤 코스를 택하느냐에 따라 가격과 소요 시간이 달라지지만 나팔리 코스트와 가까운 섬 북부, 하날레이에서 출발하는 보트를 타야 나팔리 코스트의 가장 많은 부분을 볼 수 있다. 15명의 승객만 태우는 캡틴 선다운(Captain Sundown)은 심사를 통과한 많지 않은 투어 보트 중 하나지만 대형 보트에 비해 흔들림이 많다는 단점이 있고, 성수기에는 미리 예약하지 않으면 자리 얻기가 쉽지 않다. 투어 시간은 두 시간에서 여섯 시간까지 다양한데, 세 시간 이하의 보트를 추천한다. 나팔리 코스트와 인접한 바다는 연중 파도가 높고 거칠어 장시간 타기는 힘겹다. 특히 겨울철에 보트 투어에 오른다면 반드시 멀미약을 미리 먹어두는 것이 좋다.

캡틴 앤디(Captain Andy's Sailing Adventures)나 카우아이 시 투어(Kauai Sea Tour)처럼 나팔리 코스트 투어를 전문으로 하는 업체는 동굴이나 숨은 해변에 들른다든가 스노클링 자유 시간을 주는 등 갖가지 '변형' 투어를 운영하기도 하므로 개인의 취향에 맞게 골라 타면 된다. 단, 스노클링 옵션이 별도라면 굳이 추가할 필요는 없다. 스노클링으로 유명한 오아후의 하나우마 베이에 비해 물은 더 맑을지 모르지만 산호초가 적어 열대어의 수나 종류는 반도 안 된다.

캡틴 선다운

전화 808-826-5585 홈피 www.captainsundown.com

캡틴 앤디

전화 808-335-6833 홈피 www.napali.com

카우아이 시 투어

전화 808-335-5309 홈피 www.kauaiseatours.com

내 마음대로 나아가는

카약 *Kayak*

카약은 강이나 바다에서 타는 1인용 또는 2인용 배를 말한다. 미국에서는 인기 스포츠로 자리 잡은 지 오래지만 우리나라에서 대중적으로 즐기는 스포츠는 아니다. 하지만 카약은 보이는 것처럼 어렵고 까다롭지 않다. 노 젓는 법 외에는 특별히 배워야 하는 기술도 많지 않고 둘이서 힘을 합하면 선체도 거뜬히 운반할 수 있다.

바다 카약(Ocean kayak)은 나팔리 코스트를 관람하는 방법 중 하나로, 보트 투어만큼 대중적이지는 않지만 스포츠를 좋아하는 체력 좋은 청년 중에는 오로지 바다 카약(환상적인 나팔리 코스트를 배경으로)을 하기 위해 카우아이를 찾는다는 이도 많다.

나팔리 코스트 보트 투어에 오르면 선장 마음대로 항해하지만 카약을 타면 내 마음이 이끄는 대로 노를 저어 갈 수 있다. 가다가 지치면 해변에 내려 수영을 즐기다 갈 수도 있고, 돌고래 같은 바다 동물과 코앞에서 인사를 나눌 확률도 높다. 주의할 것은 바다 카약은 파도와 바람의 영향을 많이 받아서 날씨가 험할 때는 선체가 뒤집힐 수 있다는 사실이다. 특히 겨울철에는 카약 선수라도 균형 잡기가 쉽지 않기 때문에 겨울철의 바다 카약은 삼가고, 여름철이라도 경험이 많지 않다면 카약 투어 전문업체에 연락해 가이드와 함께하는 투어를 이용하는 것이 좋다.

초보자라면 파도가 있는 바다보다 잔잔한 강에서 하는 '강 카약(river kayak)'이 적당하다. 카우아이가 하와이 섬 중 카약을 배우기 가장 좋은 곳으로 알려진 까닭은, 카우아이에 산이 많고 산 안팎으로 흐르는 강이 여럿 있어 유속과 코스 등을 고려해 수준에 맞는 강을 선택할 수 있기 때문이다. 그중 가장 인기가 많은 강은 잔잔한 수면, 수려한 풍광으로 유명한 와일루아 강(Wailua River)이다. 에메랄드빛을 띠는 와일루아 강은 노선에 따라 왕복 5~6마일(8~9.5km) 정도이며 카약을 타고 끝까지 다녀오면 빠르게는 두 시간, 여유 있게 세 시간 정도 소요된다. 두세 시간 노를 젓는다니 상상만 해도 어깨가 뻐근하지만 가다가 힘들면 멈춰 서서 하늘도 보고 산도 보고 새소리도 듣고 물속도 들여다보면서 여유 있게 즐기면 된다. 강의 끝자락에는 시크릿 폭포(Secret Falls)라 이름 붙은 폭포가 있다.

TIP

투어업체의 도움 없이 개별적으로 카약을 시도하면 대략 4분의 1 가격에 카약을 즐길 수 있어요. 하날레이의 '페달 엔 패들(Pedal n Paddle)'과 포이푸의 '아웃피터스 카우아이(Outfitter's Kauai)'에 가면 저렴한 가격에 카약을 빌릴 수 있습니다. 2인용 카약은 하루 종일 빌려도 30~50달러면 되지만 직접 강까지 운반해야 한다는 단점이 있어요. 자동차에 싣고 내리는 정도는 업체에서 기꺼이 도와줄 거예요. 대여할 때는 노 젓는 법과 운반하는 법, 카약 싣고 내리는 장소, 목적지의 위치와 코스를 확실히 알아두세요.

트루 블루(True Blue)나 카약 카우아이(Kayak Kauai) 같은 인기 만점의 카약 투어는 전문가가 카약의 기본 기술을 알려주고 5~6대의 카약을 통솔하는 형식으로 진행한다. 투어에 참여하려면 1인당 100달러 전후를 내야 하며 이 비용에는 모든 장비 대여비가 포함되어 있다. 단체 카약 투어는 카약 클럽 같이 우리말로 된 카약 강좌 홈페이지(www.kayakclub.co.kr)를 이용하면 미리 카약의 기본을 익힐 수 있다.

트루 블루
전화 808-245-9662 홈피 www.kauaifun.com

카약 카우아이
전화 808-826-9844 홈피 www.kayakkauai.com

카우아이 와일루아 카약
전화 808-822-5795 홈피 www.kauaiwailuakayak.com

페달 엔 패들
전화 808-826-9069 홈피 www.pedalnpaddle.com

아웃피터스 카우아이
전화 808-742-9667 홈피 www.outfitterskauai.com

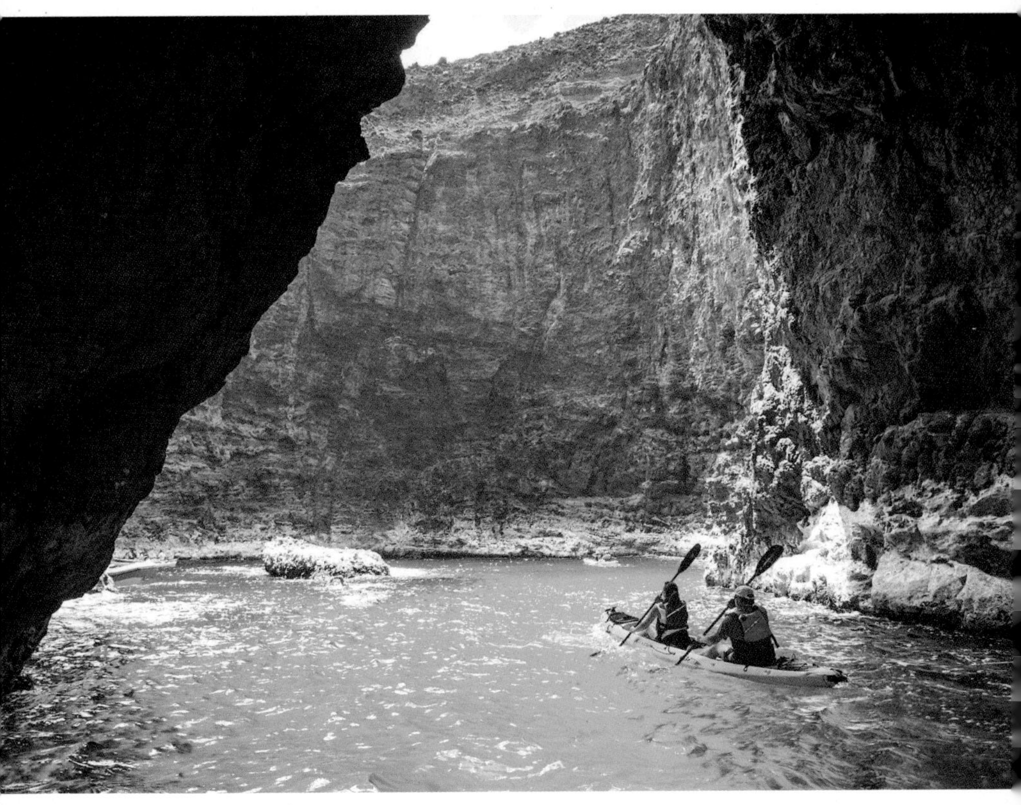

03

상공에서 즐기는 그림 같은 풍경

헬리콥터 투어 *Helicopter Tour*

빅아일랜드 편에서도 언급했듯이 헬리콥터 투어는 빅아일랜드나 카우아이에서 타야 고가의 비용이 아깝지 않다. 정도의 차이는 있지만 누구나 겪는 어지러움증도 억울하지 않다. 나팔리 코스트를 관람하는 방법으로는 앞서 소개한 보트 투어가 가장 대중적이지만 멀미가 심한 사람에게는 장시간 배를 타는 것 자체가 고통일 수 있다. 헬리콥터 투어는 그런 이들을 위한 구제책으로, 멀미 걱정 없는 상공에서 한 시간 이내에 나팔리 코스트의 경관을 둘러볼 수 있다(비디오 시청을 통한 안전 교육 등에 30~40분 정도 추가로 소요된다). 또 비가 잦은 카우아이의 특성상 말 그대로 머리 위로 무지개가 내려앉는 마술 같은 경험도 할 수 있다.

블루 하와이안

홈피 www.bluehawaiian.com

아일랜드 헬리콥터

홈피 www.islandhelicopters.com

04

독특한 풍경 속

카우아이 골프 *Kauai Golf*

골프장 수로 보면 마우이나 빅아일랜드를 따라갈 수 없지만, 유명도나 난이도 면에서는 선두에 속하는 골프장이 카우아이에 있다. 미국 하와이 관광청 홈페이지에 접속하면 카우아이의 모든 골프장 정보를 얻을 수 있다.

카우아이 라군 골프 클럽

요금 기준 $** 50달러 **$$** 50~150달러 **$$$ 150달러 이상

코스 이름	특징 및 그린피	문의
마카이 골프 클럽의 마카이 코스와 우드 코스 Makai Golf Club, Makai & Wood Course	골프 전문잡지 〈골프 다이제스트〉가 선정한 세계의 골프 코스 톱 75 중 5위에 오르기도 했으며, 난이도가 높은 코스로 유명하다. - 마카이 코스 $$$(12:00 이후 트와일라이트 요금 적용 $$$) - 우드 코스(9홀) $$	**주소** 4080 Lei O Papa Rd. Princeville **전화** 808-826-1912 **홈피** www.makaigolf.com
쿠쿠이올로노 공원의 9홀 골프 코스 Kukuiolono Park, Kukuiolono Course	이 가격에 이보다 훌륭한 골프장은 세계 어디를 뒤져도 없을 듯하다. 9달러라는 기록적인 그린피에는 누이같이 정겨운 서비스와 시원하게 트인 페어웨이(간격이 넓어서 슬라이스가 많이 나는 초보 골퍼에게 좋다), 그리고 하와이의 산과 나무, 바다 풍경이 포함되어 있다. 월터 맥브라이드(Walter McBryde)라는 대부호가 기증한 공원 내에 있어서 이렇게 저렴하다. - $	**주소** Kukuiolono Park And Golf Course, Kalaheo **전화** 808-332-9151 **오픈** 06:30(선착순 입장, 주말이 아니라면 그리 복잡하지는 않다)
카우아이 라군 골프 클럽 Kauai Lagoons Golf Club	카우아이의 인기 골프장. 전설적인 골퍼이면서 골프장 설계가인 잭 니클로스가 설계한 2개의 18홀 코스가 있다. - $$$ - 메리어트 등 인근 리조트 투숙 시 30~40% 할인	**주소** 3351 Hoolaulea Way, Lihue **전화** 808-241-6000 **홈피** www.kauailagoonsgolf.com

카우아이를 대표하는 맛집 BEST 7

가장 평온하고 한적한 휴가를 보낼 수 있는 카우아이.
덕분에 고요한 일상에 반해 재차 찾아오는 단골 여행객이 유난히 많다.
한번 온 여행자의 발길을 꽁꽁 묶어 단골로 만드는 작은 섬의 소문난 맛집,
카우아이의 인기 레스토랑 7선을 소개한다.

가격 표시($-$$$)
1인분 기준으로 메인 요리 하나에 샐러드나 애피타이저 한 가지를 주문했을 때 기준으로 표기했습니다.
$** 15달러 이하 **$$** 15~30달러 **$$$ 30달러 이상

마케나 테라스 Makana Terrace

$$~$$$ 아메리칸

카우아이 최고급 리조트 프린스빌 리조트에 있는 최고급 레스토랑. 맛도 맛이지만, 요리의 맛을 정점으로 끌어올리는 전망으로 더 유명하다. 아침은 평화롭고 저녁은 로맨틱한데 특히 해 질 무렵 푸른 바다와 어우러진 하날레이 산의 정경이 하이라이트다. 특별한 날을 기념하기 위한 커플들에게 인기가 많으니 일찌감치 야외 테라스 테이블을 예약해둘 것. 품위 있는 인테리어와 흠잡을 데 없는 서비스를 경험하고 나면 각종 설문조사에서 마케나 테라스가 카우아이 베스트 레스토랑으로 꼽히는 이유를 알게 된다.

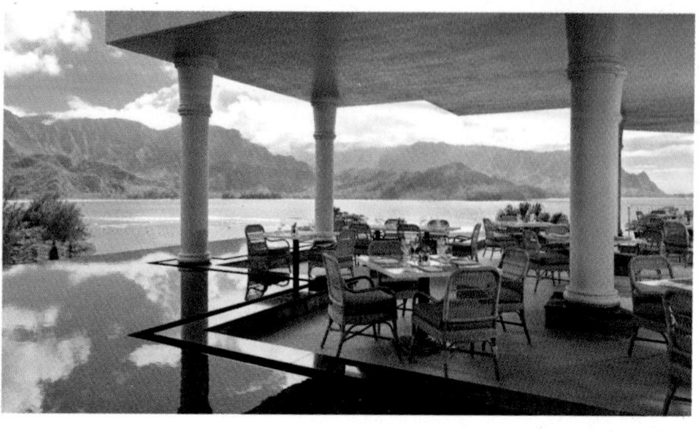

주소 5520Ka Haku Rd., Princeville 전화 808-826-9644 홈피 www.princevilleresorthawaii.com 지도 맵북 p.9 ©

쉐이브 아이스의 건강한 반란

프레시 쉐이브 아이스 Fresh Shave Ice

쉐이브 아이스(Shave Ice)는 어른 아이 가릴 것 없이 즐겨 먹는 하와이의 국민 간식이다. 우리나라의 빙수와 비슷한데 거친 빙질이 주는 사각사각한 식감과 시원하고 달콤한 맛이 특징. 다만 알록달록한 인공 색소가 가미된 설탕 시럽이 듬뿍 들어가 '초딩 입맛'을 졸업한 경우라면 그리 달갑지 않게 느껴질 수 있다. 최근에는 라와이(Lawai)라는 작은 마을의 공장지대 주차장에서 다소 뜻밖이다 싶은 귀여운 모양의 트럭이 생과일 쉐이브 아이스로 인기몰이를 하고 있다. 메뉴에 있는 모든 쉐이브 아이스에는 어떤 인공감미료나 색소도 사용하지 않는다고 하니 웰빙식을 즐긴다면 꼭 한번 들러 볼 것.

주소 3540 Koloa Rd. Lawai, HI 96741 전화 808-631-2222 홈피 www.thefreshshave.com 지도 맵북 p.9 Ⓚ

브레넥스 비치 브로일러 Brennecke's Beach Broiler

$$~$$$ 아메리칸

해변에서 놀던 복장 그대로 모래만 털어내고 가도 예의에 어긋나지 않는 레스토랑. 포이푸 지역의 여느 고급 레스토랑과 다른 캐주얼한 분위기로 자유분방한 비치 보이들의 사랑을 받고 있다. 포이푸 해변을 정면으로 향하고 있는데 창가 테이블에 앉아 그림 같은 하와이 바다 풍경을 안주 삼아 맥주 한잔을 들이켜노라면 "여기서 살고 싶다" 같은 혼잣말이 절로 나온다. 맥주를 마실 때는 매콤한 홍합찜(Spicy Black Mussels), 파삭하게 튀겨낸 새우튀김(Tsunami Shrimp), 세 가지 종류의 치즈가 한데 엉켜 늘어져 있는 치즈 피자(Cheese Pizza)를 추천한다. 수영 후 허기진 배를 채우기엔 두툼한 육질의 햄버거가 좋다.

주소 2100 Hoone Rd., Poipu Beach Park, Koloa 전화 808-742-7588 홈피 www.brenneckes.com 지도 맵북 p.9 Ⓚ

하날레이 고메 Hanalei Gourmet

$$~$$ 아메리칸

카우아이식 웰빙 식단을 맛보고 싶다면 하날레이 고메로 가면 된다. 겉에서 보면 평범하기 이를 데 없는 소박한 레스토랑이지만, 1920년대에 문을 연 이래 장장 100여 년 가까이 하날레이를 대표하는 '건강 레스토랑'으로 통하고 있다. 샐러드와 샌드위치, 스테이크, 해산물 요리 등으로 이루어진 폭넓은 메뉴 중 샐러드류가 인기다. 홈메이드 드레싱을 넣어 버무린 푸짐한 샐러드에 갓 구운 통밀빵 하나를 곁들이면 저녁 식사로 부족함이 없다. 개인적으로는 달달한 망고 드레싱의 하날레이 월도프 샐러드(Hanalei Waldorf Salad)를 좋아해 카우아이 북부에 있을 때면 일부러 찾아가곤 한다. 캐러멜을 묻혀 오븐에 구운 통호두만 골라 먹게 되는 이 맛있는 샐러드에는 페타 치즈나 블루 치즈가 눈송이처럼 뿌려져 있다.

주소 5-5161 Kuhio Hwy, Hanalei 전화 808-826-2524 홈피 www.hanaleigourmet.com 지도 맵북 p.9 Ⓒ

돈데로스 Dondero's

$$~$$$ 이탈리안

하얏트 호텔 내 자리 잡은 레스토랑으로 이탈리아 요리로 정평이 나 있다. 갓 잡은 싱싱한 해산물로 만든 요리, 다양한 파스타, 주요리 못지않은 디저트, 그리고 카우아이 최고 수준의 와인 셀렉션을 자랑한다. 메뉴 하나하나에 총주방장이자 스타 셰프 빈센트 페코라로의 감각이 녹아 있다.

주소 1571 Poipu Rd., Koloa 전화 808-742-1234 홈피 kauai.hyatt.com 지도 맵북 p.9 Ⓚ

트로피컬 타코 Tropical Taco

$ 멕시칸

카우아이에 멕시칸 레스토랑이라니, 얼핏 안 어울리는 조합 같지만 트로피컬 타코에 가면 생각이 달라진다. 대표 요리는 손으로 직접 반죽해 만든 토르티야에 카우아이 북부 해안에서 잡은 생선과 매일 새로 준비하는 채소와 콩을 넣어 만든 생선 타코(Fish Taco). 여기에 신선한 토마토로 만든 살사 소스, 싱싱한 아보카도를 만든 과카몰리, 멕시칸 고추 몇 조각을 얹어 먹으면 알싸하고 화끈하게 입맛을 돋운다.

주소 5-5088 Kuhio Hwy, Hanalei 전화 808-827-8226 홈피 www.tropicaltaco.com 지도 맵북 p.9 Ⓒ

콜로아 피시 마켓 Koloa Fish Market

$ 디저트

카우아이는 물론이고 하와이 전역에서 내로라하는 포케 맛집 중 하나. 가게의 외양은 허름하지만 생선의 품질은 최고를 자부한다. 기본적인 참치 포케를 아보카도와 함께 버무린 아보카도 포케(Avocado Ahi Poke), 훈제 스워드피시 포케(Smoked Swordfish), 그리고 '고향의 맛'을 불러오는 코리안 포케(Korean Poke)가 가장 인기가 많다. 가게 안에 테이블이 없으므로 모두들 테이크아웃해서 바다로, 공원으로, 집으로 향한다. 일요일은 휴무다.

주소 5482 Koloa Rd., Koloa 전화 808-742-6199 지도 맵북 p.9 Ⓚ

찾아보기

마우이

빅아일랜드

카우아이

Photo Credits

Pages: 16 Beach surfing © Hawaii Tourism Authority (HTA), Lava Trekking © Hawaii Tourism Authority (HTA) / Tommy Lundberg; **17** Molikini © Hawaii Tourism Authority (HTA) / Luc Delamare, Hawaii Tourism Authority (HTA) / Blake Bronstad, North Shore Shrimp © Hawaii Tourism Authority (HTA), Napali Coast © Hawaii Tourism Authority (HTA) / Kiersten Rich / @theblondeabroad; **18** Shave Ice Selfie © Island of Hawaii Visitors Bureau (IHVB) / @HungryHipsters; **19** Poke © Hawaii Tourism Authority (HTA) / Blake Bronstad, Farmers Market © Hawaii Tourism Authority (HTA) / Daeja Fallas, Haleakala National Park © HaHawaii Tourism Authority (HTA) / Tor Johnson; **21** Punaluu Black Sand Beach © Island of Hawaii Visitors Bureau (IHVB) / Paul Zizka

하와이 100배 즐기기

개정 1판 1쇄 2019년 5월 21일

지은이 이진영

발행인 양원석
본부장 김순미
편집장 고현진
책임편집 김영훈
디자인 이경민, 이재원
제작 문태일, 안성현
영업마케팅 최창규, 김용환, 양정길, 이은혜, 신우섭, 김유정
조아라, 유가형, 임도진, 정문희, 신예은

펴낸 곳 (주)알에이치코리아
주소 서울시 금천구 가산디지털2로 53 한라시그마밸리 20층
구입 문의 02-6443-8838
홈페이지 http://rhk.co.kr
등록 2004년 1월 15일 제 2-3726호

ISBN 978-89-255-6657-3(13980)